Apache NiFi 讓你輕鬆建立 Data Pipeline

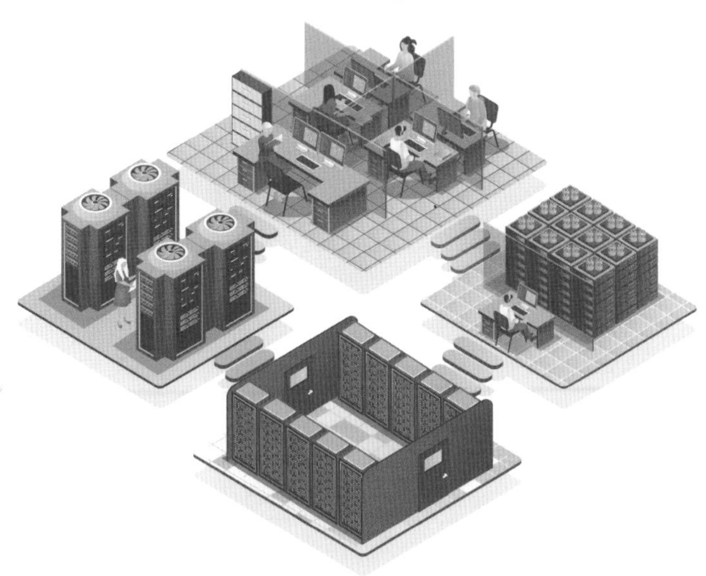

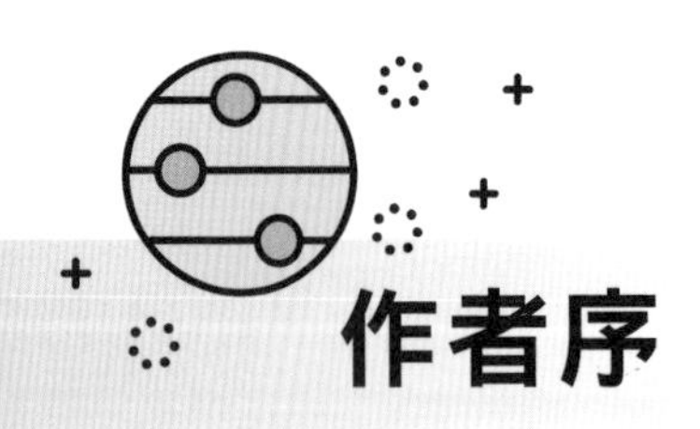

作者序

隨著大數據 (Big Data) 與人工智慧 (AI) 的技術蓬勃發展，加上網路與硬體的革新也在持續地突破，未來能夠有效地搜集數據做出價值應用、分析和預測已逐漸成為各個產業與領域的必備要領、能力和應用。為了因應這樣的場景和有效地處理大量資料，達到即時性效果，此時對應的資料工程架構會顯得非常重要。

資料工程 (Data Engineering) 這個領域的知識其實非常的深且廣，不如同一般所說的就僅僅是資料清洗與前處理這樣的任務，它會牽扯到批次(Batch)或是流 (Streaming) 排程處理、分散式架構處理、資料一致性、網路附載平衡、資料副本與修復、資料版本控制、資料欄位驗證、資料品質監控等各種環節，必須要具備這些相關知識才有機會建置出相對可靠地資料流架構 (Data Pipeline)。

該領域牽扯到的知識非常地多樣，以至於近幾年有許多工具與服務都被推出、甚至更加成熟。例如 Apache Airflow、Apache Kafka、Spark、Apache NiFi、Apahce Druid、Clickhouse、Cassandra 等各種開源工具都被推出，除此之外，我們所熟悉的雲 (Cloud) 服務也會定時推出對應的應用來解決各式各樣的問題，例如 AWS、GCP 和 Azure 等各平台，所以在這樣的環境驅使下，不難發現資料面向的架構與應用逐漸地被各個產業重視。再加上當今的社會都十分重視人工智慧的應用，也堅信著這項技術能帶給社會一定程度的回饋與影響力，但在這條技術的路上，我們除了專精與研究模型的演算法之外，更值得注意的是資料本身的特性，若沒有一定程度地可靠且穩定資料流架構，就很容易造成所謂地 Garbage-In-Garbage-Out，最後就會無法帶來實質上地商業幫助。

本書主要以介紹 Apache NiFi 這套工具作為主軸，該工具主要用來建置 Data Pipeline 的應用，我們可透過該工具決定什麼時候從來源端資料讀取，且有內建許多元件可以讓我們快速執行資料處理，接著落地到我們預期的目的端資料載體。另外也同時支援 Batch 和 Streaming 的處理，以利於未來場景需要切換時可以彈性地切換。

除了介紹 Apache NiFi 的架構、工具建置與操作方式之外，本書也會帶出資料工程的常見架構與概念，例如 Lambda、Kappa 和 Delta 架構、或 Streaming 的應用等，讓讀者們在閱讀本書時，除了在學習該工具之外，也能對於資料工程面較陌生的讀者們也能有一些初步地認識，以利於整本書的知識吸收。因此，只要好好地瀏覽，能從中體悟到資料工程的基本核心與精神，以及為何有 Apache NiFi 這套工具的出現，和最後要解決的議題。

蘇揮原

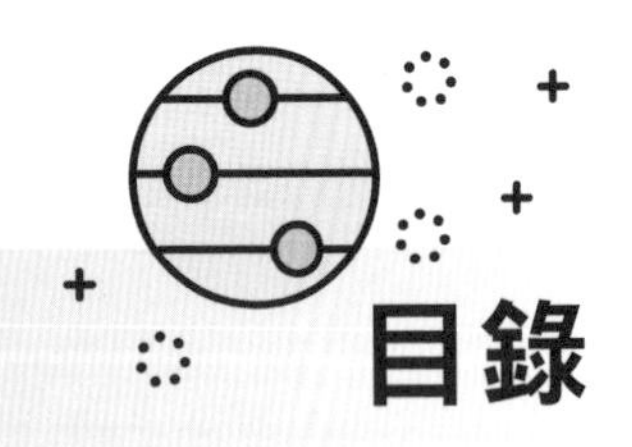

目錄

01 Data Pipeline 的重要性

02 Apache NiFi 的架構與建置

03 Apache NiFi Componenet 介紹

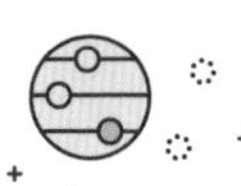

04 Apache NiFi 的語法

05 Apache NiFi 和 DB 對接與實務

06 Apache NiFi 和 Message Queue 對接與實務

07 Apache NiFi 和 Cloud 對接與實務

08 Apache NiFi 監控與追蹤邏輯

09 資料工程的重要性與未來

01

chapter

Data Pipeline 的重要性

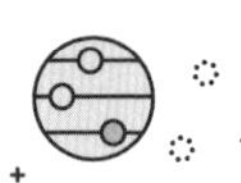

1.1 何謂 Data Pipeline？

在實際的開發架構上，我們會需要將上線的服務或應用程式、第三方資料以及商業需求的相關資料經過一段流程處理之後，最後落地到一個地方，來讓後續的分析或下游任務可以再接下去做執行。其中，這段流程處理主要目的就是『讓原始資料 (Raw Data) 轉換產生成更有價值的資料 (Valuable Data)』。可以如何做到這件事情呢？最基本的做法就是將資料經過資料搜集、資料清洗、資料格式轉換、資料事前計算或統計、資料落地等階段執行，如此一來當下游任務或使用者在使用資料時就比較不會有資料偏差 (bias)、或不完整與不一致性的狀況發生，進而建立出來的服務、分析與決策也會有可靠性和可信度。

Data Pipeline 就是在這樣的情境下所產生出來的流程設計問題，底下會需要有很多子模組 (Submodule) 或稱步驟 (Step) 來一步一步串聯出來，告知資料當下這一步應該要做什麼處理，一旦處理完之後再往下一個流程繼續執行。可以把它想成類似的生產線流程，以製造汽車的工廠為例，一條製造汽車的生產線流程中，會經過多個不同的作業任務來串連而成，例如要先衝壓車身零件、接著焊接、塗裝、總裝、到最後的檢測，基本上每一個流程之 Input 都是接續著前一個工作任務之 Output，最後做到完整的產出；當然有些 Step 是可以同時運行的，甚至需要等到上游的全部處理完之後才能處理當下的任務。一樣再拿汽車流程為例，若要焊接勢必要等到車身、車頂、車蓋等都有了才能做焊接的動作。因此，Data Pipeline 也是同樣的道理，簡單的設計也可以很簡單，但如果要複雜的設計也能做到，所以一切取決於資料的使用場景與資料流流程規劃。

上述是以簡單的文字來描述，接下來用圖來簡單說明 Data Pipeline 的流程，我們可以從圖 1-1-1 中看到有三個主要元件 (Componenets)—Source Data、Data Pipeline 和 Target Data。簡單來定義一下這三個名詞：

- **Source Data**：原始資料或資料取得的地方，也是整個流程的出發點。常見的可能像是 File (csv, parquet 等)、Database、DataLake 等資料載體，有時甚至能直接從 API 拿到原始資料就直接做處理。

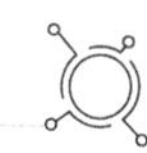

- **Data Pipeline**：定義資料處理流程的框架，會包含許多 Steps 來做設計。
- **Target Data**：資料經過一連串處理完之後，要落地且儲存的地方。常見的是 File (csv, parquet 等)、Database、DataWarehouse 等資料載體。

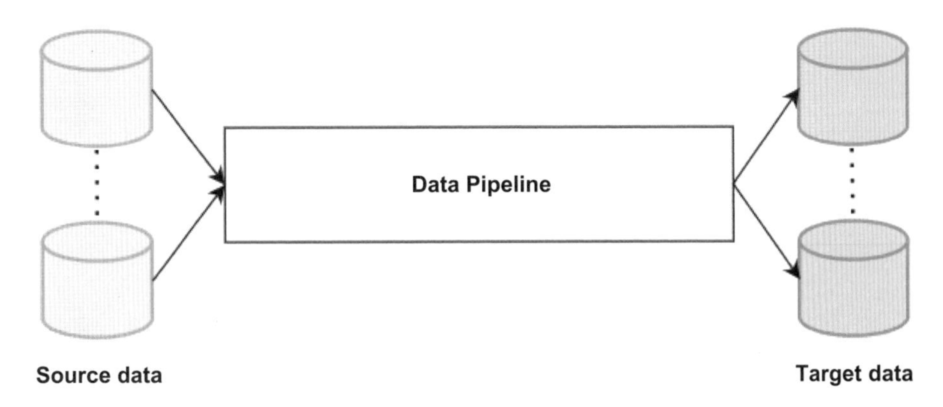

圖 1-1-1 Date Pipeline 架構示意圖

其中 Source Data 和 Target Data 通常就是存放資料的地方，以 Data 領域來說，比較常見的有如下類型：

- Local File (ex. csv, parquet, json 等)
- RDB (ex. MySQL, MariaDB, PostgreSQL 等)
- Document DB (ex. MongoDB 等)
- NoSQL (ex. Cassandra, ScyllaDB 等)
- Search Engine (ex. elasticsearch 等)
- Data Storage (ex. AWS S3, GCP GCS, HDFS 等)
- DataWarehouse (ex. AWS Redshift, GCP BigQuery 等)
- Message Queue (ex. Apache Kafka, AWS Kinesis, GCP Pub/Sub 等)
- SQL Engine (ex. Presto, AWS Athena 等)
- API (ex. 透過請求 API 將資料轉移到下一個服務)

因此，只要能存放資料的地方，我們就能對它做資料的讀寫，再經由 Data Pipeline 的轉換來做處理，最後落地到使用者或下游任務能存取資料的地方。

接著再把圖 1-1-1 放大成圖 1-1-2，我們就可以進一步地想像在 Date Pipeline 當中其實會有著非常多的 Steps 或 Sub-Module 組合而成，有些很單純，有些則是複雜的 Dependency，也意味著需要上游 (Upstream) 都完成了才可以執行。例如 step 2-2 代表它需要 step 1-1 和 step 2-1 處理完後的資料才能再接下去執行，所以在執行前就必須等待上游的這兩個 Steps 都執行沒問題時才能運作。

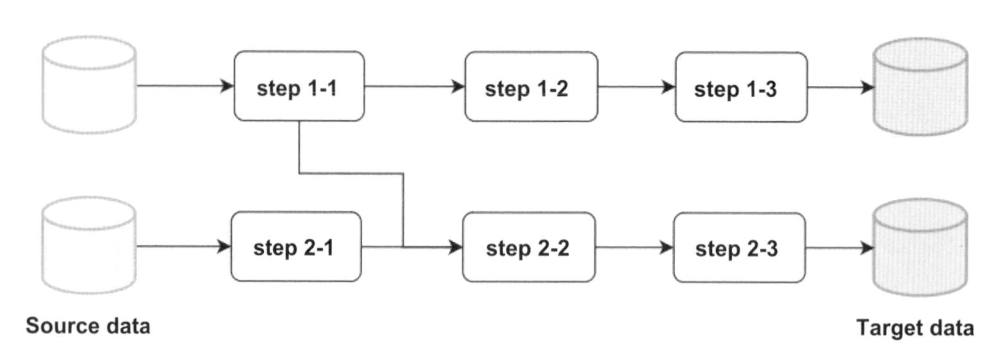

圖 1-1-2　詳細的 Data Pipeline 示意圖

透過這樣的說明，相信讀者對於 Data Pipeline 的定義有建立出基本的概念與認識了。然而，在 Data Pipeline 的設計與實務當中，有兩個主流且最大眾的架構，分別是 ETL 和 ELT，雖然從文字上看起來就是 T (Transforme) 和 L (Load) 順序做反轉，但是對應的實務情境需求也有所不同，接下來簡單說明這兩個架構概念。

1.1.1 ETL (Extract-Transform-Load)

ETL 顧名思義它的執行順序是 Extract、Transform、Load，需要存放資料的地方取得資料出來 (Extract)，接著做邏輯處理與轉換 (Transform)，最後存放到目標資料存放地 (Load)。下圖圖 1-1-3 為 ETL 圖示：

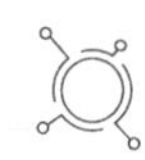

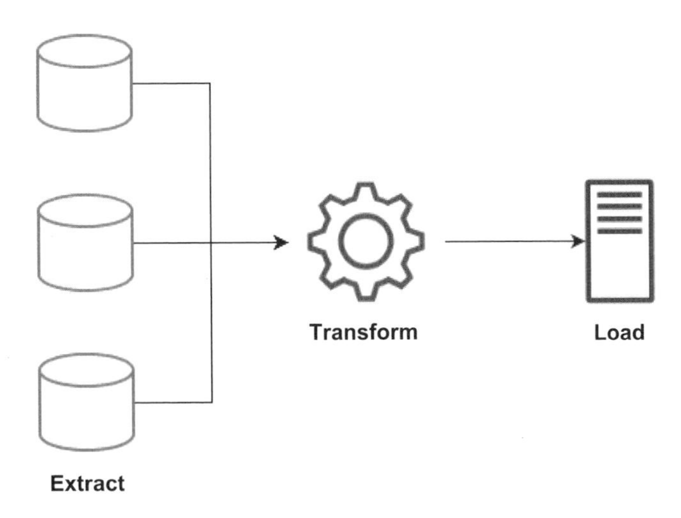

圖 1-1-3　ETL 示意圖

當選擇這樣的架構時，我們需要事前定義好 Transform 的邏輯與流程，以及資料的進出，否則資料會卡在中間那一段就會無法順利寫入到目標資料存放地。此外，當選擇這個架構時也意味著把資料轉換處理這段交派給專責的開發人員或團隊，因為後續任務或使用者不需要掌握流程邏輯，但是如果邏輯改變或新增時，就必須要與專責團隊做溝通，所以也會需要額外的溝通成本。因此我們可以對 ETL 整理出以下幾個特性：

- 必須事前定義好 Transform 邏輯，以及資料的 Input/Output。
- 中間的 Transforme 可能會需要仰賴額外的 code 來實作，ex. python、spark 或 scala 等，相對較多開發的時間與成本。
- Transform 會由額外技術來實作，較易達到 Streaming、Micro-Batch 和 Batch 的設計模式。
- 會有專責團隊做處理，在資料權限控管上比較嚴謹。
- 當新增或變動邏輯時，需要與負責團隊來回溝通，較有溝通成本。

1.1.2 ELT (Extract-Load-Transform)

ETL 它的執行順序是 Extract、Load、Transform，代表著從存放資料的地方 (Extract) 先轉存到另一個資料載體(Load)，再從直接在資料載體上面做邏輯處理與轉換 (Transform)。下圖圖 1-1-4 為 ELT 圖示：

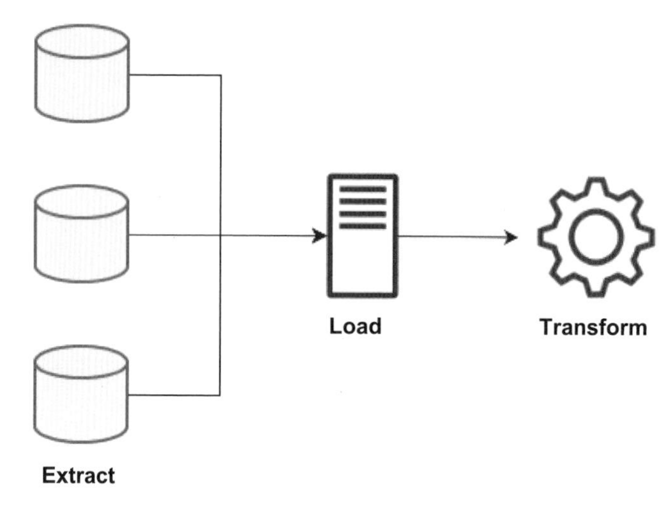

圖 1-1-4　ELT 示意圖

選擇該架構時，意味著會有一個類似資料中心或統一取得的地方，接著可能因為部門或團隊的需求而有所不同，需要將各自所需的資料轉存到各自的資料載體，接著再從上面做資料邏輯與轉換。這邊要留意的是這裡的轉換會是在載體做處理，舉例來說，如果是 load 到 OLAP (ex. AWS Redshift, GCP BigQuery 等)，而使用者就直接在服務上透過 SQL 方式來做轉換處理與設計邏輯。這樣做代表由各個團隊自行決定資料處理邏輯，當有需要改變或變動時，溝通成本較低且彈性較高。不過因為需要讓所有團隊可以做到轉存的動作，所以對於資料的權限管理上就會沒那麼嚴謹，因為每個團隊都有權利對資料中心做操作。此外，對於技術能力沒有那麼深的團隊來說，他們就有可能會直接在資料載體上做處理或是運算，對於載體的運算能力也會相當吃重。因此我們可針對 ELT 整理出以下特性：

- 直接在目標 Load 的資料載體做 Transform 的邏輯 (ex. SQL)，但就不容易做 Streaming 的操作，通常只能 Batch 處理。

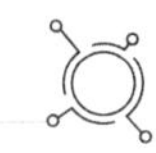

- 彈性較高且較少溝通成本，因為由各個負責人員處理。
- 資料權限管理上較麻煩，需要更嚴格去把關。
- 對於非工程或技術的人員，有可能會直接載體上做處理，所以需衡量載體服務的運算能力。

講述了 ETL 和 ELT，實際上是哪一個架構最好的，並沒有標準答案。因為完全取決於實務的使用場景，但大多數不會特別單獨使用，尤其在一定規模的企業當中，在資源與成本上的考量，大部分都會走上混合 (Hybrid) 的方式使用。例如針對主要資料做 ETL，對於部門自行或是客製化的需求再做 ELT，藉此盡可能達到資料的最大價值與效益。

1.2 何謂 Streaming 和 Batch？

前一個小節介紹了 Data Pipeline 的流程定義與目的，也分享了 ETL 和 ELT 常見的架構。但除了設計好 Pipeline 的流程之外，還會有一件很重要的事情需要被探討，也就是要多久去觸發執行？是每天執行一次、還是每小時、每分鐘、還是即時性地處理，也就是有資料上來就開始執行。在時間粒度 (Time Granularity) 上的選擇是沒有絕對的，可以一天執行一次，但就會面臨每次執行的量級可能會很大，因為是處理前一天整天的資料量，同時可能會影響到企業的決策與分析效率，因為必須要等到隔天才會有今天的數據；相反地，如果選擇秒級、甚至微秒級的資料處理，也就是當下的時間點有資料時就應該要立即能分析到該筆資料，甚至做應用。但如果 Pipeline 的處理速度趕不上的話，就會有可能產生資料延遲的風險。

因此這議題通常取決於企業場景需求以及 Pipeline 它能處理的速度以及能掌控的資料量級。舉例來說，假設企業期望能達到秒級的資料分析，但如果中間的處理邏輯目前需要執行需要 5 分鐘才能完成，那就會造成資料的延遲，進而不符合企業的決策需求。所以要如何決定觸發時間的這項議題，往往會是一個權衡 (Trade-Off) 的問題。一方面考量商業需求，另一方面也要考量目前工程架構能否做到配合 (Fit)，所以當中的協調與配合就會是非常重要的議題。

基於這項議題，本章節會講解整理目前在 Data Pipeline 上常用時間處理架構，分別是 Streaming、Batch 和 Micro-Batch。當然目前有一些成熟的技術工具或服務可以做到這些事情，但如果我們先了解這些真正核心的概念之後，再套用到對應工具服務上就會更明確知道如何設計符合對應場景的 Pipeline 架構流程。

1.2.1 Streaming

在 Data 領域當中，Streaming 代表著資料會即時性且持續地產生與流入，因此後續要有對應的高效能處理能力才不會造成資料延遲，也就是要做到保證資料送達 (Guaranteed Delivery)，並且同時要避免資料遺失以確保每一筆產生的資料都能完整地被搜集且處理到。簡單來說注重即時性 (Realtime) 和低延遲 (Lower-Latency)。

可以從圖 1-2-1 來看到 Streaming 的做法，從圖中可以看到 2022/09/01 13:00 有一筆資料產生，以 Streaming 的定義上，他應該也要在 2022/09/01 13:00 時搜到資料切寫入到 Database，下一秒服務或是在做資料分析時就可包含到該筆資料；同理可證，若 13:05 有資料產生時，也會同時間看到該資料的產出。因此資料的產生到落地的過程中是不會有所謂的資料延遲問題發生，但通常為了達到這個目的會需要龐大、複雜與高效的處理架構才能做到。

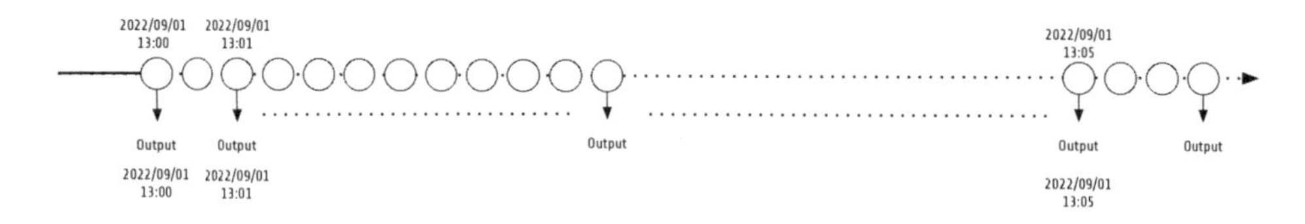

圖 1-2-1 Streaming 示意圖

1.2.2 Batch

Batch 的架構中是允許資料延遲，因此時間粒度相較於 Streaming 來得大，可以分鐘、半小時、小時、一天、甚至也可以一週到一個月，其中處理的

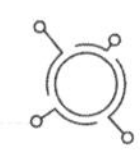

資料量級會隨著時間粒度越大而成正比。此外，當前時間的資料不會立即地處理與分析到，必須等到下一個觸發時間時才會取得。

這邊以圖 1-2-2 的 Hourly 來做舉例，假設每天整點做 Pipline 的觸發，2022/09/01 13:00 會觸發 Data Pipeline，其中會處理的資料之時間區間會是從上次的觸發時間到該次觸發的時間，也就是取得 12:00 到 13:00 這段時間做處理，下次觸發時就是 13:00 到 14:00，以此類推。因此在 Current 的圓點所產生的資料，就需要等到下次觸發的時間 15:00 時才會拉到該筆資料。

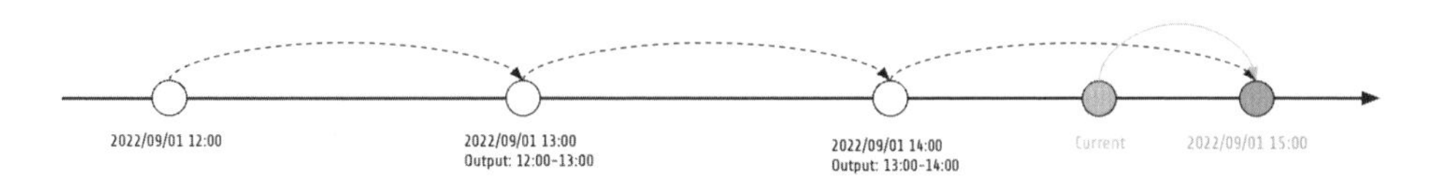

圖 1-2-2 Batch 示意圖

過往由於技術上的考量與限制，大多數的資料處理和應用都會以 Batch 方式做執行。但近幾年隨著 AI 和 ML 以及相關分析的技術成熟，越來越多商業應用著重在即時性這件事情上，以及為了提升企業的高速擴張與規模成長，和提升市場競爭力，資料的價值應用也必須面對到即時性的處理。以我的觀點來看，未來 Streaming 一定會成為主流與主要的設計方式，甚至是標配，而 Batch 架構就會逐漸變成不是主要的設計原理與架構。若讀者們能現在開始培養這部分的技能，未來在做 Date Pipline 或資料工程相關開發時，必會相對有競爭力。

1.3 何謂 Lambda、Kappa 和 Delta 架構？

在前一章節我們介紹了 Streaming 和 Batch 的原理，但回過頭來套用到我們在設計 Data Pipeline 的架構上，看起來似乎只能在 Streaming 和 Batch 中選擇一個做為處理。但實際上在 Data 領域當中有些架構提倡混合 (Hybrid) 的方式做實現，只是過程中會有許多問題要去克服和解決，因此本節帶讀者們來看一下過往在這部分的數據架構的演變，進而到現在有哪些技術性的突破與發展，讓我們在現在這個時間點，對於這部分的技術可以更加成熟。

1.3.1 Lambda 架構

Lambda 架構最早是由 Storm 的創辦人 — Nathan Marz 所提出來的。該架構主要採用了兩套層級做並行，分別是 Batch Layer (也可稱為 Offline Layer) 和 Realtime Layer。其中 Batch Layer 主要利用 Hive、Impala 等框架來做線下的 Batch 處理；而 Realtime Layer 則用 Spark Streaming、Flink 等技術做處理。但我們可以從下圖圖 1-3-1 來看他真實的架構核心與精神：

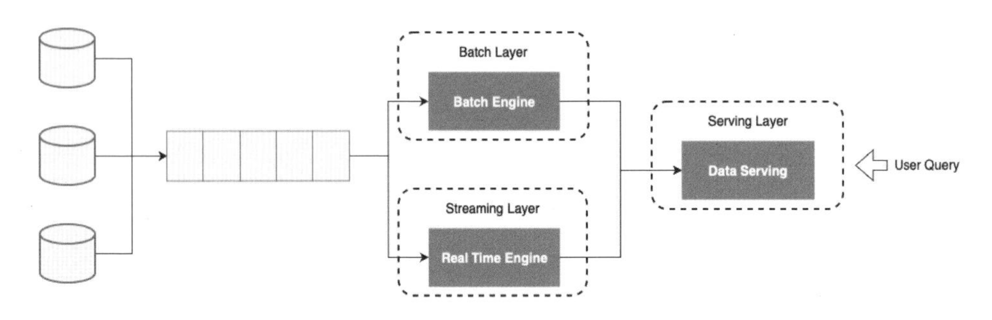

圖 1-3-1 Lambda 架構圖

從架構圖上來看，其實就是在資料蒐集進來之後，會由兩個 Layer 來做接收：

- **Batch Layer**：用來處理 Offline Data，代表著全體的資料集。
- **Streaming Layer**：僅用來處理隨著時間增量的資料。
- **Serving Layer**：用來合併 Batch Layer 和 Streaming Layer 結果以產生最終的資料，而 User 直接對該最終資料做 Query。

若這邊將該架構圖套用對應可使用的工具服務，可以看到如圖 1-3-2。可以看到前端可以用 Kafka 來做一個資料緩衝的地方，後面可以利用 Storm 來做增量處理，而 hadoop 可以做一個定期的 Batch 資料處理，這兩層處理完會將資料統一進入到 DB 中的 Table，最後來讓使用者 Query 與分析。

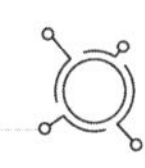

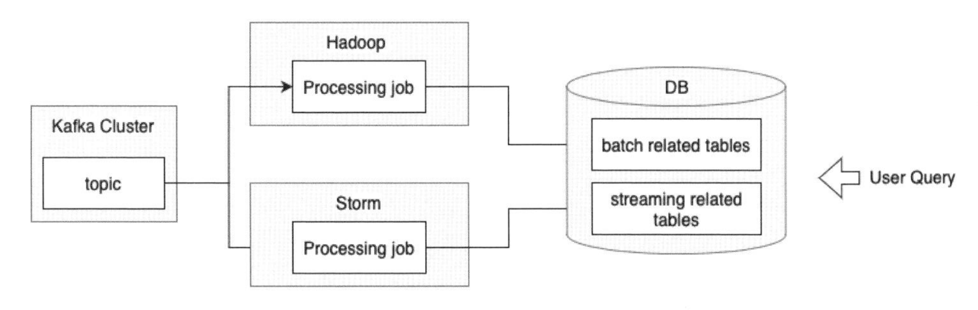

圖 1-3-2　套用到 Lambda 架構的工具範例

從圖上看起來好像是 Batch Layer 和 Streaming Layer 會是同時接收，但其實兩個 Layer 的觸發時間可以獨立切開。例如 Batch Layer 可以每天晚上處理，Streaming Layer 則持續接受資料處理。但這樣的架構會面臨到一個主要的問題：

◆ 需要維護兩套不同的框架 — Batch 與 Streaming

主要這兩個 Layer 要處理的核心問題就有所不同，Batch Layer 要處理大量級的資料問題；Streaming Layer 要處理低延遲的問題，所以這兩個核心的設計架構與流程就會有明顯的不同，對於工程師和相關開發人員來說，這樣會造成維護上的困難，以及如果未來資料處理邏輯做變動或新增時，程序上可能會變得十分複雜。

1.3.2 Kappa 架構

我們在前面的介紹已經知道 Lambda 架構在維護上有一定的困難程度，所以後續 Linkedin 的 Jay Kreps 等人團隊提出了一個 Kappa 架構。他們認為與其利用兩套的方式來做處理，不如集中或專注在一個框架去執行就好，且加入額外的處理來達到可以對歷史資料做計算。因此他們保留了 Streaming Layer，並多了 History Data Storage 在該 layer，讓如果資料有問題時起碼還有資料可以暫存且重複計算。因此架構可以參考圖 1-3-3。

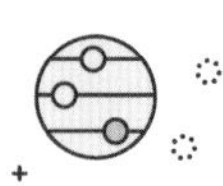

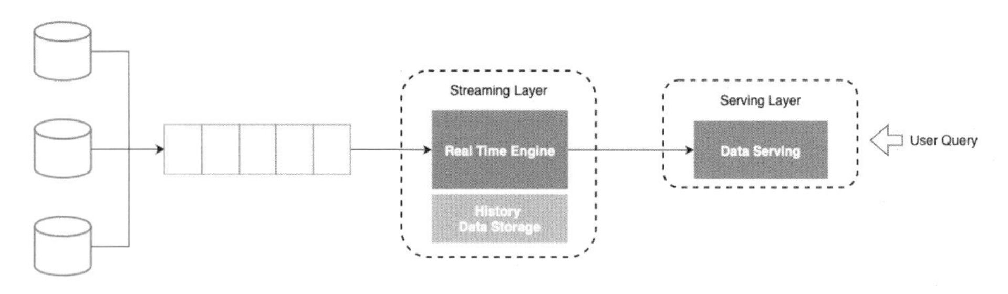

圖 1-3-3　Kappa 架構

所以從架構來看，Kappa 相較於 Lambda 來說，架構上更為統一，同時也比較好去維護。中間的 History Data Storage 通常可透過 Kafka 來做處理，因為 Kafka 有 Persist Duration 來決定資料可以保留多久，可以設定成 forever 進而永久保存資料。但在這樣的架構中仍然有一些缺陷：

- 對於歷史資料的處理仍然有限，因為 Streaming layer 通常用於增量處理比較有效率，對於過往歷史資料的重新計算會相對複雜

在先前的 Lambda 的架構中，是有一個專責的 Batch Layer 可以過往的所有歷史資料做計算與處理。Kafka 也可以做到類似的事情，但相對於傳統 Lambda 架構來說，它對於歷史資料的處理確實欠佳，所以即便統一個與簡化了架構，一旦需要歷史資料處理時的場景就會顯得相對不足。

為了能夠區分 Lambda 和 Kappa 的特性，這裡簡單整理了表格來比較當中的差異：

	Lambda 架構	**Kappa 架構**
資料處理	能處理 Streaming 資料之外，同時有單獨的 Layer 可以處理大規模的歷史資料。	對於歷史資料處理有限。
維護成本	成本高，需要維護兩套系統，因此對於機器服務的成本較高。	成本低，僅需要維護一個框架。
技術難度	因為有兩套系統，所以複雜性較高。	僅有單一系統，複雜性較低。

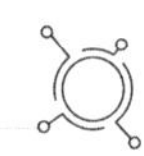

1.3.3 Delta 架構

接下來介紹 Databricks 在 2019 年提出來的 Delta 架構，主要是透過他們自行研發的 Delta Lake 來取代 Lambda 架構。我們都知道傳統的 Lambda 架構有著要維護兩套系統的困難度，同時也增加人力與資源的成本。而 Delta 架構就是要解決該問題，它是由 Spark Structured Streaming 與 Delta Lake 的整合出來的概念架構。

Delta 架構具備以下特性：

- Streaming 和 Batch 合併，不需要個別維護系統
- 可隨時重新處理歷史資料
- 具備彈性地儲存與計算的資料擴展

簡單來說，透過 Delta Lake 這套框架，可讓 Streaming 和 Batch 的寫法統一，不需要獨立設計，直接在指定的參數做對應變化，程式邏輯無需更動，就可以自由地在 Streaming 和 Batch 當中做切換。此外在寫入時 Delta lake 會產生 transaction log 來記錄每次資料的版本，當有發生問題時可以在回溯先前的資料做重新運算，所以在處理的邏輯與程式設計上就會變得十分單純，同時也能兼顧 Streaming 的增量處理與全量級歷史資料處理。只是在這樣的架構下就需要透過 Spark Structured Streaming 來做實作與設計，但這部分詳細實作就不在本書的範疇，有興趣者可以近一步去學習與了解，這邊提供目前技術與架構的發展供讀者們了解與認識。

1.4 為什麼需要使用 Apache NiFi？

前面讓大家對於資料的處理架構有了基本認識，我們從何謂 Data Pipeline 到 ETL、ELT 的介紹，再來介紹 Streaming 和 Batch 的定義與用途，最後到更上一層的架構介紹，包含 Lambda、Kappa 到近期的 Delta 架構。而建立在這些基礎上有許多延伸的工具服務，雖然有些工具服務看起來類似，但取決於一開始它們想解決的目的不同而有個別合適的使用場景。然而，回歸到本書的核心內容——Apache NiFi，該服務就可以讓我們可以設計出 Lambda 和 Kappa 等架構，藉此來應變我們的使用場景。

Apache NiFi 主要被用來針對資料流 (Data Flow) 這件事情來做處理，它也支援多種類型 Datasource，無論 Cloud 服務或是 Open Source，並且能以 streaming 或 batch 的方式來設計 Data Pipeline，本身也有內建提供完整的 Processor 來做資料轉換，所以對於資料的處理或格式清洗上有一定的幫助。再者，除非遇到較複雜的處理邏輯之外，通常都是可以直用拖拉的方式與參數設定的方式就可建立好 Data Pipeline，大部分無需額外寫 Code 來做處理，除非將 Apahce NiFi 視為 WorkFlow 工具，也就是作為 job 的順序流程控制。但這邊以 Data Pipeline 的角度來做介紹與使用，較符合該工具的理念與核心價值。

1.4.1 什麼是 Apache NiFi？

Apache NiFi 是美國國安局 (NSA) 開發且在 2014 年貢獻給 Apache 的頂級專案之一，它被稱作一種 Data Pipeline 或是 Data Flow Control 的工具服務，我們可以透過它去建立 Streaming 或 Batch 的資料處理流程，其中建立過程中是屬於 No-Code 的方式去建立，因為有提供完整的 WEB UI 介面可以操作，同時也可以做到高擴展性，以至於面對大數據處理可以更有效率。它也具備一個最重要的特性是可以做到資料追蹤，大部分的 Data Pipeline 工具主要只做到 job 的追蹤，但 NiFi 是可以追蹤到每一筆資料的變化與輸出後的狀況，所以這有助於在做 Streaming 時可以更加確認處理邏輯。

然而，關於 Apache NiFi 的特點可以列舉如下：

- 支援 AWS、GCP、Azure 等 cloud 平台的所有 db 和 storage 相關服務，ex. S3、GCS、PubSub、Knesis 等。
- 支援 Open Source DB，ex. Cassandra、MySQL、MongoDB 等。
- 主要透過 Web UI 視覺化之設定與拖拉的方式即可建立 Data pipeline。
- 可支援 Batch 和 Streaming 做切換。
- 具備 Monitoring 機制來監控 data 的處理狀況。

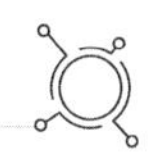

- 具備 Module Group 的機制，讓 Pipeline 變成模組來重複使用。
- 可建置成 clustering(叢集)，來使大量資料做 load balance。
- 擁有子服務 - NiFi Registry，可針對 Data pipeline 達到像 Git 一樣的版本控制，讓使用者可以對 pipeline 做 commit 與版本轉換。
- 可搭配自己撰寫的 Script (ex. python, golang 等) 去做資料處理與控制。
- 容易追蹤每筆資料的流向與轉換狀況。
- 對於錯誤處理有提供完善的措施，ex. Replay 來重新執行資料。
- 如果 Pipeline 有問題時，不需要停止 Pipeline 的運作，只要針對特定的 Processor 作處理即可。

從上述的列點看起來好像 Apache NiFi 優點許多，有很多對於 Database、Data Lake、Data Warehouse 等都有計有的元件可以做使用，而且對於跨平台或是自建的服務都有良好的兼容性與整合。但其實也有一些缺點需要做克服，這邊也列舉如下：

- 介面需要設定的參數較多，涵蓋的 Componenet 也較多，需要搭配官方文件來做實作較容易理解。
- 因為是 Open Source，所以需要 Self-Hosted 和 Self-Maintain。
- 在 Clustering 的狀況下，因為需要透過 Zookeeper 做 Node 連線觀察，如果要加入新的 Node，需要將服務做 Downtime，更改設定後再重新啟動。
- 台灣的 Community、Use-Case 和資源相對國外較少，所以遇到問題時需要花點時間排查。

1.4.2 Apache NiFI 的元件介紹

這邊會先簡單帶出 Apache NiFi 的基本元件，這邊可以透過圖 1-4-1 來搭配描述：

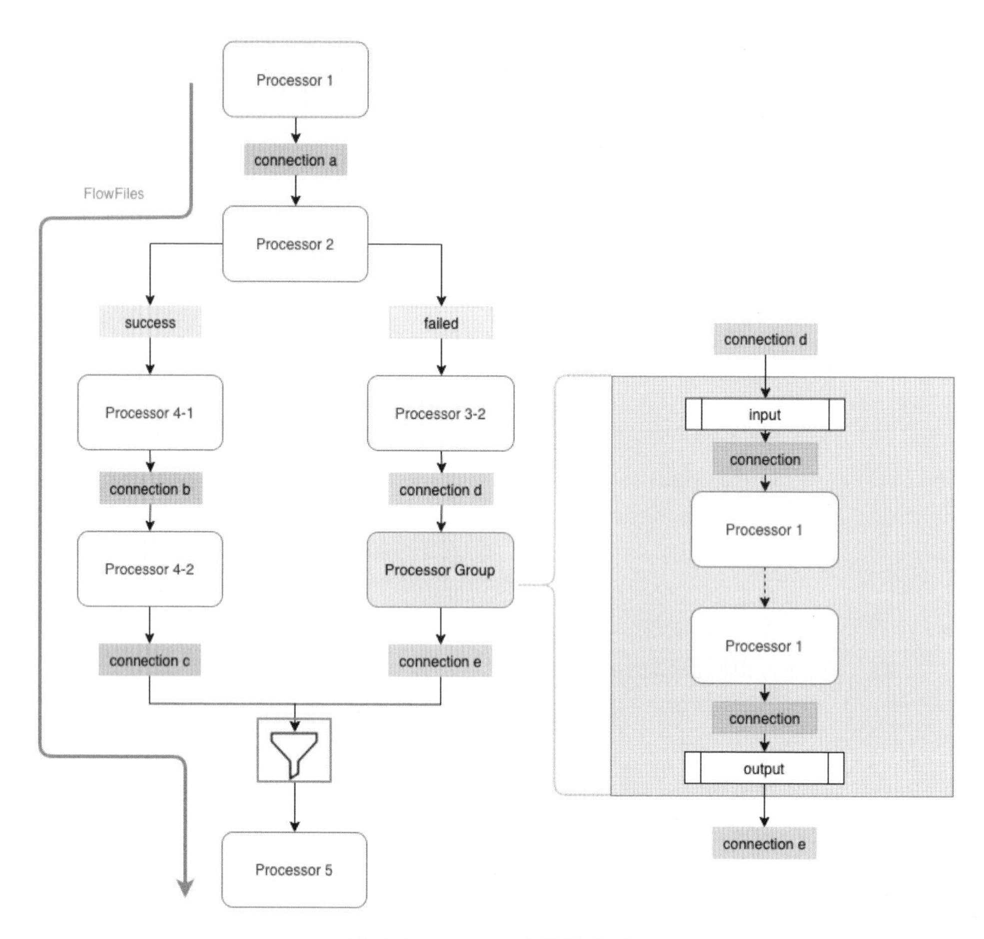

圖 1-4-1　NiFi 元件操作圖

◆ **FlowFile**

何謂 FlowFile？我們可以想像是資料中或是 File 中的一筆 Record，甚至是一包資料同時含有很多筆 record，今天假設有一張 Table 且其中有 100 筆資料時，當 NiFi 從中讀取時，這 100 筆 Record 就會在 NiFi 產生

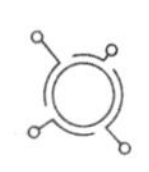

100 筆 FlowFile，而 FlowFile 會帶有自己的 attribute 和 content，這兩個有什麼差異呢？

- attribute：可以想像成是 metadata，以 Key-Value 的方式來對 FlowFile 的描述，包含 size、path、permission 等
- content：真實 data 的內容，可能是 csv、json 等格式。

◆ **Processor**

想像成是一個邏輯處理的 Unit，在 NiFi 中它提供了許多內建的 Processor，這可使我們透過設定的方式來產生、處理、轉換、輸出 FlowFile 等相關操作。

因此，我們可以從上圖看到在一個 Pipeline 當中，FlowFiles 會經過中間多個 Processor 的處理，第一個 Processor 會被用來產生 FlowFiles (ex. 讀取 DB 或 files)；而最後一個通常會是一個落地輸出的 Processor (ex. 寫入 DB 或 files)。

◆ **Connection**

在 Apache NiFi 建立 Data Pipeline 時，其實會透過一連串 Processor 來建置，Processor 彼此之間會建立一個關係，就稱作為 Connection，可從圖中看到 Processor 之間一定會有個 Connection 的存在。

在 Connection 當中，我們可以透過設定來描述該 Connection 的定義，圖 1-4-1 中可看到常見的 Success 和 Failed，若今天有 FlowFiles 是走 Success 的 Connection，也就代表上一個 Processor 是處理成功的。因此，我們可自行建立多種 Connection 來決定每一條下游路徑的狀態與意義。

此外，在 Connection 中我們還可以設定 Queue 的狀態，像是 FIFO 或是 New First 等，來緩解當 Connection 中因有太多 Flowfiles 時所導致效能的問題。詳細的設定會在往後的章節再作進一步說明。

◆ Processor Group

Processor Group 通常被用來作為 Processor 的 Module，為 Processors 的集合。通常會有 3 種情境需要 ProcessorGroup：

- ❖ 今天假如有兩個 pipeline，其中有一段的流程是一模一樣的，這時候我們就可以把那一段 Processors 獨立做成 Processor Group，後續若遇到一樣的需求時，就只要拉這個 Processor Group 做串接即可，使用這就不需要再一一建立流程。簡單來說，就是視為『Module』的意思。
- ❖ 第二個會用到的情境就是『分專案或部門』為使用，若今天有一個 Team，同時有 10 個專案需要建立 Data Pipeline，理所當然每一個專案的流程都會不一樣，這時候就可以透過 Processor Group 來做專案的劃分；或是有不同 Team 要採用時，也可以利用這個方式來劃分不同 Team。
- ❖ 第 3 種是第 2 種的延伸，Processor Group 通常也會是一個 User 權限的最小單位，我們可以針對特定 Processor Group 來決定哪些 User 擁有 Write 或 read 的權限。

其中情境 1，可以從圖 1-4-1 看到它被整合在 Pipeline 的其中一環，但其實我們將其放大來看，它就是由一連串的 Processor 和 Connection 組合而成，此外再設定好 Input/Output 的格式與定義即可。所以未來若有其他 Pipeline 需要類似的情境時，它可以直接拉取這個 Processor Group 來套用，就不需要再重頭拉一次原先 Processor Group 內部的流程。

◆ Funnel

用來將多個 source connection 的組合成單一個 connection，這對於可讀性可以提供相當大的幫助，如同上圖的 Processor 5 之前的漏斗符號，我們可以想像假設有 n 個 Processor 同時要連到同一個 Processor，如果不透過 Funnel 的話，在下游的那一個 Processor 身上會有很多條線，這對於使用者在檢視或是 Debug 是不理想的。

接下來介紹的 Component，就不會呈現在上圖，但在 Apache NiFi 的操作上有一定的重要性與角色：

◆ **Controller Service**

Controller Service 可以把它想像成是一個與第三方對接的 connection，注意不是前面所提到的 connection，而是真的透過網路服務建立的 connection。所以當我們選擇 NiFi 作為我們 Data Pipeline 的工具時，照理來說就會在服務上建立許多的 Pipeline，甚至有些當中的 Processor 會共同存取同一個 DB 或是 cloud 的服務，如果每一個 Processor 都對其建立太多 connection 的話可能會造成問題。

所以此時就可以統一透過 Controller Service 來做一個管理，它可以事先建立好一個與第三方服務的 connection，而當有 Processor 需要做使用的就可以直接套用對應的 Controller Service，一方面不用再重新設定，另一方面可以對目標存取控制好連線數以節省開銷。

◆ **Reporting Task**

Reporting Task 是 NiFi 在做 Monitoring 很重要的角色，它可以將一些 Metrics、Memory & Disk Utilization、以及一些 Monitoring 的資訊發送出來，常見應用是發送到 Prometheus、DataDog、Cloudwatch 等第三方服務來做視覺化呈現。

◆ **Template**

Templates 通常用於轉換環境做使用，假設我有一個既有的 NiFi 在 A 機器上，在上面已經有設計好一些 Pipeline，但我需要轉換環境到 B 機器上，此時使用者可以把在 A 機器上所有的 Pipeline 輸出成 Templates（為 XML 檔），接著再匯入到 B 機器上的 NiFi，就可以在新的環境中繼續使用相同的 Pipeline 了。

這當中的轉換是以 Processor Group 作為單位，其中也會把這個底下的所需要用到的參數和設定一起匯出成 templates，所以在環境轉換時就會是無痛轉移。簡單的呈現如下圖：

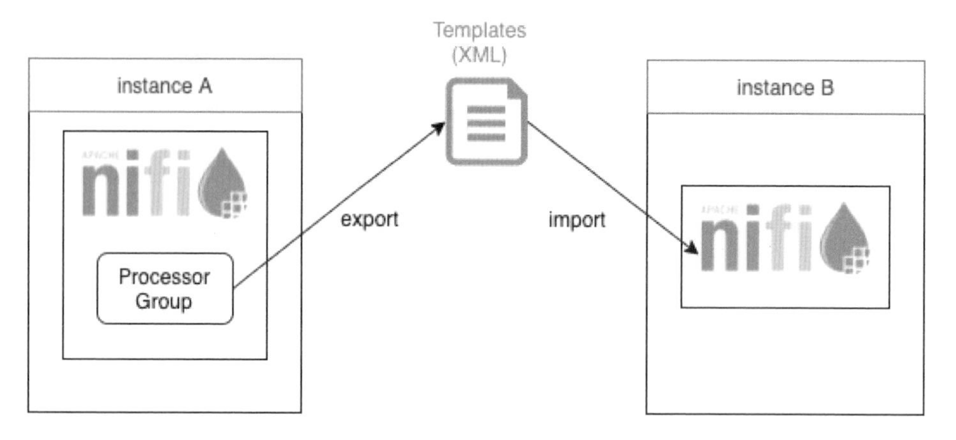

圖 1-4-2　Template 轉換示意圖

1.5　小結

這章節我們介紹了 Data Pipeline 的用途，以及 ETL 和 ELT 在實務上對應的場景說明，此外也帶到 Streaming 和 Batch 的特性，最後提到整體目前在 Data 領域的架構發展。

在建立這些概念完之後，也介紹本書的重點 Apache NiFi 的特性與用途，以及說明了在 Apache NiFi 中重要的元件，因為在後續的章節會開始圍繞這些元件來做更詳細的操作與設定介紹，最後一步一步地帶領讀者們建立出 Data Pipeline。

接下來下一章節，會教如何在自己的電腦或是在機器上建置 Apache NiFi 和 NiFi Registry 的服務，以及分享在實務上建置的注意事項與架構，讓讀者們可以擁有自己的 Apache NiFi 來做後續的操作與應用。

02

chapter

Apache NiFi 的架構與建置

2.1 Apache NiFi 架構與規格

在前一章的最後，有開始帶到 Apache NiFi 的特性與基本元件的介紹，先讓讀者們對於 Apache NiFi 有了一些基本認識。然而，接下來會先介紹在建置 Apache NiFi 的基本架構以及在其分散式的架構，因為 Apache NiFi 的架構其實相對來說比較複雜，所以若能先從架構面來了解整體的運作原理，最後一節介紹建置的時候便會比較清楚它的參數以及建置邏輯。

2.1.1 Apache NiFi 內部架構

Apche NiFi 整體服務是透過 Java 來做開發，因此服務是建立於 JVM 上，所有相關的資料、儲存都會是在所屬的 instance 的 local storage，也就是 disk，所以在接下來的介紹會發現有些元件會有對應的目錄 (Directory) 來做存放。接著我們從官方的架構圖 (圖 2-1-1) 可以看到在建置 Apache NiFi 會有幾個元件，從架構圖的下方開始往上介紹：

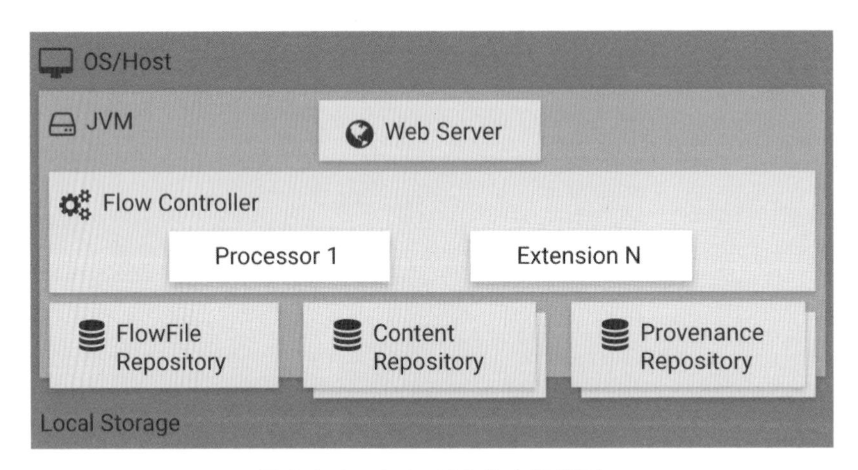

圖 2-1-1　官方 NiFi 基本架構圖

◆ **FlowFile Repository**

Repository 我們可以想像就是一個存放的地方，通常會存放在 instance 的 disk 中，也就是說這會是一個獨立的目錄(Directory)，其中 NiFi 的運作原理會經過壓縮與 WAL 方式寫入在所屬的 instance 上。

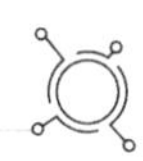

FlowFile Repository 就是將目前活動中且經過我們於 NiFi 所設計的 Data Pipeline 過程中的 FlowFile，將其活動狀態做一個保存。舉例來說，在 NiFi 上有一組 Pipeline 且內部有 3 個 Processor，而 FlowFile 在每經過一個 Processor 都會將它的活動與處理狀態以及 metadata 儲存於 FlowFile Repository。

◆ **Content Repository**

Content Repositoy 有獨立的目錄(Directory) 來存放在 instance 中，其中存放的內容指的是 FlowFile 真實的資料內容，在前面我們有提到 FlowFile 會帶兩種 metadata，一個是 attributes，另一個是 content，這邊就僅存 content 的內容，Apache NiFi 也會將這樣的內容透過壓縮與加密，再接著存放到自身的 FileSystem，通常就是 instance disk 中，而這就是 Content Repository。

◆ **Provenance Repository**

Provenance Repository 也會有獨立的目錄 (Directory) 來存放在 instance 中，是用來存放所有 Flowfile 的所有追蹤事件的相關資料，就是記錄著 FlowFile 從哪裡留到目前的 Processor，以及後續以哪一個 Processor 作為下一步流向的標的。主要就是用來追蹤 FlowFiles 在每個 Processor 的狀態，包含時間、資料變化等。

這裡需要釐清一下與 FlowFile Repository 的差異，FlowFile Repository 主要以當前時間正在運作的 FlowFile 為主，而 Provenance Repository 則是會保留過往所有 Flowfile 的事件，而保留天數可以在建置的時候會有對應的參數來做設定。

◆ **Flow Controller**

Flow Controller 你可以想像著它是整個 NiFi 的操作核心，其中包含 Processor 和 Extension 兩種元件，我們在建置 Data Pipeline 的時候就會利用這兩個元件來兜建出來。主要差異的是 Processor 是 NiFi 原生已經建立好的，我們可以直接使用它；Extension 則是可以想像成就是客製化的 Processor 來符合我們客製的需求與場景。在 Processor 當中可以設定觸發的排程、以及相關資源，例如需要多少執行緒 (thread)、Latency 等，都是會在 **Flow Controller** 來做一個運作與調度。

◆ **Web Server**

我們都知道 Apache NiFi 是一個 No-Code 的設計服務，所以它會有一個專屬的 UI 介面來讓使用者可以在上面拖拉與設計，而在 UI 上面所做的所有操作都是由 NiFi 本身的 API 來做操作，所以要讓 API 可以運作的條件就會需要有一個 Web Server 的元件。

2.1.2 Apache NiFi Cluster 架構

講述完 Apache NiFi 內部的基本架構之後，Apache NiFi 本身的服務除了可以單一節點 (Node) 運作之外，它其實也能建置成叢集 (Cluster) 的架構，其中在 Cluster 的架構圖會參考官方圖如下：

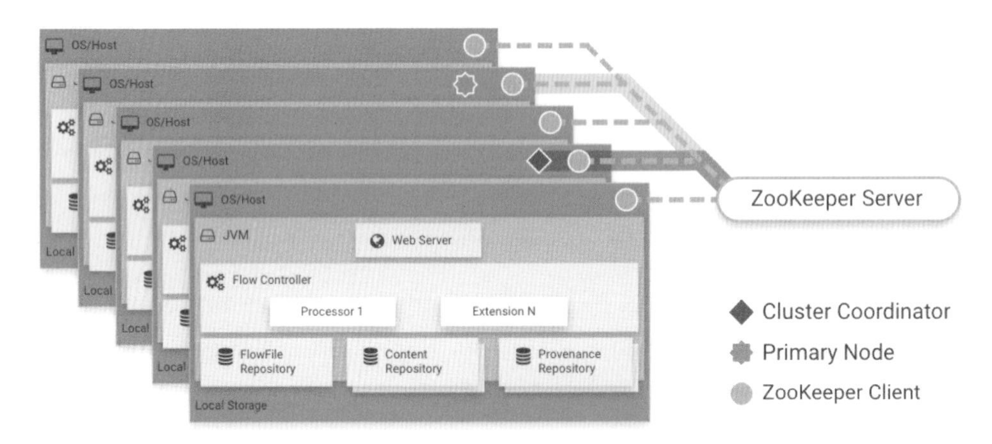

圖 2-1-2　官方 Apache NiFi Cluster 架構圖

從 Apache NiFi 1.0 版本之後就開始支援 Cluster 的架構設計，然而在 Apache NiFi 的 Cluster 是採用 **Zero-Master 架構模式**。其中什麼是 Zeor-Master 架構？以 Apache NiFi 為例，意指 Cluster 中的每一個 Node 都會對資料做相同的任務與處理邏輯，也就是平等的，僅僅差別於每一個 Node 處理的數據不同而已。此外在此架構中，我們可以從任一個 Node 中來做操作與設計，所以的操作會立即同步到其他同一座 Cluster 中的 Node 上。

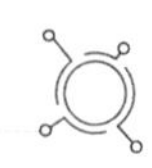

舉例來說，假設有三個 Node，其中對應的 Port 分別是 8080、8081、8082，每一個 Port 都會有 Web UI 可以操作，我在 8081 的 Web UI 上設計 Data Pipeline 的時候，此時我在 8080 和 8082 的 Port 所連上的 WebUI 也會看到同樣剛剛在 8081 操作與設計的結果。因此可以發現在任何 Node 上都可以做更新與寫入的操作請求 Data Flow，Apache NiFi 會再自行做同步與複製。

這邊順帶提到，這會與傳統我們一般認知的 Master-Slave 架構有著明顯的不同，從圖 2-1-3 可以看到 Master-Slave 架構會有一個獨立的 Master Node.(也稱 Leader Node)，所有對服務的寫入的請求都會統一由 Master Node 來做接受與處理，當 Master Node 處理完之後，會將自己所做的變更與相關的日誌 (log) 複製到 Slave Node (Follower Node) 來依序更新與寫入，之後使用者就可以從任何 Node 來做讀取。

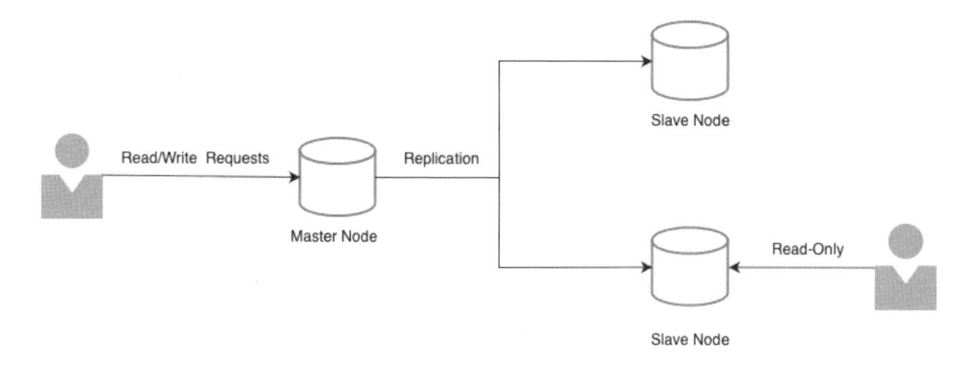

圖 2-1-3 Master-Slave 架構示意圖

其中在 Apache NiFi 的 Cluster 架構中還有一個重要的角色，就是 Apache Zookeeper。雖然 Apache NiFi 採用的是 Zero-Master 的模式，但它仍需要有一個角色來監控所有 Node 的運作狀態，Apache Zookeeper 會在 Apache NiFi Cluster 中選擇一個 Node 來作為協調者 (Coordinator Node)，所有其他 Node 會定期向 Coordinator Node 發送心跳 (HeartBeat) 與狀態。所以當有其中一個 Node 沒有在時間內回報任何資訊和狀態時，Coordinator 就會斷開該 Node，直到恢復連線為止，然後 Apache Zookeeper 就會介入做中間的故障轉移。Apache Nifi 有自己的 embedded Apache Zookeeper 設定的方式，也就是每一個 Node 會有一個 Zookeeper service，在設定上相對比較方便。但根據官方建議，在 Production 環境中，仍獨立啟動一座 Zookeeper 來做整合，不建議內嵌於 Apache NiFi 服務中。

這邊來額外提一下在 NiFi Clustering 中的會用到的名詞：

◆ **Coordinator Node**

由 Apache Zookeeper 決定，主要用來觀測目前 Node 之間的狀況以及決定有哪些 Node 可被加入到 Cluster。

◆ **Primary Node**

在一座 Cluster 會有一個 Primary Node，這個 Node 是唯一可運行 Isolated Processors。一樣是由 Apache Zookeeper 做決定，一旦 Primary Node 斷線了，Apache Zookeeper 就會馬上選擇新的 Primary Node 出來。

◆ **Isolated Processors**

一般來說，在 Apache NiFi 的所有 Processor 是可以同時運行在所有的 Node，但會有一些 Processor 只允許在 Primary Node 做執行，像是 GetSFTP、ListFiles、ListS3、GenerateFlowFile 等這些 Processors，通常都是以「讀取」為主的 Processor 居多。

我們去思考一個問題，假如現在有一個 Clustering 且有 3 個 Node，如果每一個 Node 都去讀同一份資料，這樣資料不就會 Duplicated 了嗎？會統一由一個 Node (也就是 Primary Node) 讀資料，後續再分散到其他 Node 作處理。

2.1.3 Apache NiFi 的配置規格

在上一節有提到 Apache NiFi 是一個建立上 JVM 上的服務，再加上它有很多元件是儲存在 Instance 的 Local Storage。所以對於該服務的硬體規格也會有一定的基本需求，這邊會分成 3 個面向來介紹，讀者在建置的時候，對 Instance 規格上可以從這幾個面向來做考量：

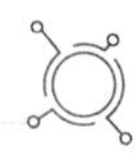

◆ **IO 需求**

在 Apache NiFi 當中有很多 Repository 都是存放於 Local Storage，所以對於在服務上的操作以及將相關資料寫入到 Disk (Persistency) 這段的 IO 就會顯得格外重要，因此在選擇 Disk 或是 RAID 上的選擇將會是一個重點。若選擇的好，對於 FlowFile 的處理速度會有一定的幫助。

◆ **CPU 需求**

在 Flow Controller 中的 Processor 或 Extension，可以控制執行緒 (Threads) 適當地提升 Flow 的 Performance，理想中的 Threads 的數量設定會依據 instance 的 CPU Core 數量做相等設定，再加上 Apache NiFi 是一個很吃重 IO 的服務，若能適當的調整與選擇符合目前所需的 CPU Core 數量，也能適時地提升 Data Pipeline 的擴展與 performance。

◆ **RAM 需求**

要在 JVM 上做運行，理所當然就要考量 RAM 的使用狀況，像是 GC (Garbage Collection)、Heap 的控制等，這些若能適當的調整，就能在 Apache NiFi 的服務中將 RAM 資源極大化。

這一節介紹了 Apache NiFi 的內部架構與 Cluster 的必備元件，以及在建置該服務時有哪些面向可以作為選擇 Instance 規格的依據。有了這些觀念之後，在本章最後一節開始建置時會看到一些對應的參數，就會更清楚知道它的原理與邏輯。

2.2 Apache NiFi Data Flow 的版控 - NiFi Registry

在這之前，我們大多都圍繞在 Apache NiFi 這個服務來做介紹與說明，但我們在設計 Data Pipeline 的時候如同實作程式邏輯一樣，不可能一次就做到最完美，一定會隨著時間與場景的迭代而有所優化與改版，因此在正常的程式開發的過程中，開發者勢必會對其所撰寫的程式做版本控制，以確保當中的優化與迭代。Apache NiFi 也是。因為 Data Pipeline 也會隨著時間與場景的演化而有所改進與變動，有時候甚至要做到回溯 (Rollback) 版本的狀況，因此對一組設計完 Data Pipieline 來做到「版本控制」的這件事情也是十分重要，就如同程式在 git 一樣，開發者可以將每次修改或更新好的版本 commit 出去且 push 到 Github 或 Gitlab 平台上對應的 respository。在 Apache NiFi 也能做到類似的事情，但要如何做到呢？答案就是這一節要介紹的 NiFi Registry。

2.2.1 NiFi Registry 基本介紹

首先，在開始講 NiFi Registry 之前，先來簡單探討一下為什麼 NiFi 需要做版本控制？原因有幾點：

- 假如是一個 team，在前一篇有提到很多時候會透過 Process Group 可作為分 team 的依據，而底下會有很多隸屬於該 team 的 project，若太多 members 在上面做修改的話，會導致 Pipiline 變得一團糟，所以就可以透過版控的方式來確定穩定且最新的版本，好讓 members 在每次修改或開發 project 時是一致的版本。
- 搭配 Staging 和 Production 的環境來做 CI/CD，很多時候我們到一定的版本時就會 deploy 到 Staging 或 Production 做測試及應用，這時候版控也可以讓我們清楚知道目前環境的版本，同時也使我們容易整合 CI/CD 來做到 deployment。

NiFi Registry 是一個獨立的服務，因此它也需要獨立去做建置，同時先前是 Apache NiFi 的 sub-project，後來被合併到 Apache NiFi 來做統一管理，該服務的架構可參考圖 2-2-1：

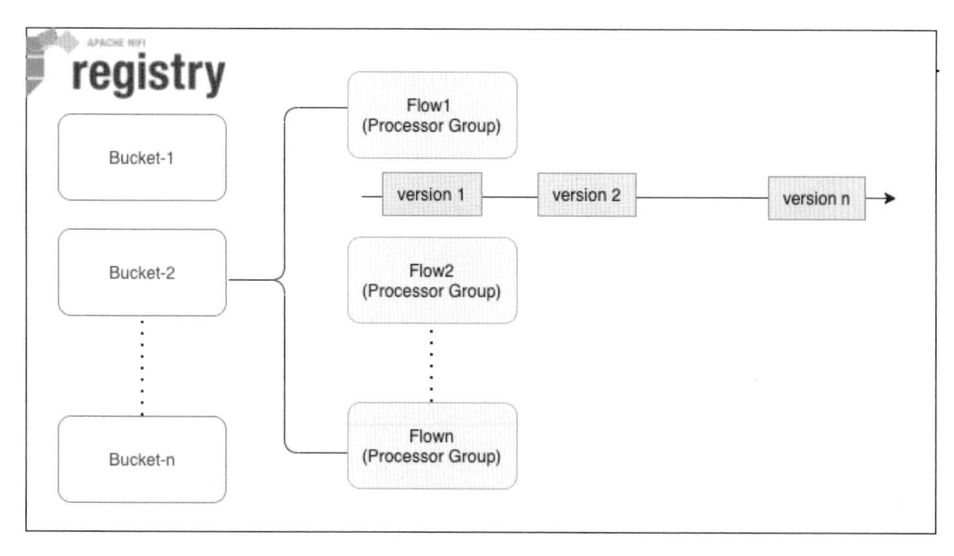

圖 2-2-1 NiFi Registry 架構示意圖

從架構示意圖可以看到在 NiFi Registry 需要先建立 Bucket，而 Bucket 底下可以有很多 Flow，每一個 Flow 對應到的就是 Apache NiFi 的 Processor Group，NiFi Registry 的單位就是針對 Flow 來做版控。這樣講可能讀者們還是有點不清楚，舉例來說，現在有一間公司有兩個部門會用到 NiFi 來做 Data Pipeline，此時我們可以在 NiFi Registry 建立兩個 Bucket，用來個別隸屬於兩個部門，而每個部門底下有自己的 Data Pipeline Project，就可以在 Bucket 底下針對每一個 Project (也就是 Flow) 來做版本控制了，藉此做到功能或團隊的劃分。當然讀者們也可以依據自己所屬的環境與場景來做對應的拆分，因此 Bucket 和 Flow 也就會有不同的意涵，上述我提一個常用的案例來讓大家理解。

至於為什麼 NiFi Registry 必須要以 Processor Group 作為版控單位呢？其實不難想像，Processor Group 除了做 Module 之外，同時也作為分 Team 和分 Project 為使用，其中 Processor Group 底下就會由一連串的 Processors 所組合而成，因此以這個作為版控單位，才能將完整的 Data Pipeline 去做到一個控管。

另外一點是如果站在 Module 去思考，正常來說我們再引用 Module 時本來就會指定好我們可以使用的版本，所以從這個角度去想確實採用 Processor Group 作為版控單位是比較合理的選擇。

2.2.2 NiFi Registry 的 Metadata Database 和 Persistence Provider

NiFi Registry 在 Default 設定上也是將所有 Bucket 的版控相關資訊存放在 Local Storage，但這樣會造成一個問題 — 若 NiFi Registry 所屬的 Instance 若因不明原因關機 (Shut-Down)，或是 Disk 損毀時就有可能造成相關的資訊不見。因此 NiFi Registry 有提供幾種方式來預防該狀況發生，可以從 Metadata Database 和 Persistence Provider 這兩個角度來看。

◆ **Metadata Database**

Metadata Database 是 NiFi Registry 的元件之一，主要用來儲存 Bucket、版本相關的歷史資訊與 Metadata，以存放在 NiFi Registry 相關的設定值為主。Default 設定是使用 Java 原生的 H2 Database，另外可支援 MySQL (最新版本僅支援 MySQL 8.0) 和 PostgresSQL (最新版本支援 PostgresSQL 12-14)。但通常在 Production 的環境不建議使用 H2 Database 做選擇，因為 H2 Database 是屬於 In-Memory Database，會將所以資料存放在 RAM 上，若所屬的 Instance 意外關機時，就會導致資料遺失，因此較建議採用 MySQL 或 PostgresSQL 作為載體。

◆ **Persistence Provider**

Persistence Provider 則是用來儲存真實的 Data Pipeline 的內容與處理邏輯，也就是 Processor Group 內部的設定，例如包含哪些 Processor、每個 Processor 內部的 Properties 的參數值、Threads、Scheduler、Controller Service、Connection 的設定等，因此與 MetaData Database 存放的資料內容不同，在 NiFi Registry 原始預設的 Persistence Provider 設定是採用 FileSystemFlowPersistenceProvider，也就是直接以 Local Stroage 作為存放目的地。

此外，它也支援 GitFlowPersistenceProvider，也就是將 Data Pipeline 的內容存放在 Github/Gitlab 上的 Repository，並且可以指定對應的 Branch 來做儲存，以至於當我們 commit 到 NiFi Registry 的時候，它會同時 commit 且 push 到對應的 Branch 做存放，甚至有助於後續在多環境時可以搭配 Branch 和 PR Merge 來做 NiFi Registry 的 CI/CD 和環境的轉換。

2.2.3 Apache NiFi 和 NiFi Registry 整合之架構

通常我們在整合 Apache NiFi 和 NiFi Registry 這兩個服務時，通常因應環境上的區分，會有兩種架構設計模式：One Registry to Rule Them All 與 One Registry per Environment。接下來會針對這兩種設計模式來做介紹。

◆ **One Registry to Rule Them All**

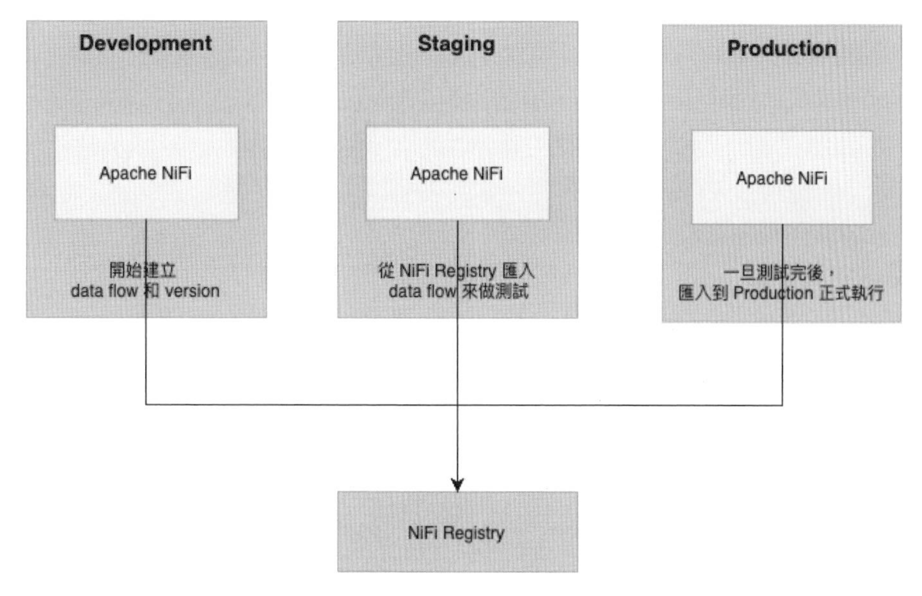

圖 2-2-2 One Registry to Rule Them All 架構圖

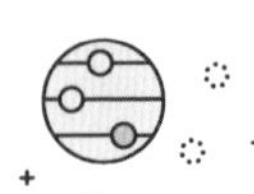

從圖 2-2-2 不難看出這個架構是 Develop、Staging 和 Production 共用同一個 NiFi Registry，雖然維護成本比較少（只要維護一台 NiFi Registry），但其實依據使用的經驗，這個架構其實不太好：

- NiFi Registry 有一個缺點，就是沒有 tag 或 branch 的概念。所以在 NiFi Registry 代管版本時，會無法確定到目前的版本該以誰哪個環境為主、或是從哪個環境送上來的，以至於管理會變得很複雜。
- 有時我們在 Develop 交付的版本不一定要上 Staging 或 Production，再加上每個環境都有能力對一個 Bucket 中的 Flow 做 commit，因此也有可能造成覆寫 (Overwrite) 的狀況發生，進而造成此架構上容易有環境間的模糊地帶。

◆ One Registry per Environment

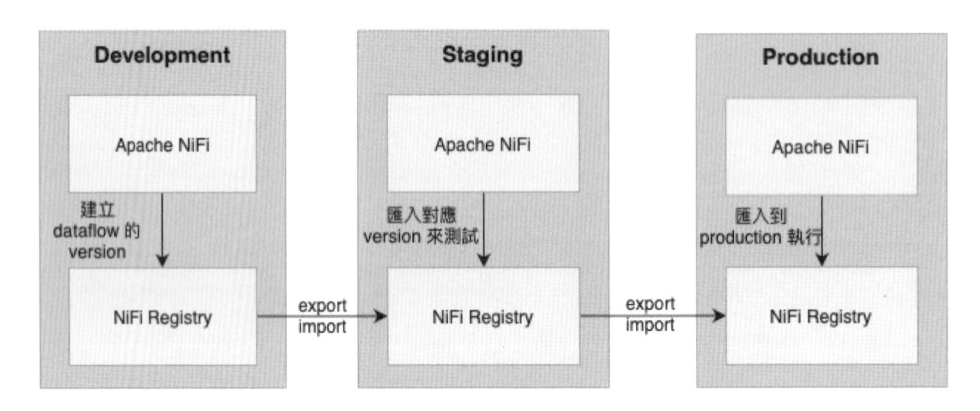

圖 2-2-3　One Registry per Environment 架構圖

圖 2-2-3 的架構是 Develop、Staging 和 Production 個別維運 NiFi Registry，接著透過 NiPyAPI 或 Git FlowPersistence Provider 來做 Registry 之間的同步。通常這個架構是相對比較好的：

- 各自環境各自作版控，環境上的切分也比較乾淨，同時較容易管理與維運。
- 使用者指定「需要」上 Staging 或 Production 的版本即可，而不用全部在 Dev 的版本都去做同步 (Synch)。

❖ 需要額外透過 NiPyAPI 的套件或是整合 GitFlowPersistenceProvider 的方式來 Synch，但架構實作上也會相對複雜一點。而維護成本也相對較高，因為依據有 N 個環境區分就會多 N 個 NiFi Registry 服務去維運。

2.3 如何建置 Apache NiFi & NiFi Registry

前面介紹了 Apache NiFi 和 NiFi Registry 的架構和重要的設定方式，接下來在這一節會開始介紹如何建置我們的 Apache NiFi 和 NiFi Registry 服務。建置的方法主要會分成兩種，一種是直接拉官方的壓縮檔下來做建置，另一種則是採用 Docker Container 的方式來做建置。我會針對這兩種方式個別解說，讀者們可以再依照自己的情境來採用對應的方法。

2.3.1 官方的壓縮檔建置

除了我們可以在自己的電腦上來建置 Apache NiFi，也可以在雲端平台上的機器來做建置，但無論哪一種，在建置 Apache NiFi 或 NiFi Registry 之前都會有幾個最基本要求：

- 需事前 Java 8 或 Java 11
- 作業系統：Linux、Unix、Windows、macOS
- 網頁瀏覽器：Microsoft Edge、Mozilla FireFox、Google Chrome、Safari

其中瀏覽器請確保在最新的版本或前一版，因為我們會使用最新版的 Apach NiFi 來建置。

Step 01 請安裝 Java 8 或 Java 11 (這邊以 Java 8 為例)

<u>ubuntu</u>

```
sudo apt-get update
sudo apt-get install openjdk-8-jdk
java -version
```

執行完 java -version 應該會得到以下結果，代表安裝成功：

```
openjdk version "1.8.0_312"
OpenJDK Runtime Environment (build 1.8.0_312-8u312-b07-0ubuntu1~18.04-b07)
OpenJDK 64-Bit Server VM (build 25.312-b07, mixed mode)
```

CentOS

```
sudo yum -y update
sudo yum install java-1.8.0-openjdk
java -version
```

執行完 java -version 應該會得到以下結果，代表安裝成功：

```
java -version
openjdk version "1.8.0_312"
OpenJDK Runtime Environment (build 1.8.0_312-b12)
OpenJDK 64-Bit Server VM (build 25.312-b12, mixed mode)
```

macOS

需要先安裝 Homebrew 在 Terminal

```
/bin/bash -c "$(curl -fsSL
https://raw.githubusercontent.com/Homebrew/install/HEAD/install.sh)"
brew tap homebrew/cask-versions
brew update
```

接著再安裝 Java

```
brew install --build-from-source openjdk@8
sudo ln -sfn /usr/local/opt/openjdk@8/libexec/openjdk.jdk
/Library/Java/JavaVirtualMachines/openjdk-8.jdk
java -version
```

Step 02 下載 Apache NiFi 相關的檔案

在安裝完 Java 之後，便可以從官方的網站直接下載相關的壓縮檔到我們的本地，而官網通常會保留最新兩個版本的連結，我們統一以新版為主。

❖ Apache NiFi 官網下載連結 (圖 2-3-1)：

https://nifi.apache.org/download.html

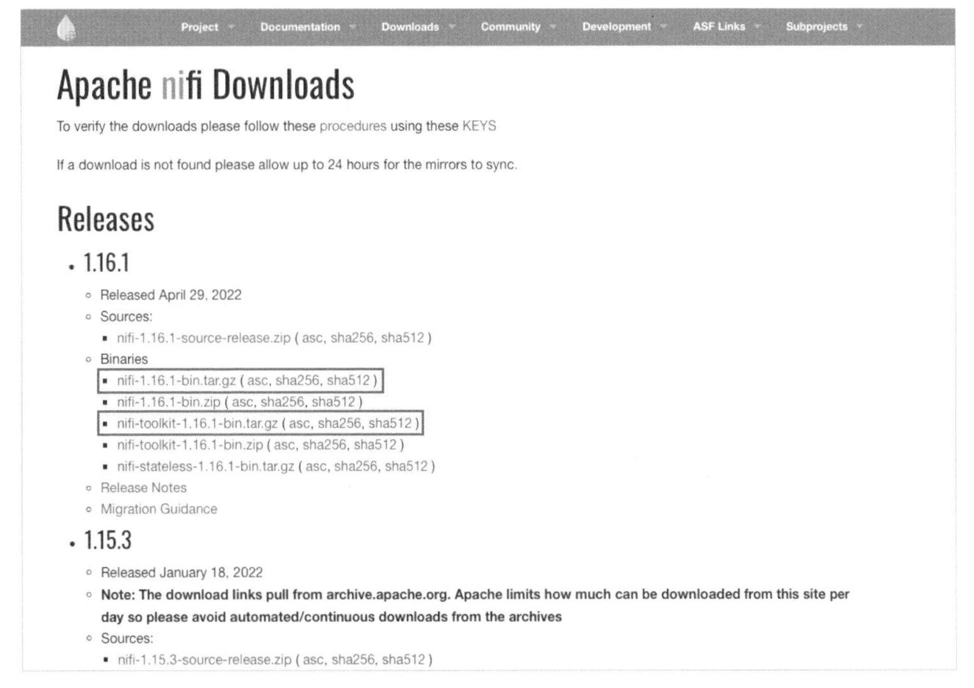

圖 2-3-1 Apache NiFi 官網下載示意圖

下載圖 2-3-1 框起的相關壓縮檔，點進去會連到 Apache 官網，會給予壓縮檔的連結，接著就可以在 Terminal 先建立專屬的目錄，並透過以下指令來安裝：

◆ TAR

```
mkdir -p ~/nifi/ && cd ~/nifi/
wget https://dlcdn.apache.org/nifi/1.16.1/nifi-1.16.1-bin.tar.gz
wget https://dlcdn.apache.org/nifi/1.16.1/nifi-toolkit-1.16.1-bin.tar.gz
```

下載這兩個壓縮檔需要一點時間，一旦下載完成之後，可透過以下指令解壓縮：

```
tar zxvf nifi-1.16.1-bin.tar.gz
tar zxvf nifi-toolkit-1.16.1-bin.tar.gz
```

◆ ZIP

```
mkdir -p /opt/nifi/ && cd /opt/nifi/
wget https://dlcdn.apache.org/nifi/1.16.1/nifi-1.16.1-bin.zip
wget https://dlcdn.apache.org/nifi/1.16.1/nifi-toolkit-1.16.1-bin.zip
```

一樣等待下載完成之後，可透過以下指令解壓縮：

```
unzip nifi-1.16.1-bin.zip
unzip zxvf nifi-toolkit-1.16.1-bin.zip
```

此時你的目錄底下應該會有 **nifi-1.16.1** 和 **nifi-toolkit-1.16.1** 這兩個目錄，其中個別底下會包含這些檔案與目錄：

```
|-- nifi-1.16.1/
    |-- LICENSE
    |-- NOTICE
    |-- README
    |-- bin/
    |-- conf/
    |-- docs/
    |-- extensions/
    |-- lib/
|-- nifi-toolkit-1.16.1/
    |-- LICENSE
    |-- NOTICE
    |-- bin/
    |-- classpath/
    |-- conf/
    |-- lib/
```

這邊針對底下目錄做簡單的說明：

◆ nifi-1.16.1/

目錄名稱	內容描述
bin/	包含一些 Driver scripts，可以讓服務啟動、停止等。
conf/	主要 Apache NiFi 會需要配置的設定檔，包含 XML、Properties 等檔案格式。
docs/	關於 Apache NiFi 文件描述的 HTML 檔。

目錄名稱	內容描述
extensions/	可用來放我們客製化的 extension nar 檔案，預設是空目錄。
lib/	包含 Apache NiFi 所需的 module 或 Processor NAR 或 JAR files。

◆ nifi-toolkit-1.16.1/

目錄名稱	內容描述
bin/	包含一些 Driver scripts，關於 toolkit 服務的啟動、停止等操作。
classpath/	一些在載入 Apache NiFi class 的規則設定。
conf/	主要 toolkit 會用到的配置設定檔。
lib/	包含 Apache NiFi 相關的 JAR files。

一旦確定好有這些檔案與目錄之後，就代表已將 Apache NiFi 相關檔案都下載完成，稍後我們會再介紹一些配置設定與啟動，再來繼續下載 NiFi Registry 的檔案。

❖ NiFi Registry 官網下載連結：https://nifi.apache.org/registry.html

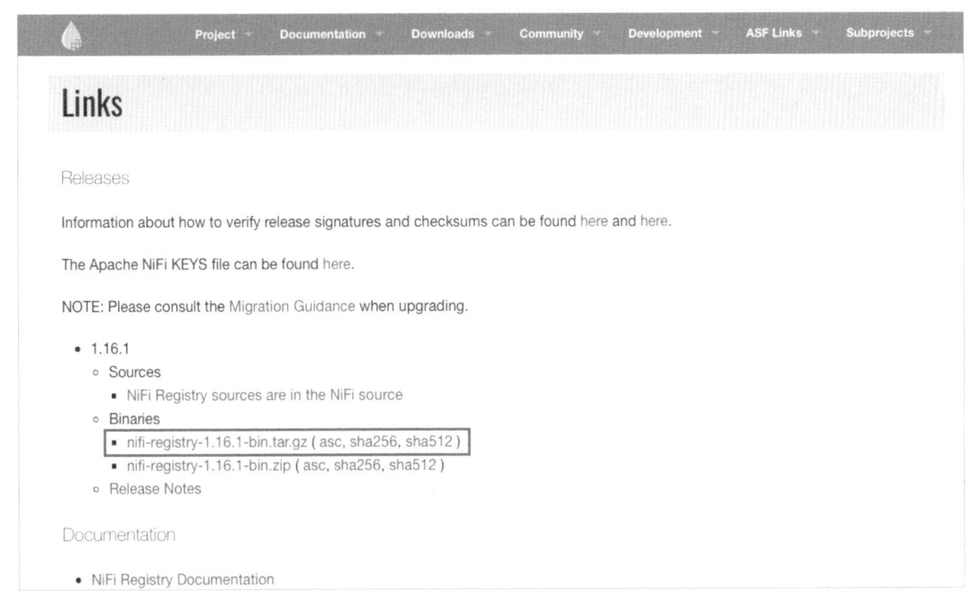

圖 2-3-2　NiFi Registry 官網下載示意圖

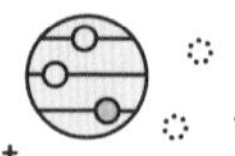

下載圖 2-3-2 框起的相關壓縮檔，點進去會連到 Apache 官網，會給予壓縮檔的連結，接著就可以在 Terminal 先建立專屬的目錄，並透過以下指令來安裝：

◆ TAR

```
mkdir -p ~/nif-registryi/ && cd ~/nifi-registry/
wget https://dlcdn.apache.org/nifi/1.16.1/nifi-registry-1.16.1-bin.tar.gz
```

一旦下載完成之後，可透過以下指令解壓縮：

```
tar zxvf nifi-registry-1.16.1-bin.tar.gz
```

◆ ZIP

```
mkdir -p /opt/nifi/ && cd /opt/nifi/
wget https://dlcdn.apache.org/nifi/1.16.1/nifi-registry-1.16.1-bin.zip
```

一樣等待下載完成之後，可透過以下指令解壓縮：

```
unzip nifi-registry-1.16.1-bin.zip
```

此時你的目錄底下應該會有 **nifi-registry-1.16.1** 這個目錄，其中底下會包含這些檔案與目錄：

```
|-- nifi-registry-1.16.1/
    |-- LICENSE
    |-- NOTICE
    |-- README
    |-- bin/
    |-- conf/
    |-- docs/
    |-- ext/
    |-- lib/
```

一樣對 nifi registry 底下目錄做簡單的說明，但大致上與 Apache NiFi 大同小異：

◆ nifi-registry-1.16.1/

目錄名稱	內容描述
bin/	包含一些 Driver scripts，可以讓服務啟動、停止等。
conf/	主要 NiFi Registry 會需要配置的設定檔，包含 XML、Properties 等檔案格式。
docs/	關於 NiFi Registry 文件描述的 HTML 檔。
ext/	可用來放我們客製化的 extension nar 檔案，預設是空目錄。
lib/	包含 NiFi Registry 所需的 library JAR files。

一旦確認好有這些檔案與目錄之後，就代表已將 NiFi Registry 相關檔案都下載完成，可以開始配置我們的服務了。接下來我們會個別討論、介紹 Apache NiFi 和 NiFi Registry。

Step 03 配置與啟動 Apache NiFi

在啟動 Apache NiFi 這個服務之前，在 conf/ 這個目錄底下有幾個重要的檔案需要被設定，因為服務啟動時它會自動吃 conf/ 底下的設定來啟動，若不清楚一些重要設定的話，會導致後續遇到問題時會難以調整與優化。所以這邊我們來一個一個探討，但由於參數真的非常多，再加上本書是以初學者的角度來帶領讀者們學習，所以我會挑選出比較重要且實務上較容易遇到的參數設定來做介紹，讀者們在瀏覽時，可以知道參數的定義與用途。

◆ **conf/nifi.properties**

(1) 設定 WebUI 的 Host 和 Port

```
nifi.web.http.host=
nifi.web.http.port=
nifi.web.http.network.interface.default=
nifi.web.https.host=127.0.0.1
nifi.web.https.port=8443
```

在新版的 Apache NiFi，官方建議都採用 https 的方式來做建置，其中 NiFi 會建立 Self-Signed Certificate 來做 HTTPS 的驗證，以確保當中的

安全連線。以上述的設定舉例，到時啟動服務之後的連結為 https://127.0.0.1:8443/nifi

(2) FlowFile Repository

```
# 以 WAL 的方式寫入到 FlowFile Repository #
nifi.flowfile.repository.implementation=org.apache.nifi.controller.repository.WriteAheadFlowFileRepository
nifi.flowfile.repository.wal.implementation=org.apache.nifi.wali.SequentialAccessWriteAheadLog
#  FlowFile Repository 儲存的路徑 #
nifi.flowfile.repository.directory=./flowfile_repository

# 會每 20 秒確認目前活動中 FlowFile 的狀態且將其寫入 #
nifi.flowfile.repository.checkpoint.interval=20 secs
nifi.flowfile.repository.always.sync=false
nifi.flowfile.repository.retain.orphaned.flowfiles=true
```

若各位讀者還記得在一開始的架構介紹時，我們有提到 FlowFile Repository，FlowFile Repository 的資料夾和相關資訊會被儲存在我們目前所架設機器上的 Disk Storage，因此我們可以在 nifi.flowfile.repository.directory 來做設定，預設則會是在 nifi-1.16.1/flowfile_repository/。

(3) Content Repository 設定

```
nifi.content.repository.implementation=org.apache.nifi.controller.repository.FileSystemRepository
nifi.content.claim.max.appendable.size=50 KB
#  Content Repository 儲存的路徑 #
nifi.content.repository.directory.default=./content_repository
#  Content Repository 保留的天數，超過天數則會自動清除 #
nifi.content.repository.archive.max.retention.period=7 days
#  若達到 Disk 一定的使用率，就會開始清除 Content Repository 的舊資料 #
nifi.content.repository.archive.max.usage.percentage=50%
#  是否啟動清資料程序 #
nifi.content.repository.archive.enabled=true
```

Content Repository 在架構中也是儲存在 Local Storage，所以依據上述設定檔的設定內容，我們可以在 nifi.content.repository.directory.default 指定目標的路徑，預設則是在 nifi-1.16.1/content_repository/。

(4) Provenance Repository 設定

```
# 以 WAL 的方式寫入到 Provenance Repository #
nifi.provenance.repository.implementation=org.apache.nifi.provenance.WriteAheadPr
ovenanceRepository
#  Provenance Repository 儲存的路徑 #
nifi.provenance.repository.directory.default=./provenance_repository
#  Content Repository 保留的天數，超過天數則會自動清除 #
nifi.provenance.repository.max.storage.time=30 days
#  Content Repository 保留的最大 Size，超過 Size 則會自動清除 #
nifi.provenance.repository.max.storage.size=10 GB
```

Provenance Repository 在架構中也是儲存在 Local Storage，所以依據上述設定檔的設定內容，我們可以在 nifi.provenance.repository.directory.default 指定目標的路徑，預設則是在 nifi-1.16.1/provenance_repository/。

(5) Security Properties

```
nifi.security.autoreload.enabled=false
nifi.security.autoreload.interval=10 secs
nifi.security.keystore=./conf/keystore.p12
nifi.security.keystoreType=PKCS12
nifi.security.keystorePasswd=
nifi.security.keyPasswd=
nifi.security.truststore=./conf/truststore.p12
nifi.security.truststoreType=PKCS12
nifi.security.truststorePasswd=
nifi.security.user.authorizer=single-user-authorizer
nifi.security.allow.anonymous.authentication=false
nifi.security.user.login.identity.provider=single-user-provider
```

我們都知道 Apache NiFi 是由 JAVA 開發出來的，其中的 SSL 可透過 JSSE (Java Secure Scocket Extension) 來做處理，讓開發者輕鬆地建立 SSL 的處理，讓外部可以透過 HTTPS 的方式做連線。而 JSSE 主要會使用兩個 file，分別是 keystore 和 truststore，它們可透過 JAVA 的 keytool 來產生與管理，keystore 是 Server 端認證，而 Truststore 是 Client 端認證。所以當 Client 向 Server 端發出請求時，Server 端 (keystore) 需要提供認證來讓 Client 端 (Truststore) 知道該請求是否可信任。NiFi 也有提供 toolkit 來讓我們可以產生這兩個 file，但如果採用預設的 single-user 登入的話，NiFi 會自己產生，並填上該設定中。反之，若要採用 LDAP、OpenID 等設定，就要自己去產生 KeyStore 和 TrustStore。

(6) OpenId SSO Properties

```
# openid url #
nifi.security.user.oidc.discovery.url=
nifi.security.user.oidc.connect.timeout=5 secs
nifi.security.user.oidc.read.timeout=5 secs
# openid client id #
nifi.security.user.oidc.client.id=
# openid client secret #
nifi.security.user.oidc.client.secret=
```

OpenID 是一種身份驗證技術，在 NiFi 中可以用來作為 Single Sign-On，就不用自行在 NiFi 做帳號管理，因此比較常用來整合像是 Gmail、Okta 等身份登入方式。下面以 Gmail 為例來做設定。除了 OpenID 的方式之外，Apache NiFi 同時也有支援 LDAP、kerberos 等方式可來做身份驗證。

Gmail Login

```
nifi.registry.security.user.oidc.discovery.url=https://accounts.google.com/.well-known/openid-configuration
nifi.registry.security.user.oidc.connect.timeout=5 secs
nifi.registry.security.user.oidc.read.timeout=5 secs
nifi.registry.security.user.oidc.client.id=your_client_id
nifi.registry.security.user.oidc.client.secret=your_client_secret
nifi.registry.security.user.oidc.preferred.jwsalgorithm=
```

這邊我們以最常用的 Gmail Login 來做示範，一般來說會從 GCP 後台申請我們的 credentials，下載下來就會有 client_id 和 client_secret 這兩個值，就可以貼到對應的欄位。接著把 HTTPS 的設定方式處理好，即可採用 Gmail 來做 Login。但本書是以原始預設的設定登入方式作為主要介紹。

前面是比較常用的基本且重要的設定，可依照情境與資料量的狀況來做調整與優化。這邊先以 Single Node 的方式來做建立，為了快速將服務建置起來，可直接沿用原先預設的設定。在這樣的前提下如何去控制

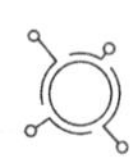

Apache NiFi 這套服務呢？主要要從 ./bin/nifi.sh 這個 driver script 來做控制，如下：

◆ 建立預設的 admin 帳密 (如果為 HTTPS，該步驟一定要先執行)

```
./bin/nifi.sh set-single-user-credentials <username> <password>
```

◆ 啟動 Apache NiFi (會自動跑在背景執行)

```
./bin/nifi.sh start
```

◆ 停止 Apache NiFi

```
./bin/nifi.sh stop
```

◆ 重啟 Apache NiFi

```
./bin/nifi.sh restart
```

◆ 查看目前 Apache NiFi 的運行狀態

```
./bin/nifi.sh status
```

一旦執行完 set-single-user-credentials 之後，就可以 start 服務，接著就可以透過 https:localhost:8443/nifi 來存取。一開始會轉導到登入畫面，這邊請填入你剛剛註冊的帳號密碼。(如圖 2-3-3 所示)

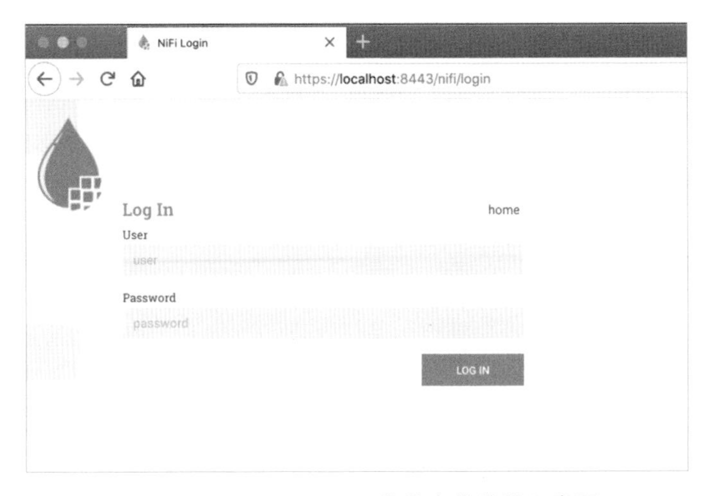

圖 2-3-3　Apache NiFi 啓動之後的登入畫面

登入之後就會看到 Apache NiFi 的主畫面，有看到圖 2-3-4 的畫面就代表服務正常運作。

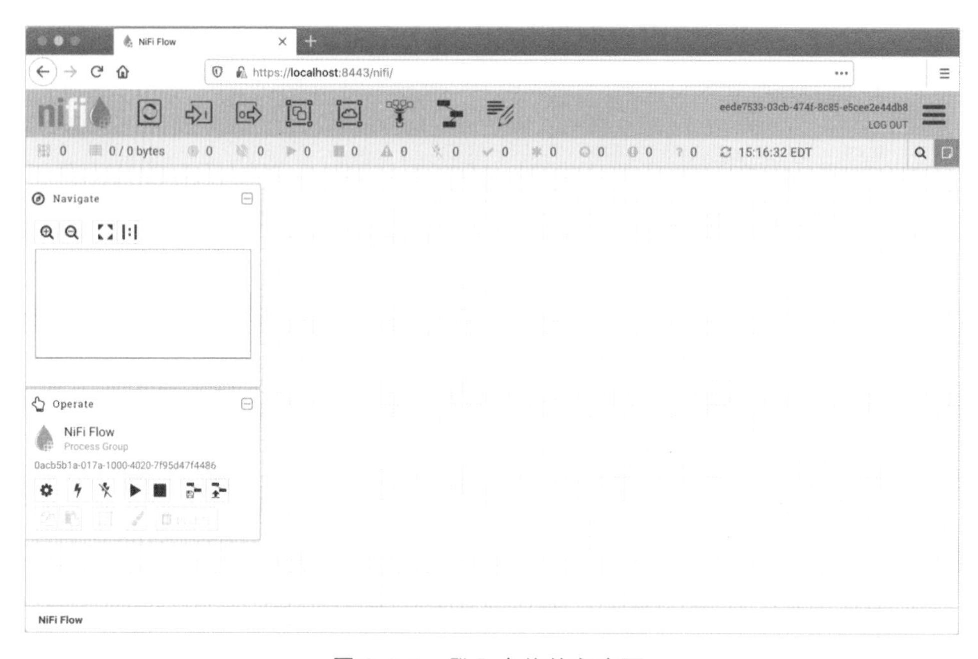

圖 2-3-4　登入之後的主畫面

此外，當我們將 Apache NiFi 啟動之後，會發現在原先的目錄中會多產生以下目錄：

```
|-- nifi-1.16.1/
    |-- LICENSE
    |-- NOTICE
    |-- README
    |-- bin/
    |-- conf/
    |-- docs/
    |-- extensions/
    |-- lib/
    |-- content_repository/
    |-- database_repository/
    |-- flowfile_repository/
    |-- provenance_repository/
    |-- logs/
```

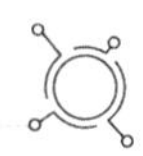

```
|-- run/
|-- state/
|-- work/
```

由於 repository 的路徑都在 nifi-1.16.1/ 這層目錄下，因此當服務啟動時就會產生對應的 repository 資料夾，此外也會產生一個 logs 的資料夾。若服務出現問題時，Apache NiFi 會寫入到 logs 目錄下的檔案，以方便我們去做排解和查詢。

Step 04 配置與啟動 NiFi Registry

在 NiFi Registry 中也有一個 nifi_registry.properties 要做設定，當 NiFi Registy 服務啟動時，它會自動依據該檔案的配置來設定服務。底下列出平常比較重點設定的參數和它的用途：

(1) 設定 Web Host 和 Port

```
nifi.registry.web.http.host=
nifi.registry.web.http.port=18080
nifi.registry.web.https.host=
nifi.registry.web.https.port=
```

在 NiFi Registry 當中支援 HTTP 和 HTTPS 兩種協定，但如果你希望在 NiFi Registry 有帳號登入與身份機制的話，一樣以 HTTPS 作為設定基礎。

(2) Security Properties

```
nifi.registry.security.keystore=
nifi.registry.security.keystoreType=
nifi.registry.security.keystorePasswd=
nifi.registry.security.keyPasswd=
nifi.registry.security.truststore=
nifi.registry.security.truststoreType=
nifi.registry.security.truststorePasswd=
nifi.registry.security.needClientAuth=
```

NiFi Registry 是由 JAVA 開發出來的，理所當然如果要用 HTTPS 來做連線的話，也是由 JSSE 的 Keystore 和 Truststore 來做 SSL，這邊如同前面 Apache NiFi 的介紹，因此不再贅述。

(3) Metadata Database Properties

```
nifi.registry.db.url=jdbc:h2:./database/nifi-registry-
primary;AUTOCOMMIT=OFF;DB_CLOSE_ON_EXIT=FALSE;LOCK_MODE=3;LOCK_TIMEOUT=25000;WRIT
E_DELAY=0;AUTO_SERVER=FALSE
# Database jdbc driver 和 class name #
nifi.registry.db.driver.class=org.h2.Driver
nifi.registry.db.driver.directory=
# Database username and password #
nifi.registry.db.username=nifireg
nifi.registry.db.password=nifireg
nifi.registry.db.maxConnections=5
nifi.registry.db.sql.debug=false
```

在介紹 NiFi Registry 的時候我們有提到 Metadata Database，其中相關的設定就是在這邊，在 Default 是採用 H2 Database。但如果你要採用 MySQL 或 PostgreSQL 的話，需要先下載對應的 JDBC Connector 到你要的目錄，接著去更改設定，請參考一下的配置範例：

<u>MySQL</u>

```
nifi.registry.db.url=jdbc:mysql://mysql_ip:3306/db_name
# Database jdbc driver 和 class name #
nifi.registry.db.driver.class=com.mysql.jdbc.Driver
nifi.registry.db.driver.directory=/path/of/your/mysql/jdbc/driver
# Database username and password #
nifi.registry.db.username=dbusername
nifi.registry.db.password=dbpassword
nifi.registry.db.maxConnections=5
nifi.registry.db.sql.debug=false
```

❖ jdbc connector link：https://dev.mysql.com/downloads/connector/j/

我們能從該 link 去下載對應的 MySQL JDBC Connector 並放到我們想要的目錄上，也可以自己架一座 MySQL DB，無論是用 docker、AWS RDS 等

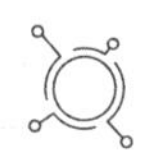

都可以，建置完之後就可以藉由 JDBC 和你起初設定的帳號密碼連到 DB，如此一來 NiFi Registry 就會把所有 metadata 寫入到 MySQL。

PostgreSQL

```
nifi.registry.db.url=jdbc:postgresql://postgresql_ip:5432/db_name
# Database jdbc driver 和 class name #
nifi.registry.db.driver.class=com.postgresql.Driver
nifi.registry.db.driver.directory=/path/of/your/postgresql/jdbc/driver
# Database username and password #
nifi.registry.db.username=dbusername
nifi.registry.db.password=dbpassword
nifi.registry.db.maxConnections=5
nifi.registry.db.sql.debug=false
```

- jdbc connector link：https://jdbc.postgresql.org/download.html

和 MySQL 的邏輯相同，我們可從該 link 去下載對應的 PostgreSQL JDBC Connector 並放到我們想要的目錄上，也可以自己架一座 PostgreSQL DB，無論是用 docker、AWS RDS 等都可以，建置完之後就可以藉由 JDBC 和起初設定的帳號密碼連到 DB，如此一來 NiFi Registry 就會把所有 metadata 寫入到 PostgreSQL。

(4) OpenID 設定

```
nifi.registry.security.user.oidc.discovery.url=
nifi.registry.security.user.oidc.connect.timeout=
nifi.registry.security.user.oidc.read.timeout=
nifi.registry.security.user.oidc.client.id=
nifi.registry.security.user.oidc.client.secret=
nifi.registry.security.user.oidc.preferred.jwsalgorithm=
```

如同 Apache NiFi 的設定一樣，OpenID 是一種身份驗證技術，可以用來作為 Single Sign-On，就不用自行在 NiFi 做帳號管理，因此比較常用來整合像是 Gmail、Okta 等身份登入方式。

Gmail Login

```
nifi.registry.security.user.oidc.discovery.url=https://accounts.google.com/.well-known/openid-configuration
nifi.registry.security.user.oidc.connect.timeout=5 secs
nifi.registry.security.user.oidc.read.timeout=5 secs
nifi.registry.security.user.oidc.client.id=your_client_id
nifi.registry.security.user.oidc.client.secret=your_client_secret
nifi.registry.security.user.oidc.preferred.jwsalgorithm=
```

這邊如同前面在 Apache NiFi 的介紹一下，只要將在 GCP 設定好的 client_id 和 client_secret 下載下來且設定到對應的 key，接著配合 HTTPS 就可以啟用 Gmail 登入之身份驗證。

了解完 NiFi Registry 的 config 重點設定之後，我們這邊一樣先採用原始的預設設定，若未來或是有場景需求時我們再來做調整，其中 NiFi Registry 與 Apache NiFi 比較不同是預設採用 HTTP。若有需要做身份驗證的話可以再改成 HTTPS，以及搭配 OIDC 或其他驗證的功能來做搭配。最後我們可執行下面指令來執行 NiFi Registry：

- 啟動 NiFi Registry (會自動跑在背景執行)

```
./bin/nifi-registry.sh start
```

- 停止 NiFi Registry

```
./bin/nifi-registry.sh stop
```

- 重啟 NiFi Registry

```
./bin/nifi-registry.sh restart
```

- 查看目前 NiFi Registry 的運行狀態

```
./bin/nifi-registry.sh status
```

啟動完之後，就可以連結 http://localhost:18080/nifi-registry 來存取服務，連進去的畫面會如圖 2-3-5 所示：

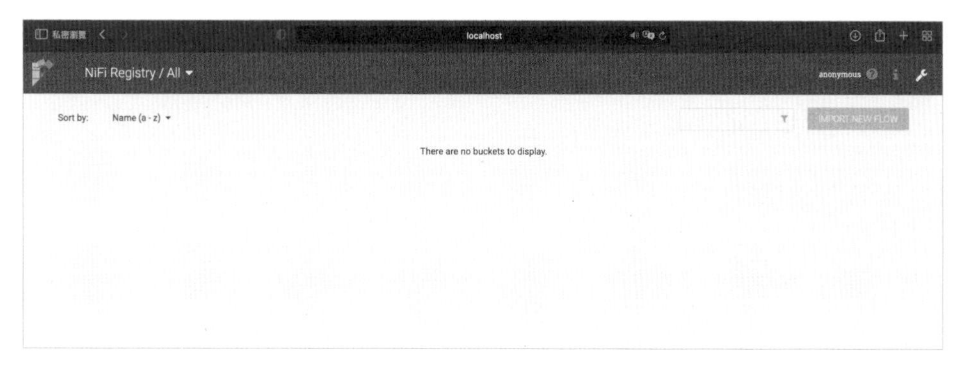

圖 2-3-5 NiFi Registry 首頁畫面

2.3.2 Docker Container 建置

前一節我們是直接下載官方的壓縮檔來安裝，除了該方法可以建置之外，官方在 Docker Hub 也有提供對應的 docker image，可以讓我們以 Container 的方式來做建置。首先必須要在自己的電腦安裝 Docker 和 docker-compose 才能啟動 Apache NiFi 的服務。以下提供相關的安裝連結供讀者們參考：

- docker installation：https://docs.docker.com/engine/install/
- docker-compose installation：https://docs.docker.com/compose/install/

這邊我以 linux ubuntu 22.04 來做示範：

Step 01 安裝 docker

```
sudo apt-get update
sudo apt-get install docker.io
```

Step 02 一旦安裝完成之後，可以透過以下指令來啟動與查看 docker 狀態

```
sudo systemctl start docker.service
sudo systemctl enable docker.service
```

Step 03 查看 docker version

```
sudo docker version
```

Step 04 安裝 docker-compose

```
sudo apt-get install docker-compose
```

Step 05 查看 docker-compose version

```
sudo docker-compose --version
```

Step 06 建立一個目錄且建立一個 docker-compose.yaml

```
sudo mkdir -p ~/container-nifi/ && cd  ~/container-nifi/
sudo vim docker-compose.yaml
```

接著請參考以下的 docker-compose.yaml，可以同時建立起 Apache NiFi 和 NiFi Registry，這裡跟前述一樣在 Apache NiFi 需要先指定 username 和 password，以至於一開始有個帳號可以登入服務做操作：

```
version: '3'

services:
    nifi-container:
        image: apache/nifi:1.16.1
        container_name: nifi-service
        restart: always
        ports:
            - 8443:8443/tcp
            - 8080:8080/tcp
        environment:
            - SINGLE_USER_CREDENTIALS_USERNAME=yourusername
            - SINGLE_USER_CREDENTIALS_PASSWORD=yourpassword
        networks:
            - nifi-network


    nifi-registry-container:
        image: apache/nifi-registry:1.16.1
```

```
        container_name: nifi-registry-service
        restart: always
        ports:
            - 18080:18080/tcp
        networks:
            - nifi-network
networks:
    nifi-network:
```

Step 07 儲存 docker-compose.yaml 之後，可執行以下指令來啟動

```
sudo docker-compose up -d
```

Step 08 接著可透過 docker ps 來確認服務的 Port 是否有正常啟動，若有正常啟動就可以連結到對應的 url 做操作了，所以最後應該會看到這兩個畫面就代表完成。

- Apache NiFi：https://localhost:8443/nifi

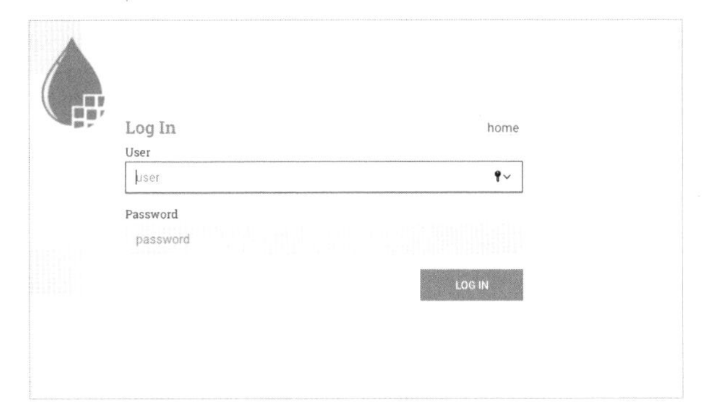

圖 2-3-6 Apache NiFi 首頁登入畫面

- NiFi Registry：https://localhost:18080/nifi-registry

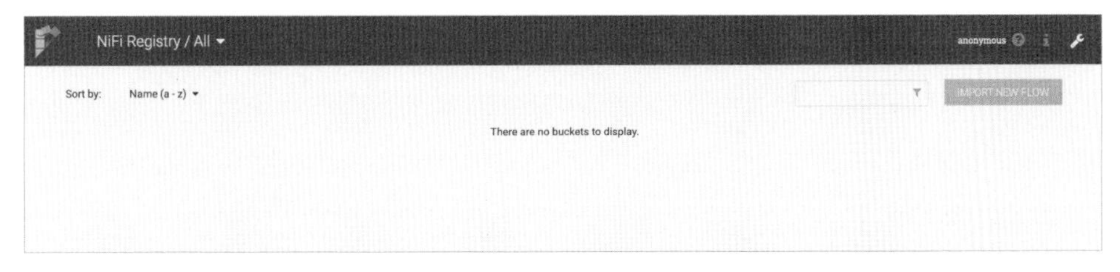

圖 2-3-7 NiFi Registry 首頁畫面

看到畫面就代表你用 Docker Container 建置的 NiFi 服務都正常了。但這邊需要留意的是，如果你需要做一些細節上的設定，例如要利用 OpenID 整合 Gmail 的登入的話，官方的 Docker Image 是沒有提供參數來做設定，因此需要自己客製實作 Image 的內容。至於要如何確定 docker image 目前有支援哪些參數呢？可以從底下官方的 link 去查看他們實作了哪些參數，以及對應在 Docker 的 environment variable name。

- Apache NiFi official docker github：https://github.com/apache/nifi/blob/main/nifi-docker/dockerhub/sh/start.sh

2.4 小結

本章我們介紹了 Apache NiFi 的內部組成與架構，以及 NiFi Registry 的用途。最後也介紹了要如何在自己的電腦或機器上安裝 Apache NiFi 和 NiFi Registry 這兩個服務，包含下載官方壓縮檔安裝和 Docker Container 的方式。

下一章節，會帶領讀者們如何在 Apache NiFi 上操作，會開始把一些重要的元件與使用方式一一介紹給各位讀者，讓我們可以對 Data Pipeline 建置踏出第一步。

03

chapter

Apache NiFi Componenet 介紹

我們已經介紹完了 Apache NiFi 的架構以及建置方式，現在應該可以順利地存取到 Apache NiFi UI 的服務。第三章主要就是介紹在我們操作 Apache NiFi 時會需要操作到必要元件，學會這些元件的概念之後，將有助於我們在 NiFi 如何建立 Date Pipeline 的道路上會有一個更清楚地認知與理解。

在開始介紹之前，我們先針對目前 Apache NiFi UI 做介紹，方便後續我們在使用上較容易知道怎麼去做設定與操作，一般來說登入完之後，首頁應該會長得相如下的畫面：

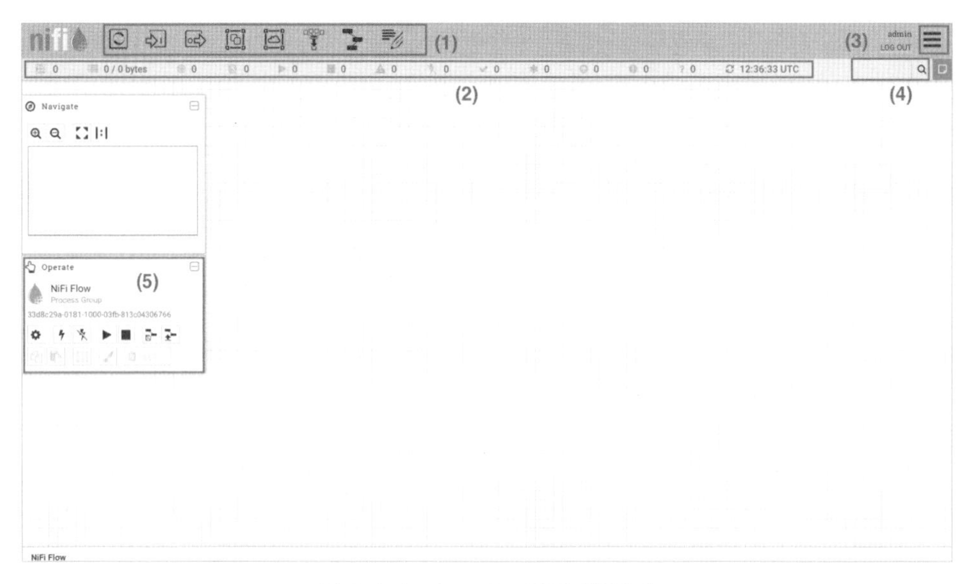

圖 3-1-1　Apache NiFi 首頁圖

1. 是可以做拖拉操作的元件，從左至右分別是 Processor、Input Port、Output Port、Processor Group、Remote Processor Group、Funnel、Template 和 Label，每個元件詳細的功能後續會再做更細節介紹。
2. 呈現目前 NiFi 上 Processor 的狀態、時間等。
3. 為 Global Meun，包含了服務、Controller、User、Policy 等設定。
4. 搜尋功能，可以透過名稱、Processor 或 FlowFiles 的 UUID 查找。

5. 為控制面板，依據我們選擇的項目做對應的控制與設定，預設會是以當前的 Processor Group 為主。

6. 會呈現目前所處的階層位置，詳細會在 Processor Group 做介紹。

現階段大家先了解 (1)的排列位置，主要是 Apache NiFi 是一個透過 UI 來建立 Data Pipeline 的服務，最重要就是透過拖拉這些元件來一一兜建我們的 Pipeline，所以可以直接拉取對應的原先到空白處，就可以呈現對應的設定與操作。其餘的後續章節會再一一來做解說。

3.1 FlowFile 的概念與操作

一開始，來介紹 FlowFiles (中文稱流文件)，在第一章的時候我們其實就有提到 FlowFiles 的概念。這邊一樣快速地來讓回溫一下什麼是 FlowFiles？想像一個 FlowFiles 代表著一筆或一包資料、File 中的一筆 Record 或是一種 Event，而每一筆 FlowFiles 會自帶兩種資訊，分別是 Attributes (屬性) 和 Content (內容)。套用一個比較熟悉的舉例，可以把『FlowFiles』類似於『網路封包』。網路封包一定會有既定的 metadata、像是發送時間、header 等資訊，這些對應到的就是 FlowFiles 的 Attributes；而網路封包也會帶著真實的資料內容，可能加密也有可能不加密，而這對應到的就是 FlowFiles 的 content。這裡回顧先前的整理：

- **attribute**：可以想像成是 metadata，以 Key-Value 的方式來對 FlowFile 的描述，包含 size、path、permission 等。且每經過一個 Processor 之後，會將 Processor 附上的 properties 轉換疊加到 FlowFiles 的 attribute 上。

- **content**：真實 data 的內容，可能是 csv、json 等文檔格式。

在 Apace NiFi 這個服務中，FlowFiles 可說是最重要的核心，它代表著資料的本體，因此若沒有資料，即便建立的 Data Pipeline 也僅僅是一個空的軀殼。為了可以讓資料能在 Date Pipeline 能符合我們的預期做處理與轉換，以下整理出 FlowFile 幾個重要的特性：

1. 可用來確定資料的本體以及在 Pipeline 的流向。
2. 在前一個 Processor 所產生或轉換的資訊 (Attributes 和 Content)，會跟著 FlowFiles 流到下一個 Processor。
3. 正因為有第 2 點的特性，所以可比較在經過 Processor 的前後轉換狀態，以利於確認資料是否符合預期的轉換和後續 Debug 排解。
4. FlowFile 在活動當中的所有資訊會被寫入到 Disk，也就是我們一開始提到的 FlowFile repository，用來確認當下的 FlowFiles 的狀況，直到 FlowFile 被完成處理與執行。

3.1.1 FlowFile 示意範例

這邊來套用一個範例來更了解什麼是 FlowFiles，首先我們先到 Kaggle 的官網拉下載典型的比賽 ML 資料集 - Titanic Macheing Learning from Disaster [https://www.kaggle.com/c/titanic]，我們將其中的 train.csv 下載到指定的目錄上。順帶一提，如果你是用 Docker 做建立的話，請務必確認有做好 Volume 的動作以便於檔案或資料可做好 Synch。

準備好資料之後，我們就可以在先前建立好的 Apache NiFi 的 UI 操作 (https://localhost:8443/nifi)。這邊會以步驟的方式來帶大家說明：

Step 01 先建立一個 Processor Group

因為後續我們會建立很多的應用範例，為了讓每次的範例以及 Pipeline 可以好好地被分類且容易查找，可先透過 Processor Group 做分類。當然 Processor Group 還有其他的重點功能，後面會再提到。

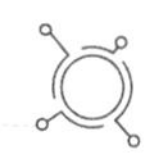

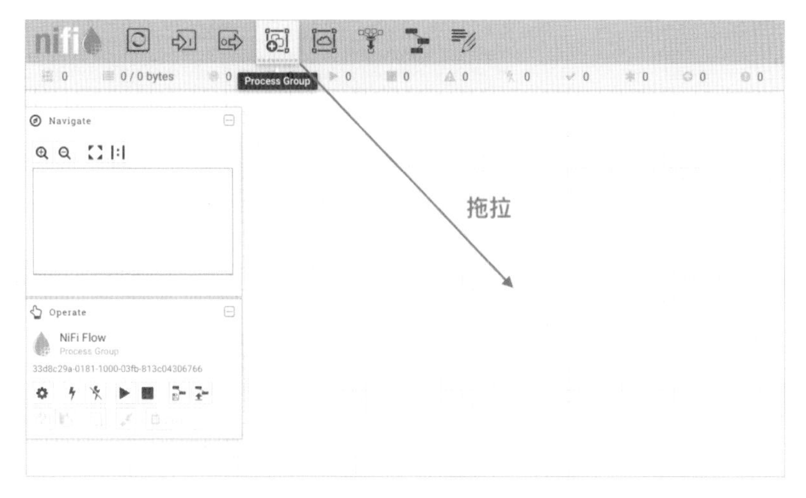

圖 3-1-2　建立 Processor Group

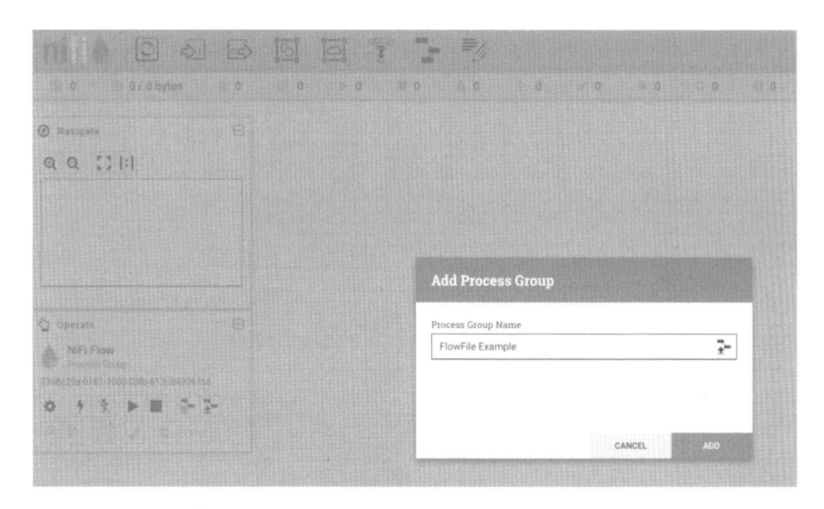

圖 3-1-3　命名爲 FlowFile Example

一旦建立好 Processor Group，你應該會在首頁看到下圖的畫面，接著連續點擊你的 Processor Group 兩次，就會進入到該 Group，就可以在內部做 Pipeline，藉此做到分類的效果。

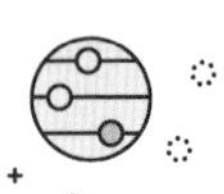

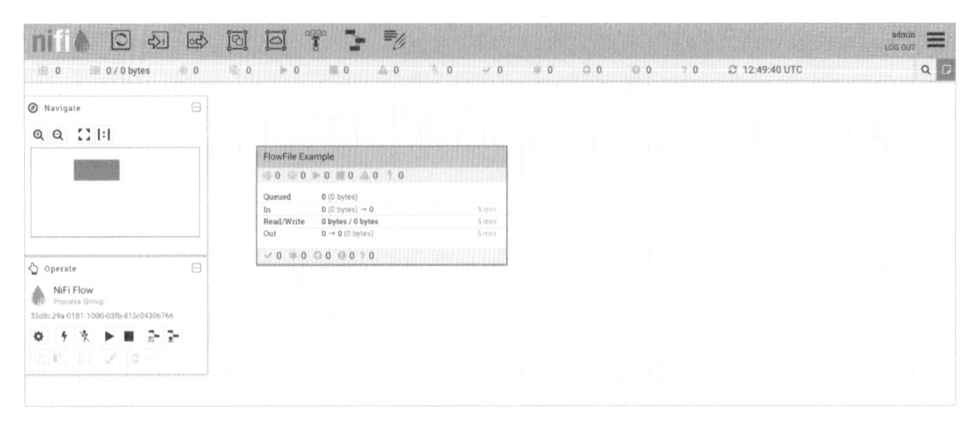

圖 3-1-4　建立完 Processor Group 後的畫面

Step 02　先拉取 ListFile Processor

這邊尚未介紹的 Processor 的概念，但為了先了解 FlowFile，請依照下圖流程先拖拉 Processor 到空白處，接著輸入 ListFile 來找對應的 Processor。

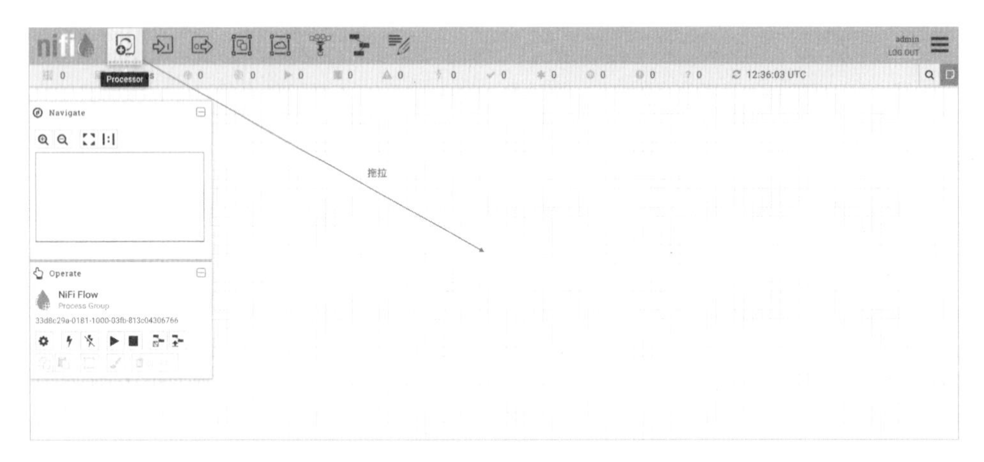

圖 3-1-5　Apache NiFi 拖拉 Processor 示意圖

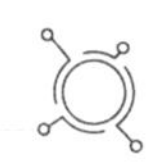

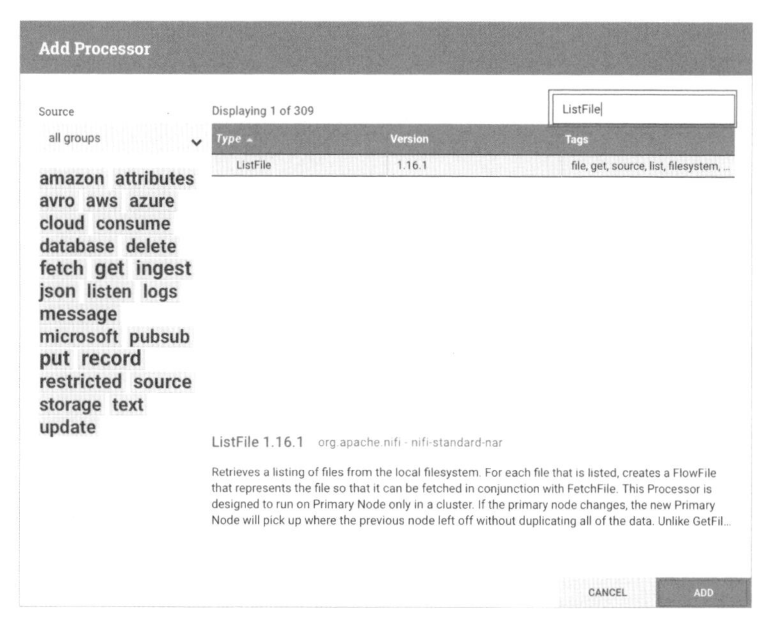

圖 3-1-6 輸入 ListFile 找到對應的 Processor

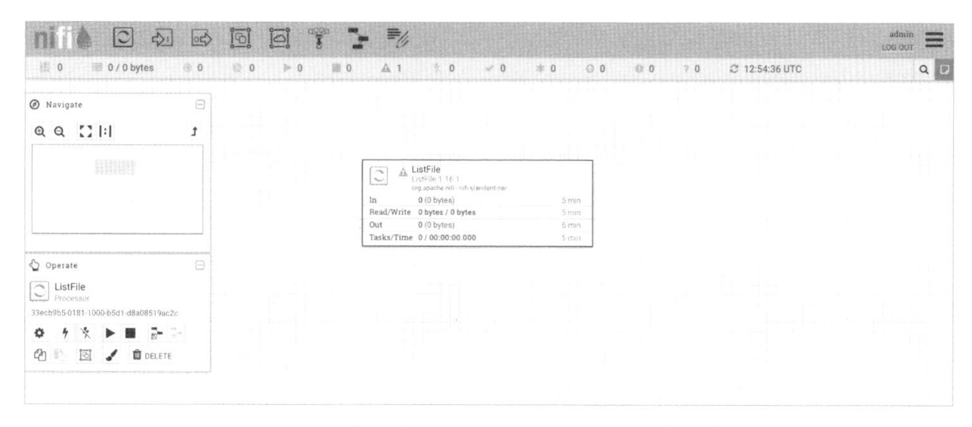

圖 3-1-7 建立完 ListFile Processor 之後的畫面

ListFile 這個 Processor 主要是用來列出特定資料夾或目錄下有哪些檔案。一旦建立完之後，點選右鍵選擇 Configure，就可以對這個 Processor 做設定。

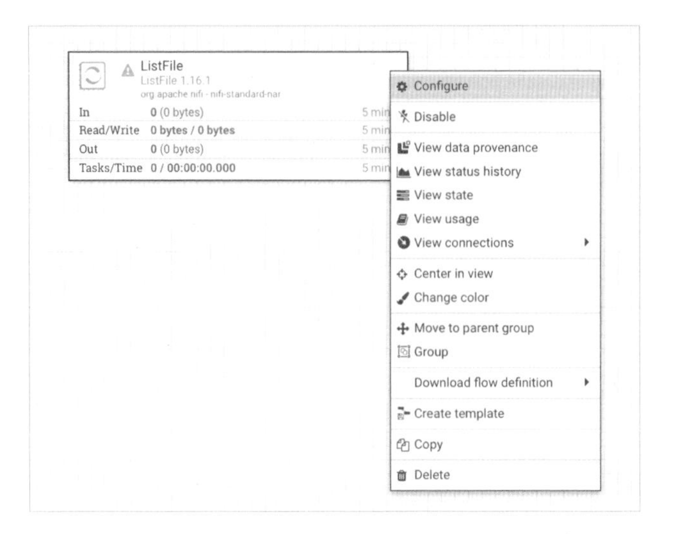

圖 3-1-8　ListFile Processor configure 設定

進入到設定之後，在 PROPERTIES 的選頁中看到有一個 Input Directory 的 property 可以做設定 (其餘的先不做任何改動)，這邊請輸入你資料所處的目錄位址，因為待會開始執行時會去 Scan 該 Folder 下有哪些檔案。

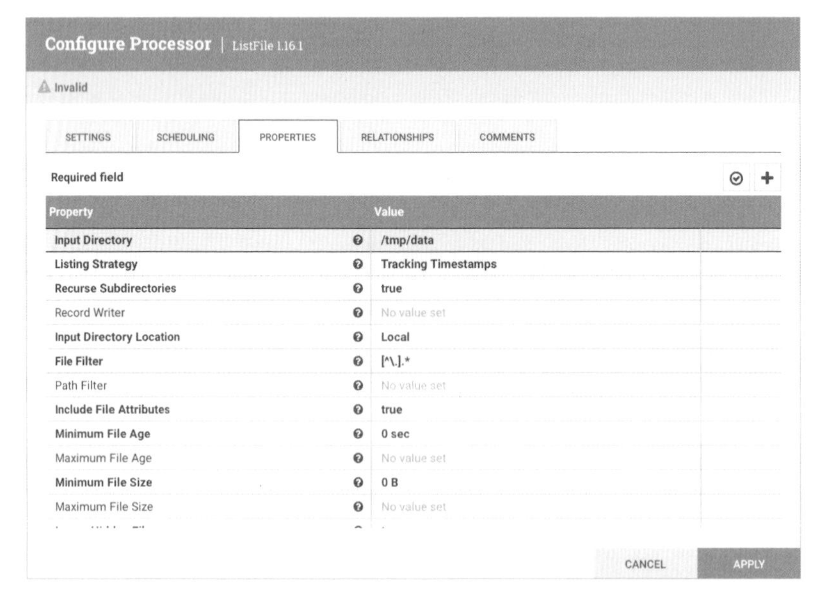

圖 3-1-9　在 ListFile Processor 設定查找的目錄

Step 03　拉取 FetchFile Processor

接著如同建立 Processor 的流程，拖拉一個名為 FetchFile 的 Processor，這主要是用來讀取 File 的內容，因此會看到如下畫面。

圖 3-1-10　拖拉完 FetchFile Processor 後的畫面

接著當我們將游標移動到 ListFile 的 Processor 時，會看到一個箭頭的符號，此時按著箭頭拖拉到 FetchFile，就可以建立 Connection。

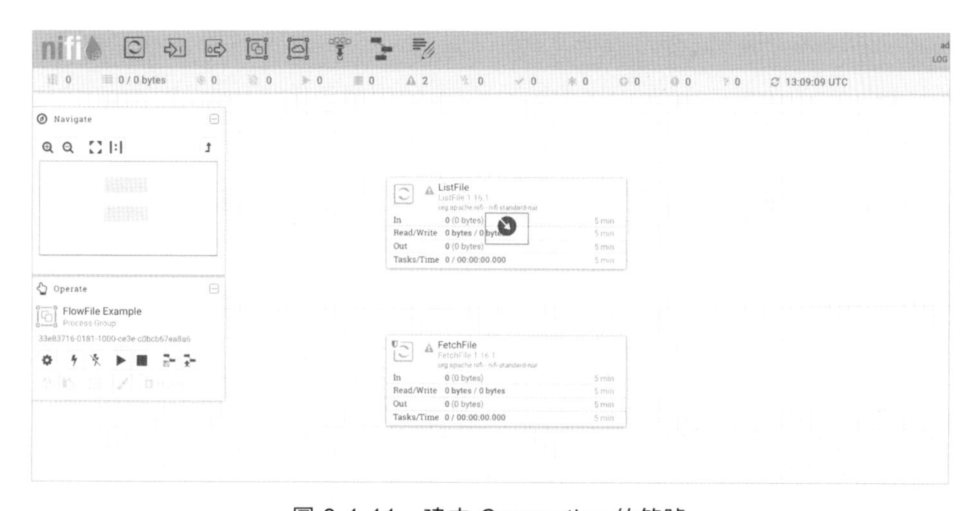

圖 3-1-11　建立 Connection 的符號

拖拉到 FetchFile Processor 之後，會跳出一個小視窗會顯示你要建立哪一種 Relationship，這個 Relationship 會依據上游 Processor 而定，而 ListFile 只有 Success 的 Relationship，所以這邊勾選之後按下 ADD 即可建立 Connection。

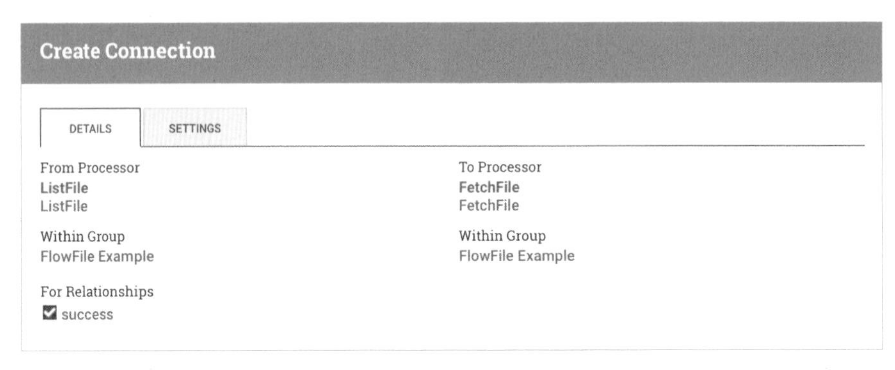

圖 3-1-12　建立 Connection 的小視窗

建立完 Connection 畫面之後，我們會看到兩個 Processor 之間會有一個 Success 的 Relationship，此時原本 ListFile 會看到從原本黃色的驚嘆號符號變成紅色的方塊，就代表該 Processor 設定上沒有問題且已經 Ready。

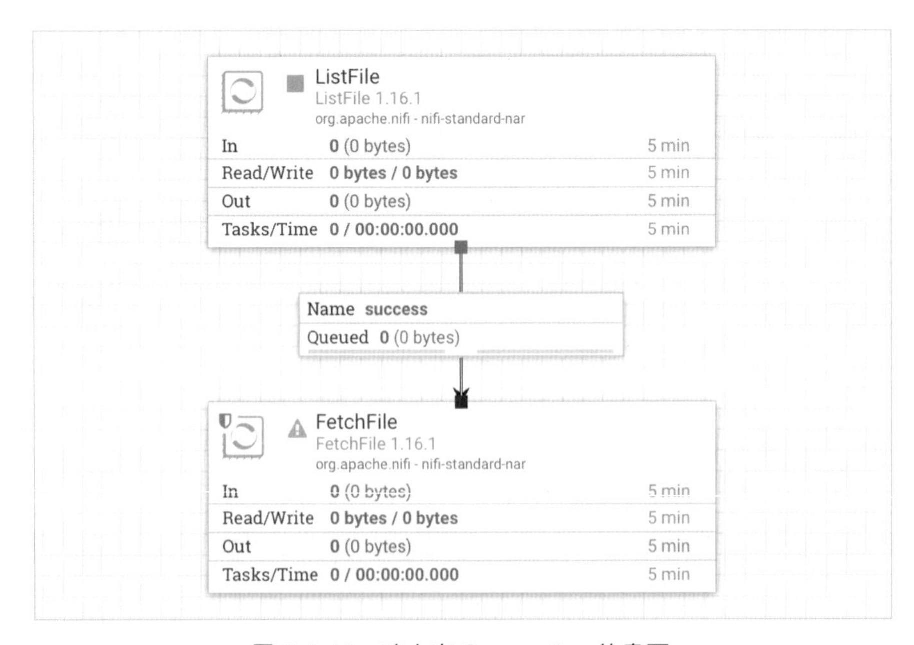

圖 3-1-13　建立完 Connection 的畫面

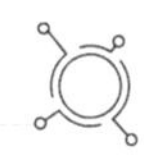

Step 04 拉取 SplitRecord Processor

接著我們一樣拖拉一個名為 SplitRecord 的 Processor，主要將 Content 的內容依據每一行切割成一個 FlowFiles，並且與 FetchFile 建立一個 Success 的 Relationship，代表如果有成功讀取檔案內容時，就執行 SplitRecord 將內部的資料依據每一行做 Split 成 FlowFile，原則上會如下畫面。

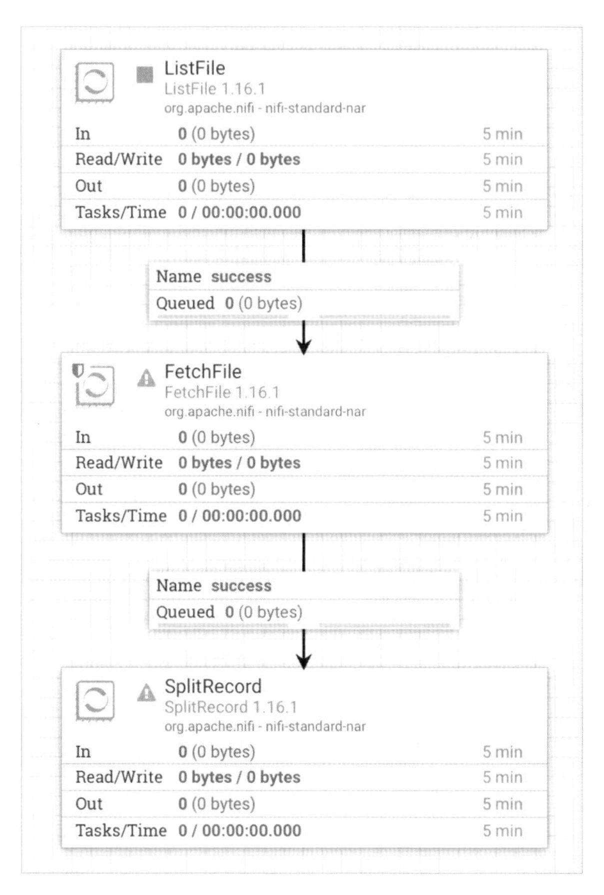

圖 3-1-14　建立完 SplitRecord Processor 的畫面

此時，我們會發現上游的 FetchFile Processor 尚未 Ready，原因是因為它預設有 4 種 Relationship 要做建立，但目前我們只有建立了一種為 Success 的 Relationship。為了方便測試，我們可以先把其他三種先暫時關閉，因此可以到對應的 Configure 選擇 Relationship 來將其他三種給 Terminate。一旦關閉之後，就可以看到狀態也變回紅色方框，即代表 Ready。

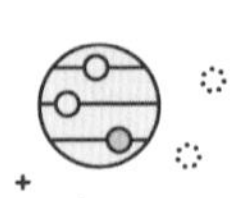

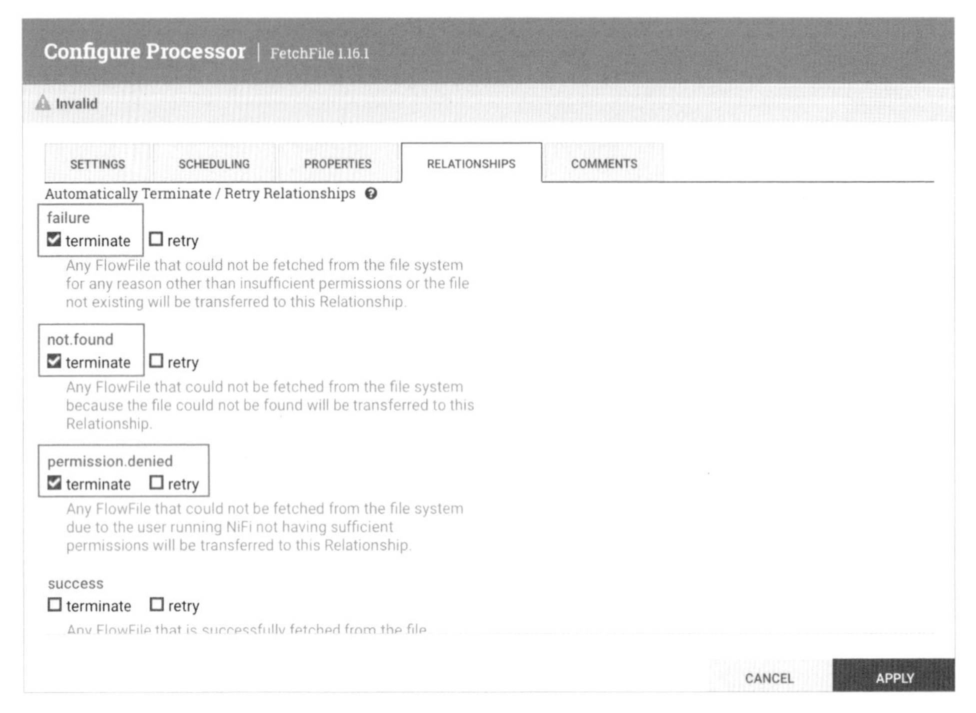

圖 3-1-15　關閉不需要的 Relationship

與上游的 FetchFile 建立完 Connection 之後，我們還要針對 SplitRecord 的 Properties 做設定，以便針對資料內容做切割。

Step 05　設定 SplitRecord 的 Reader 和 Writer

到這一步時，我們會發現 SplitRecord 這個 Processor 的狀態還是 invalid，原因在於我們還沒設定它的 Properties。

SplitRecord 運作原理就是以某一個格式讀取 FlowFiles 的 Content，可能是 csv、json、parquet 等。接著我們可以指定 Split 的行數，例如以一行為單位做資料的 Split、或 10 行等。最後再以我們要的格式輸出 FlowFiles 的 Content，一樣像是 csv、json、parquet 等。

為了做到這件事情，首先要先建立兩種 Controller Service，Controller Service 簡單來說就是讓我們可以以某種格式去對 Content 做 Read/Write，或是與 Cloud (ex. AWS, GCP)或 DB 的 Connetion Pool 設定。這邊我們主要要使用它第一個的功能，因此請照著以下圖示設定 Controller Service：

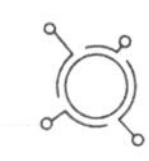

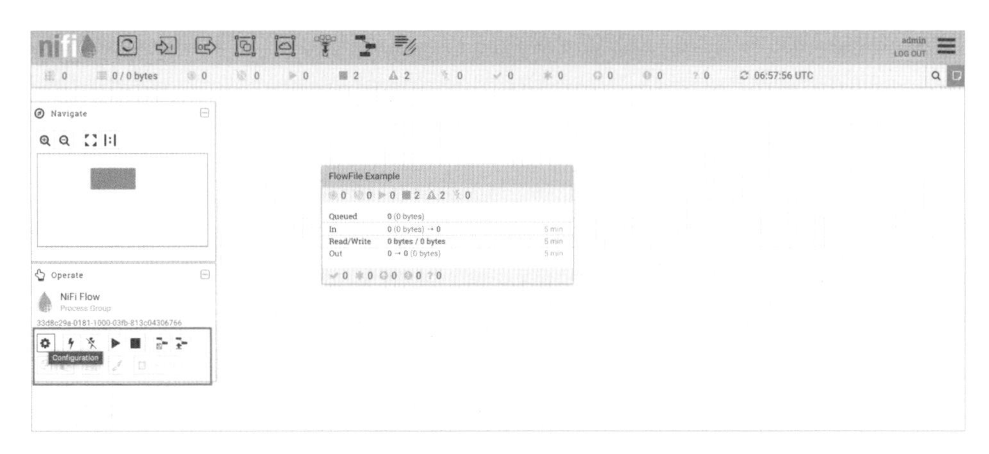

圖 3-1-16 回到首頁，點選左下方的齒輪

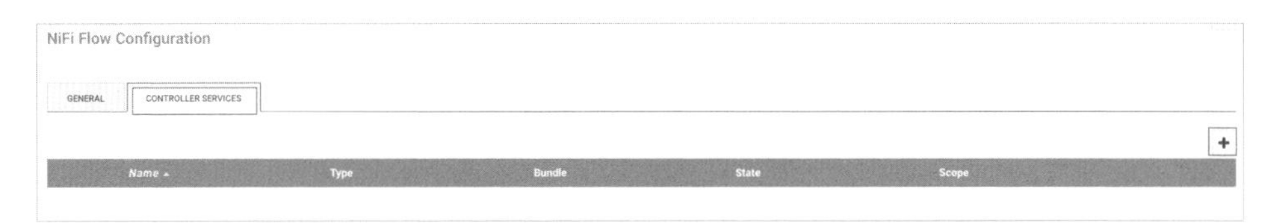

圖 3-1-17 選擇 Controller Service Tab，接著點選 +

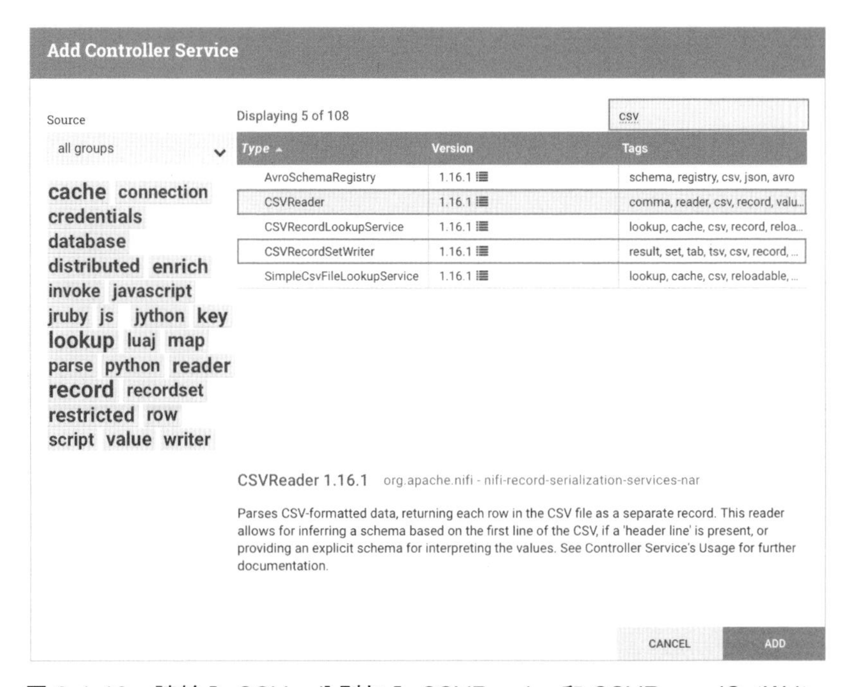

圖 3-1-18 請輸入 CSV，分別加入 CSVReader 和 CSVRecordSetWriter

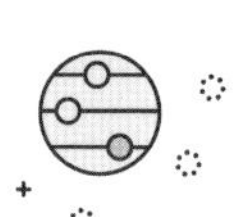

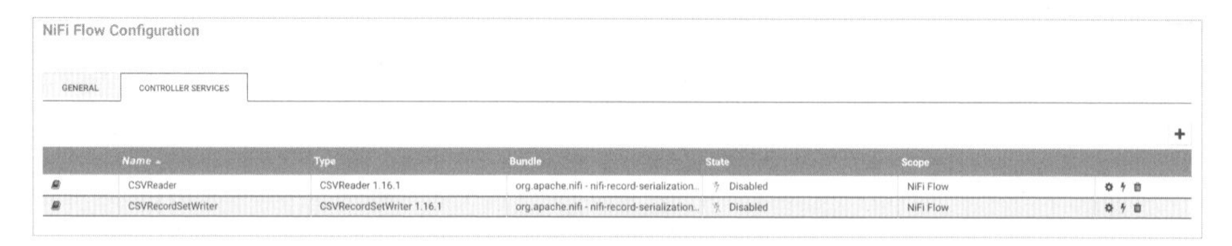

圖 3-1-19　加入 CSVReader 和 CSVRecordSetWriter 的畫面

一旦新增這兩個 Controller Service 設定之後，我們直接先沿用預設設定，直接點選右手邊的『閃電』符號且直接 Enabled，就代表該 Controller Service 可被 Processor 做使用。啟動之後，再回到原本的 SplitRecord Processor 的 Configuration，即可把 Record Reader 和 Record Writer 指定到我們剛剛設定的 CSVReader 與 CSVRecordSetWriter，就代表經過該 Processor 的時候以 CSV 讀取 Content 的內容，且在 Split 之後再以 CSV 的格式做輸出。這裡我們以一行為 Split 單位為例，所以可以看到設定後的圖示如下：

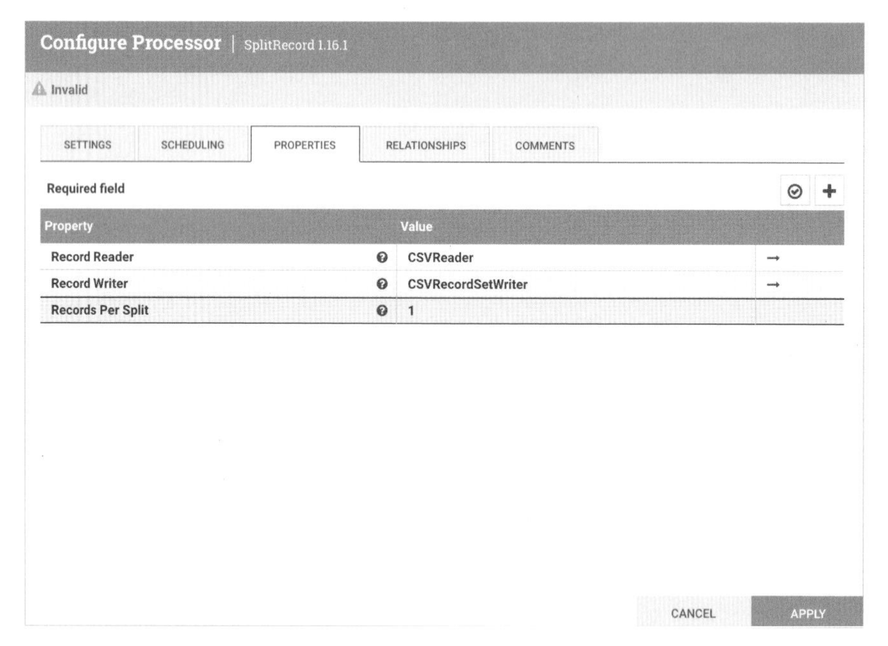

圖 3-1-20　SplitRecord 指定完 Reader/Writer 的設定

Apply 之後，我們就可以看到 SplitRecord 這個 Processor 的狀態從 Invalid 變成 Stopped，代表進到 Ready 狀態。

Step 06 拉取 Wait Processor

最後我們再拉一個 Wait Processor，透過該 Processor 來作為一個暫停的功能，也就是從 SplitRecord 處理出來的 FlowFiles 會先被保留在與 Wait 這個 Processor 之間的 Connection。除此之外，Wait Processor 還有其他的功能，這裡往後會再提到。

經過這一連串的設定之後，我們可以看到整體的 Pipeline 會呈現如下圖：

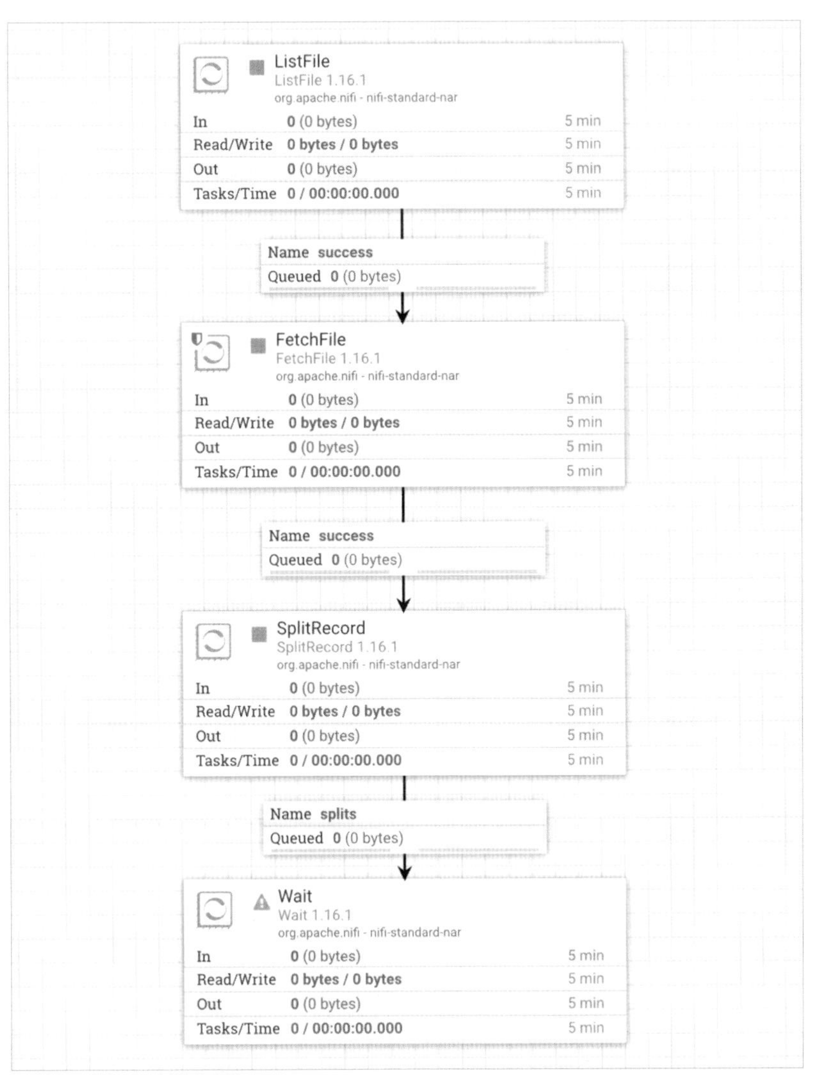

圖 3-1-21 本小節範例的 Pipeline 示意圖

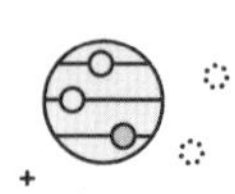

Step 07　開始執行 Data Pipeline

一旦設計完成之後，我們就可以啟用這個範例 Pipeline。首先將 FetchFile 和 SplitRecord 按右鍵 Start，接著我們在 ListFile Processor 點選右鍵選擇『Run Once』，注意這邊先不要選擇 Start，會建議在測試階段的時候先透過『Run Once』的方式來確保整體 Pipeline 沒有問題，也比較好 Debug，因為該方法只會觸發一次且產生一個 FlowFile。如果直接 Start 的話，再加上若 Processor Schedule 為 0 sec，它就會一直執行，造成 FlowFile 的堆疊以致難以解決。直到測試沒問題，也確定要 Schedule 執行時就可以轉為啟用 Start。

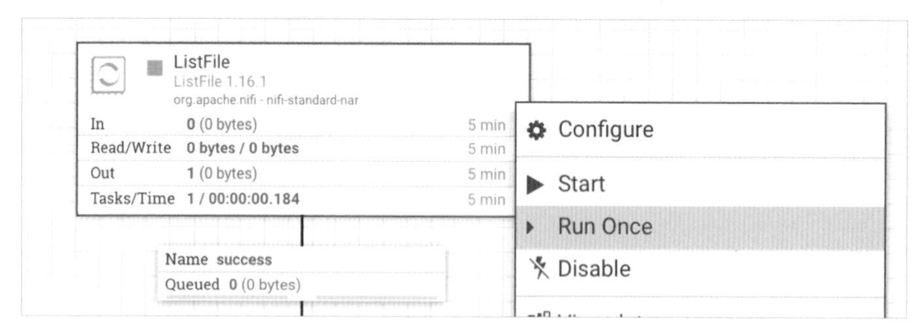

圖 3-1-22　點選 ListFile 的右鍵選擇 Run Once 以做測試

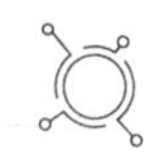

執行完之後，應該會呈現如下圖：

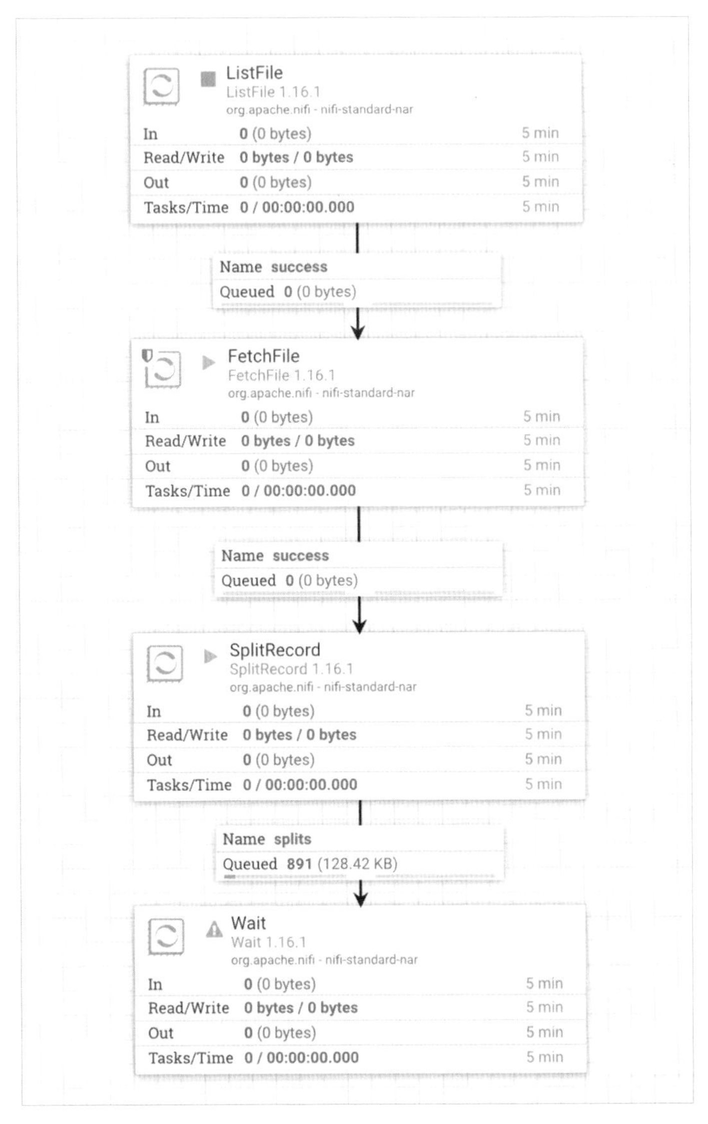

圖 3-1-23 執行完 Pipeline 的結果示意圖

我們會發現在最後的 Split Connection 有 891 個 FlowFiles，原因在於原本我們採用的資料集只有 891 行，然後我們以一行為單位做 Split，所以到後面就會產生出 891 FlowFiles。點選 Connection 的右鍵選擇『List queue』，就可以詳細地看到這些 FlowFiles 的狀態。

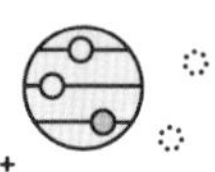

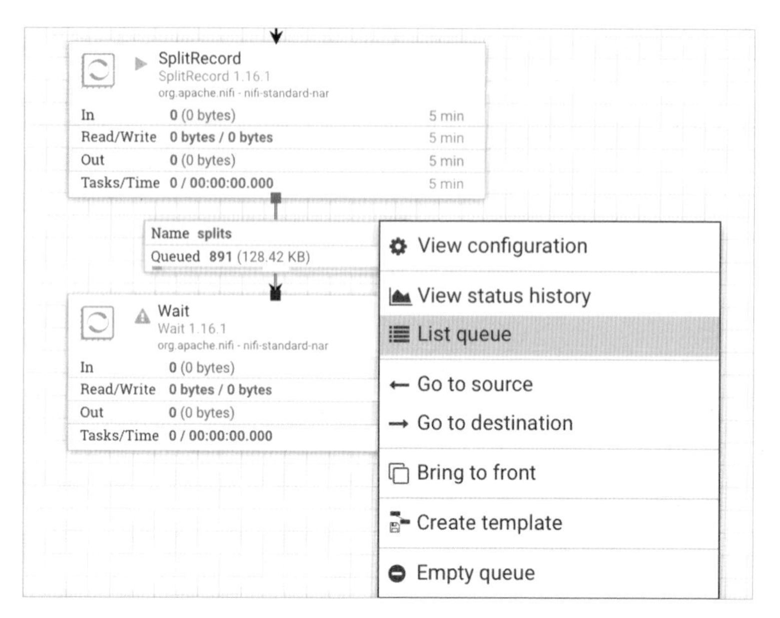

圖 3-1-24　點選 Connection 的 List queue 來取的 FlowFiles

點擊之後，便可以看到如下圖所呈現的所有 FlowFiles 資訊，並按照觸發時間做排序：

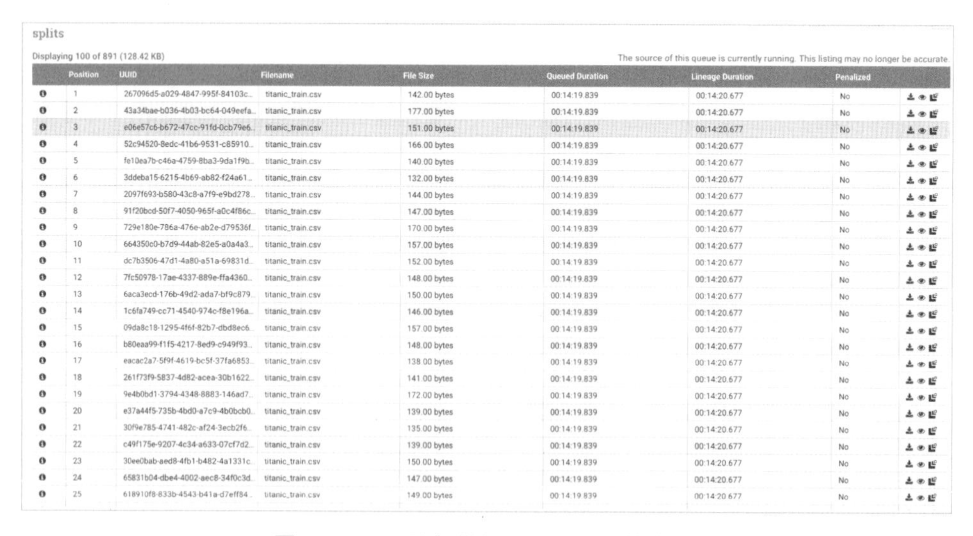

圖 3-1-25　列出所有 FlowFiles 的資訊

接著我們可以點選其中一個最左手邊的符號，可以看到完整 FlowFiles 的 Details：

FlowFile

DETAILS ATTRIBUTES

FlowFile Details

UUID
267096d5-a029-4847-995f-84103c70372e

Filename
titanic_train.csv

File Size
142 bytes

Queue Position
No value set

Queued Duration
00:15:00.763

Lineage Duration
00:15:01.601

Penalized
No

Content Claim

Container
default

Section
2

Identifier
1655105807035-2

Offset
0

Size
142 bytes

DOWNLOAD VIEW

OK

圖 3-1-26　FlowFiles 的資訊

接著點選 Content Claim 中的 View，就可以看到這個 FlowFiles 的資料內容，因為我們是以一行為單位做 Split，所以僅會看到只有一筆資料，但每個 FlowFiles 的資料內容都會不一樣，可以以同樣的方式去閱覽其他 FlowFiles：

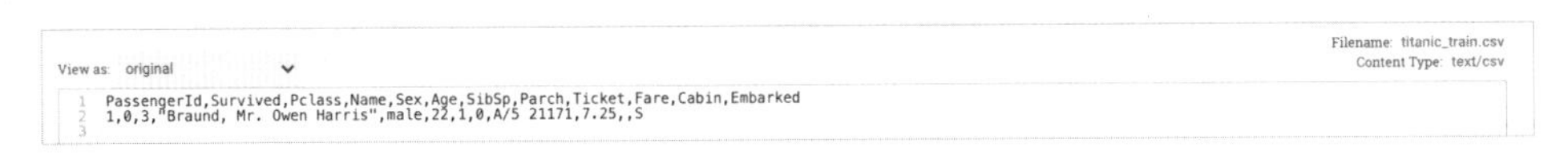

圖 3-1-27　FlowFiles 的 Content 資料內容

在一開始我們有提到 FlowFiles 包含了兩種重要資訊，一個是 Content（也就是資料內容），另外一種就是 Attribute（也就是該 FlowFile 每次經過 Processor 時所附帶上的資訊）。點選 Attributes 的 Tab，可以看到有些資訊是從 ListFile 或是 FetchFile 等上游 Processor 所帶出來的，藉此可知道該資料的源頭，那後續也會教大家如何帶上 Custom Attribute 來讓下游的 Processor 做使用。

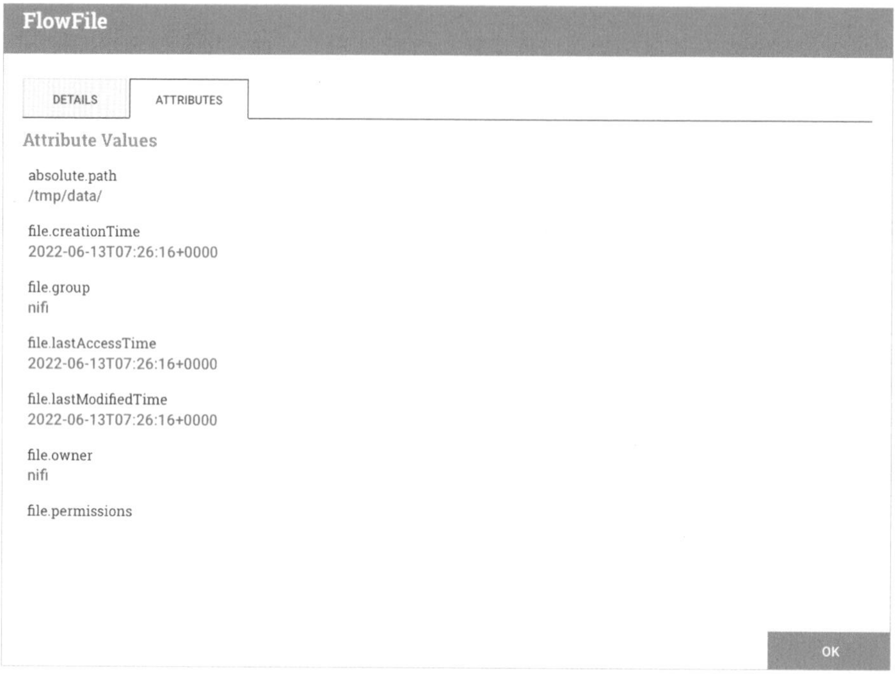

圖 3-1-28　FlowFiles 的 Attribute 資訊

3.2 Processor 的概念與操作

前一節我們介紹了 FlowFiles 的概念以及在 NiFi 上如何操作與呈現，其中過程中我們設定了許多物件，讀者們可能會覺得有點頭昏。接下來這節開始會來一一拆解這些物件，然後會再逐一呼應到前一節的範例，藉此讓讀者更了解整體的來龍去脈和設定流程。

3.2.1 Processor 的用途與分類

這節我們要介紹的是 Processor。在 Apache NiFi 當中，有許多內建的 Processor 可以讓我們對資料做操作，像是資料的讀取、轉換、更新或寫入等，而存放資料的載體也十分多樣化，例如 RDB、Data Warehouse、Document DB、File System、Message Queue 等。甚至有些時候能會需要

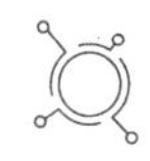

整合一些雲端的服務，像是 AWS、GCP、Azure 等，林林總總加起來可想而知是 Apache NiFi 擁有許多龐大的內建 Processor 可以使用。

從官方文件(https://nifi.apache.org/docs.html) 的左邊可以看到『Processors』底下的種類非常非常地多，列表中的每一個 Processor 都有各自的 Connection 和 Properties 的設定，一夕之間要學會和摸熟其實是不太可能的。但這些 Processor 在功能上可以具體的做到分類，因此我藉此將 Processor 區分為幾大類，讓讀者後續在使用上可以直覺地聯想到 Processor 的功能與目的，表格整理如下：

Processor Categories	**Introduction**	**Example**
Data Ingest Processors	主要就是用來取得資料的 Processors，可能透過 files、ftp、db 等方式	GenerateFlowFiles / ListFiles / GetFile / GetKafka / GetMongo / GetTwitter...
Data Transform Processors	主要做一些 transform、replace、update Content 等操作的 Processors	ReplaceText / ConvertRecord / UpdateRecord / ConvertJsonToSQL...
Data Egress & Sending Data Processors	主要 ouput 或寫入/傳送資料到下一個 Destination 的 Processors	PutSlack / PutEmail / PutFile / PutFTP / PutKafka...
Routing & Mediation Processors	以控制 FlowFiles 該往哪一個 Connection 流向的 Processors	RouteOnAttribute / RouteOnContent
DB Access Processors	以 Access DB 操作的 Processors (主要偏向可 SQL 指令的 DB)	PutSQL / ExecuteSQL / ListDatabaseTables / QueryDatabaseTable...

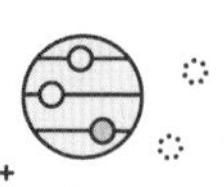

Processor Categories	Introduction	Example
Attribute Extraction Processors	以 FlowFiles 的 attributes 操作的 Processors	EvaluateJsonPath / EvaluateXPath / ExtractText / UpdateAttribute / LogAttribute...
Execute Programming Processors	執行第三方程式 (ex. python, go 等) 操作的 Processors	ExecuteProcess / ExecuteStreamCommand
Splitting Processors	切分資料或計算處理的 Processors	SplitText / SplitJson / SplitRecord
HTTP & UDP Processors	透過 HTTP 或 UDP 做資料操作的 Processors，通常用於 API 呼叫居多	GetHTTP / ListentHTTP / PostHTTP / PutHTTP / PutUDP....
AWS Processors	AWS 相關操作的 Processors	ListS3 / FetchS3Object / PutS3Object / PutSNS / GetSNS / PutSQS / PutDynamoDB / PutLambda...
GCP Processors	GCP 相關操作的 Processors	ListGCSBucket / PutGCSObject / FetchGCSObject / DeleteGCSObject / ConsumeGCPPubSub / PublishGCPPubSub / PutBigQueryBatch / PutBigQueryStreaming

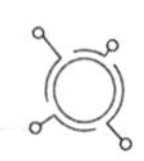

Processor Categories	Introduction	Example
Azure Processors	Azure 相關操作的 Processors	ConsumeAzureEventHub / GetAzureQueueStorage / DeleteAzureBlobStorage / ListAzureDataLake...
Hadoop Processors	Hadoop 相關操作的 Processors	PutHiveSQL / PutHiveStreaming / GetHDFS / FetchHDFS / PullHbseJson....

除了可以以功能來做區分之外，其實在 Apache NiFi 內建的 Processor 命名中也帶有玄機，從命名上我們更能知道它主要的操作，以及搭配的物件 (如 DB、Data Lake、FileSystem 等) 底下把常見的命名規則攤開來做說明：

Processors Naming Rule	Introduction
GetXXX	通常代表『取得/讀取』資料的 meta data 且轉成 FlowFiles 的意思。例如 GetFile，從 Local file 取得資料的 meta，包含 Path、filename 等；GetMongo 就是從 MongoDB 取得資料。
PutXXX	通常代表『寫入』、『傳送』的意思。例如 PusSlack 傳送資訊到 slack；PutSQS 將資料傳送到 AWS SQS；PutKafka 將資料傳送到 Kafka。
FetchXXX	通常代表『取得資料內容』，這較常出現在 File 類型，例如 FetchFile、FetchS3Object、FetchGCSObject。它和『GetXXX』的差異在於 GetFile 是用來取得 File 的 size、permission、last modified 等資訊，而 FetchFile 而是真實將檔案內容以一個 row 的方式轉成一個 FlowFiles，但只有 File 有這樣的差別。
ListXXX	通常會列出我們指定的 Folder 底下有哪些 Files，並將 Path 回傳出來，例如 ListFiles 回傳本機端的某一個 Folder 底下全部檔案；ListS3 則回傳某一個 AWS S3 Bucket 下的 folder 下的所有檔案等。

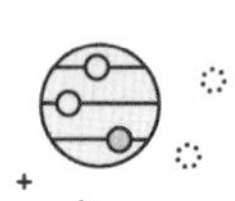

Processors Naming Rule	Introduction
DeleteXXX	刪除資料。例如 DeleteGCSObject 就是刪除 GCS 的檔案；DeleteSQS 就是刪除 SQS 等。
RouteOnXXX	用來決定 Flowfiles 留下的條件。例如 RouteOnAttributes 代表依據 Flowfiles 某一個 attribute 的 value 來決定接下來要走哪一個 Connection。
QueryXXX	就是對 DB 做資料查詢。例如 QueryCassandra 對 Cassandra 做查詢；QueryDatabaseTable 對 DB 做查詢，但需要搭配 JDBC Driver，如果要對 MySQL 就要指定 MySQL Driver。
ExecuteXXX	執行 DB Query 或執行 Programing。例如 ExecuteSQL 對 DB 執行 SQL 指令；ExecuteStreamCommand 可用來執行第三方的程式語言等。

除了上述所整理的列表之外，其實當我們在拉 Processor 的時候，NiFi 就有幫我們做好分類的 Group，如下圖所示。只要在左手邊的框框內選擇需要的類別，就會呈現該類別底下的所有 Processors。

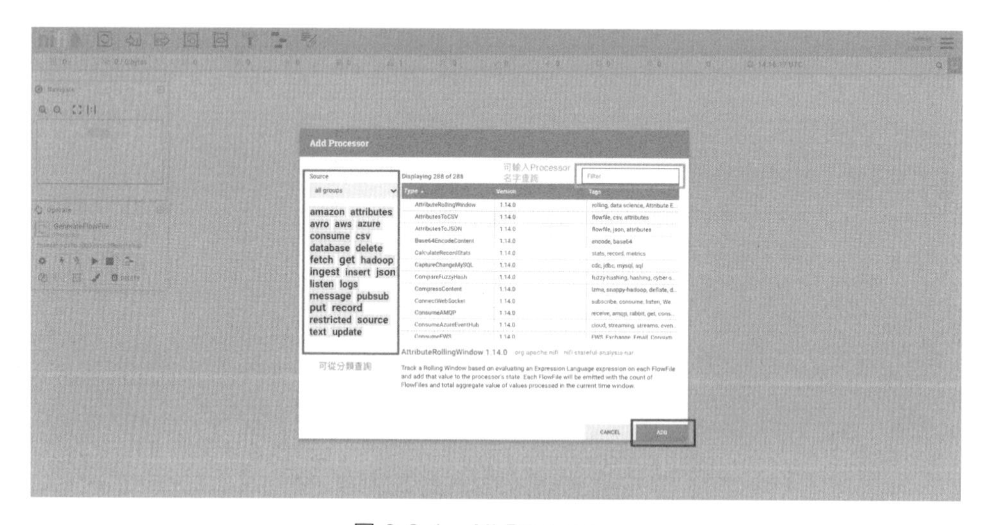

圖 3-2-1 All Processors

因此，我們會發現在 NiFi 的 Processor 命名通常是由一個『動作』再搭配一個『目的』，透過這兩種搭配就能大致猜出來我們選用 Processor 的目的與功能，只要掌握好這個原則，大致上約 80% 的 Processor 都能知道用

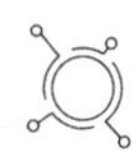

途，至於詳細地 Properties 設定與用法就需要搭配這官方文件做操作，當然本書也會介紹一些常用的 Processor 來讓讀者們了解，以利於應用在一般的 Pipeline 中。

3.2.2 Processor Configuration 細節

還記得在前面的範例，我們有針對 Processor 的 Configuration 中 Properties 做設定，但事實上我們可以在 Processor 設定的功能參數很多，因此這小節來讓各位知道在 Configuration 中的每一個 tab 的用途與定義。

Settings

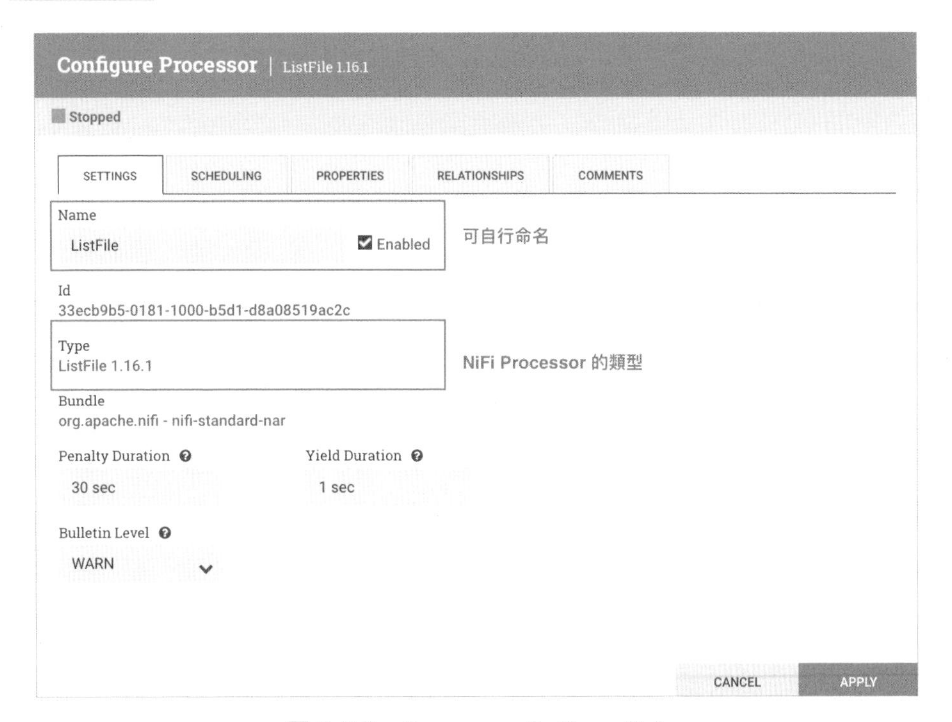

圖 3-2-2 Processor Settings Tab

在 Processor 中的第一個 tab - Settings，這邊我們重新命名 Processor，方便我們在瀏覽 data Pipeline 的時候知道該 Processor 所扮演的角色是什麼。在 NiFi 中，會給予每次拉取的 Processor 賦予不同的 uuid，也就是假設同時拉了兩個都是 ListFile 的 Processor，它們的 uuid 會有所不同，可藉此區隔。

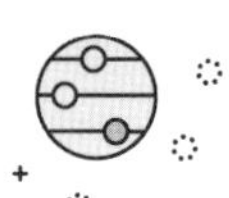

Scheduling

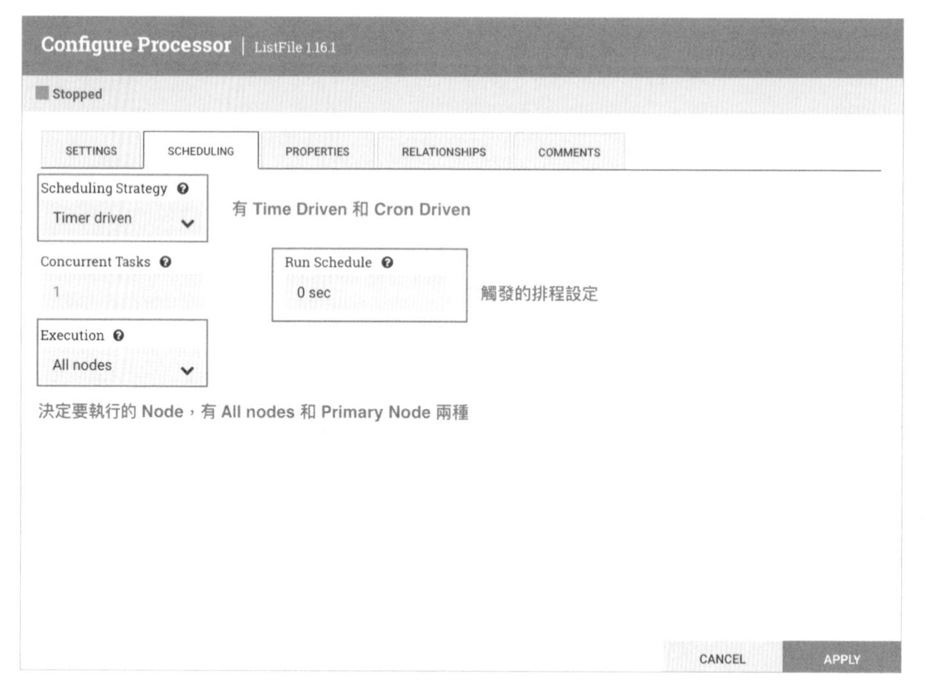

圖 3-2-3　Processor Scheduling Tab

在 NiFi 中我們需要在整個 Pipeline 的源頭設定 Schedule，藉此符合仍在預期的時間上做執行，其中 Scheduling Strategy 有分成 Time Driven 和 Cron Driven。

- **Time Driven**：對應的 Run Schulde 就會是時間單位類型，1 sec 代表每一秒、2 hours 代表每 2 小時、4 days 則為每 4 天。
- **Cron Driven**：選擇該方式想必是工程師的話就比較熟悉，就是透過傳統在 linux 的 crontab 來做排程設定，如 0 30 12 1/1 * ? * 代表每天 12:30 PM 做執行。

若 NiFi 為 Cluster mode 的話，當 execution 選擇為 All nodes，代表 FlowFiles 會被分散在所有 node 做執行。但這邊要注意的是，如果是整個 Data Pipeline 的第一個 Processor，建議選擇用 Primary Node。一般來說，在 Apache NiFi 中設計 Data Pipeline 時，第一個 Processor 就是用來產生

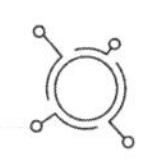

FlowFiles 的 Processor，例如 GenerateFlowFiles、ListFile 等，如果此時 node 有 3 個，就會同一時間觸發 3 個同樣的 FlowFiles，這樣就會有資料 duplicate 的風險，所以在 Cluster node 設定上要格外留意這點。

另外還有一個設定是 Concurrent Tasks，可控制 Processor 使用的 concurrent 的數量。簡單來說決定 Processor 可以同時間處理多少個 FlowFiles，適時地增加該設定值可有效同時處理更多的數據。

Properties

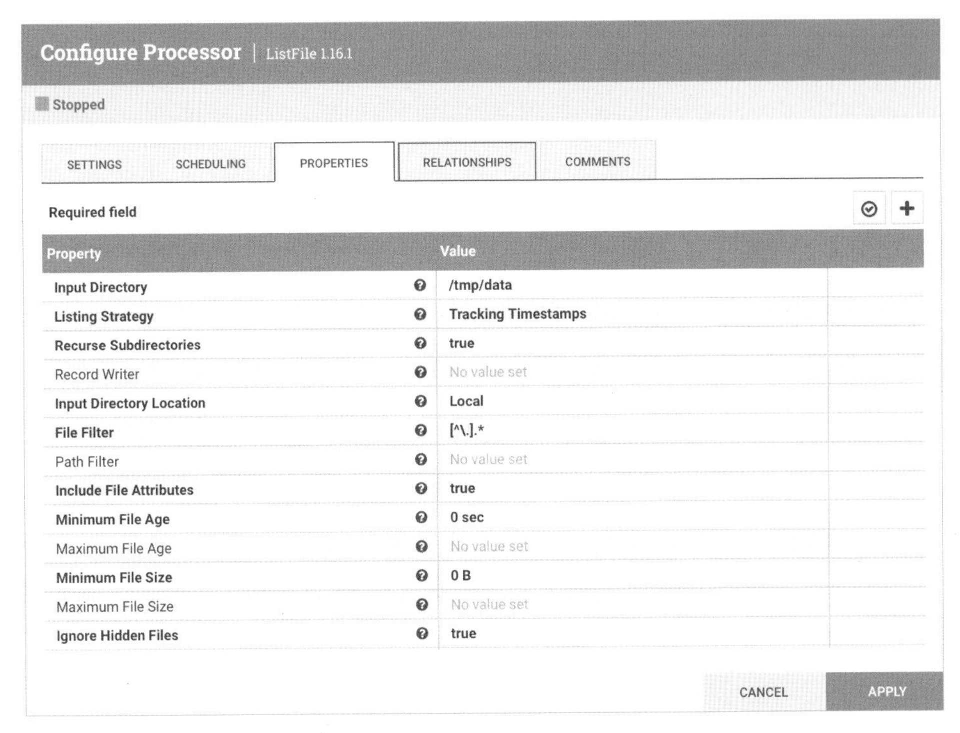

圖 3-2-4　Processor Properties Tab

這是 Processor 最重要且最複雜的地方，也就是 Processor 的設定，每一個不同 Type 的 Processor 會有不同的 properties 要去做設定，其中黑色粗體的就是必要設定的 key，有些 Processor 的 properties key 很多很複雜，所以通常就要搭配著 Document 來去做確認跟設定對的 value。

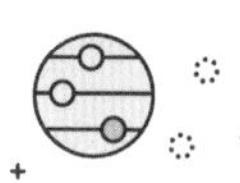

Relationships

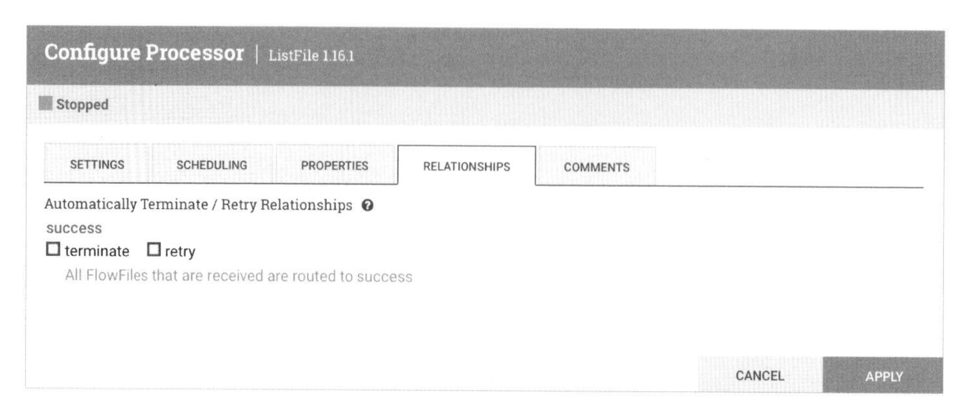

圖 3-2-5　Processor Relationships Tab

Automatically Terminate Relationships 會得知出該 Processor 可與下游 Processor 建立哪些 Connection，這會使 FlowFiles 會依據當下處理完的狀況決定要流向那一個 Connection，但並不是所有 Connection 都一定要建立，你可以依照自己得使用場景與情境設定勾選起來，若選擇 terminate，後續 NiFi 也就不會要求你一定要建立這個 Connection 了。反之，如果有 Connection 該建立並未建立時，此時 Processor 就會呈現 invalid 的狀態。

Comments

Configure Processor | ListFile 1.16.1

Stopped

SETTINGS　SCHEDULING　PROPERTIES　RELATIONSHIPS　COMMENTS

CANCEL　APPLY

圖 3-2-6　Processor Comments Tab

這部分就是來針對該 Processor 做一些簡單的說明和註解，幫助後續你或你的團隊成員檢視的時候，就能知道當初為什麼要採用這個 Processor 的原因和目的。

3.3 Connection 的概念與操作

介紹完了 Processor 之後，在 NiFi 中一個完整的 Data Pipeline 就是要將這些 Processor 給串連起來，此時就需要用到 Connection 的操作。然而，Connection 有幾個重點的特性需要知道：

3.3.1 Where does FlowFiles go？

Connection 通常代表著 FlowFiles 經過 Processor 處理後的狀態，較常見的有 Success、Failed 兩種，意味著如果前一個 Procesor 處理狀態是 Success，那 FlowFiles 就會走 Success 的 Connection，反之亦然。

除了原先 Processor 內建的 Connection 之外，我們也可以自建 Connection，如下圖所示。可以利用 RouteOnAttribute 這個 Processor 來自定義三種 Connection，也就是根據 FlowFiles 的某一個 attributes 來做條件判斷。下圖可看到 region_tw、region_jp 和 region_usa 三種 connection，這用來判斷若留下來的 FlowFiles attributes 內的 region 是 tw、jp、usa，就可以留到對應的 Connection 以及底下的 Processor 來做對應的資料處理。

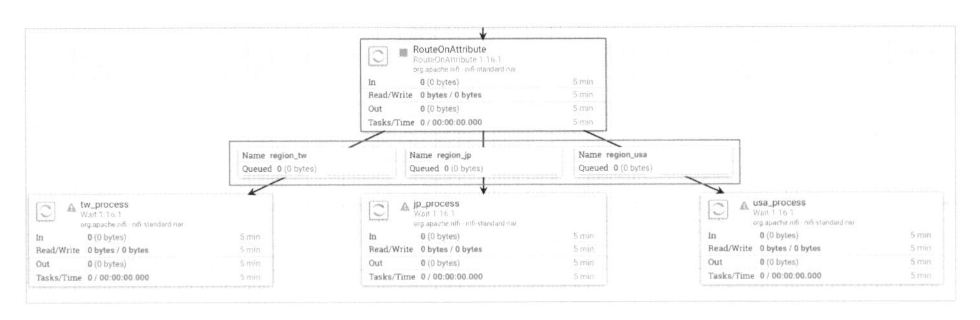

圖 3-3-1 RouteOnAttribute 自定義 Connection

3.3.2 Back Pressure

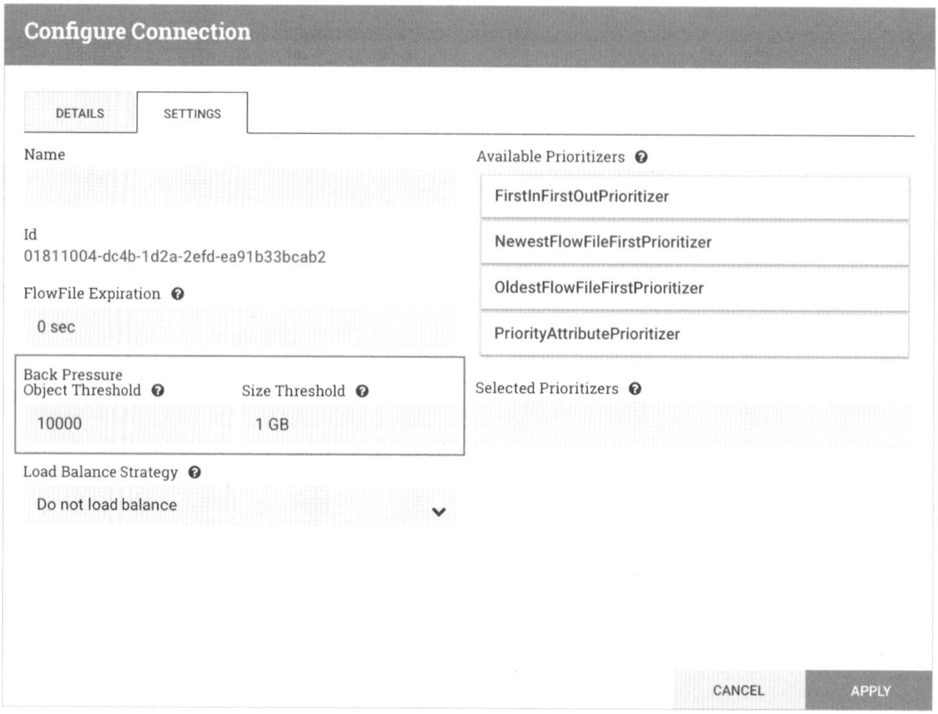

Configure Connection

DETAILS | SETTINGS

Name

Id
01811004-dc4b-1d2a-2efd-ea91b33bcab2

FlowFile Expiration
0 sec

Back Pressure
Object Threshold 10000
Size Threshold 1 GB

Load Balance Strategy
Do not load balance

Available Prioritizers
FirstInFirstOutPrioritizer
NewestFlowFileFirstPrioritizer
OldestFlowFileFirstPrioritizer
PriorityAttributePrioritizer

Selected Prioritizers

CANCEL APPLY

圖 3-3-2　Connection 中的 Back Pressure

進來到 Connection 的 Settings 之後，可以看到上圖中 **Back Pressure** 的設定，這是什麼用途呢？簡單來說，它是用來緩減且避免下一個 Processor 因一次接受到太多 FlowFiles 數量而導致錯誤或效率問題。

假設現在有一個場景，長得像下面這樣：

```
Processor A → Connection c1 → Processor B
```

假設 Processor B 可能要做許多邏輯上的處理，可能一次無法接受太多 FlowFiles，此時 connection c1 就可以透過『Back Pressure』來當它暫時 queue 住後續的 FlowFiles，等到 ProcessorB 處理完先前的 FlowFiles 之後再從這個 connection c1 繼續拿資料。因此經過上述的例子說明，其實不難發現 Connection 也同時兼具了『queue』的概念，而下游的 Processor 可想像成類似 Consumer 的角色。

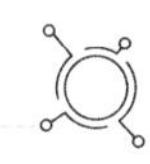

而 Connection 也有它的限制，並不是可以 queue 住無限的 FlowFiles，所以通常會有兩個設定：

- **Object Threshold**：就是 FlowFiles 數量的限制，預設是 10000，也就是這個 Connection 最多可以有 10000 個 FlowFiles 的 Buffer，使用者可以根據自己的情境去設定。
- **Size Threshold**：就是目前在 Connection FlowFiles 加總 Size 大小，預設為 1GB，這也是一種 Buffer 的設計。

3.3.3 Load Balance Strategy

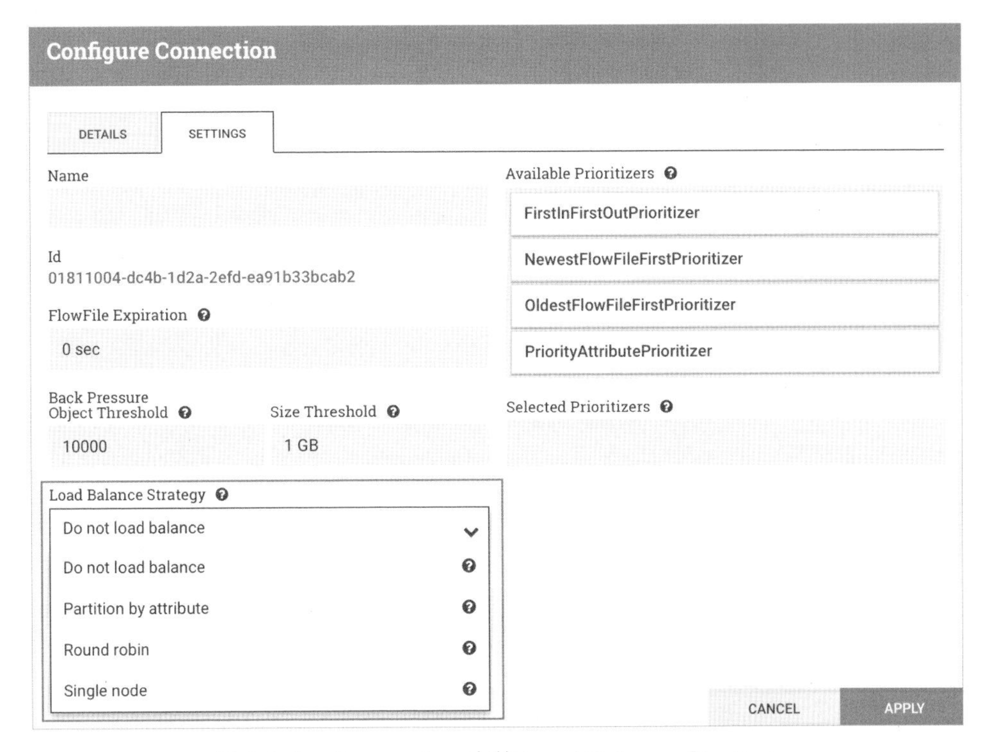

圖 3-3-3　Connection 中的 Load Balance Strategy

接著介紹 **Load Balance**，這通常需要設定的場景是 Cluster mode 的 NiFi。正常來說，我們會需要做到 Cluster 的架構，一定是 FlowFiles 會很多、期望透過更多的 Node 來區消耗當中的處理，這時候就要去選擇對應的 load balance 的機制。下面是可設定四種類：

- **Do not load balance**

  這是 default 值，就是不在 node 之間做 load balance。但如果會有大量 FlowFiles 的話，建議不要選擇這個，否則可能會造成有節點 loading 太重，而有其他 node 閒置的狀態。

- **Partition by attributes**

  根據 FlowFiles attributes 的某一個 key 值決定要去哪一個 node。具有相同 Attribute 值的所有 FlowFile 將發送到 Cluster 中的同一節點。

- **Round robin**

  FlowFiles 將以輪流詢問的方式指派到 Cluster 中的 node。簡單來說，假設有 3 個 node，分別是 a、b、c，Connection 就會以 a → b → c → a... 這樣的順序去詢問，直到可以接受的 node。

- **Single node**

  將所有 FlowFiles 將發送到 Cluster 中的單一個 node。它們被分派到哪個 node 是不可配置的，而是由 NiFi 來依據當時的狀況來決定。

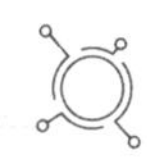

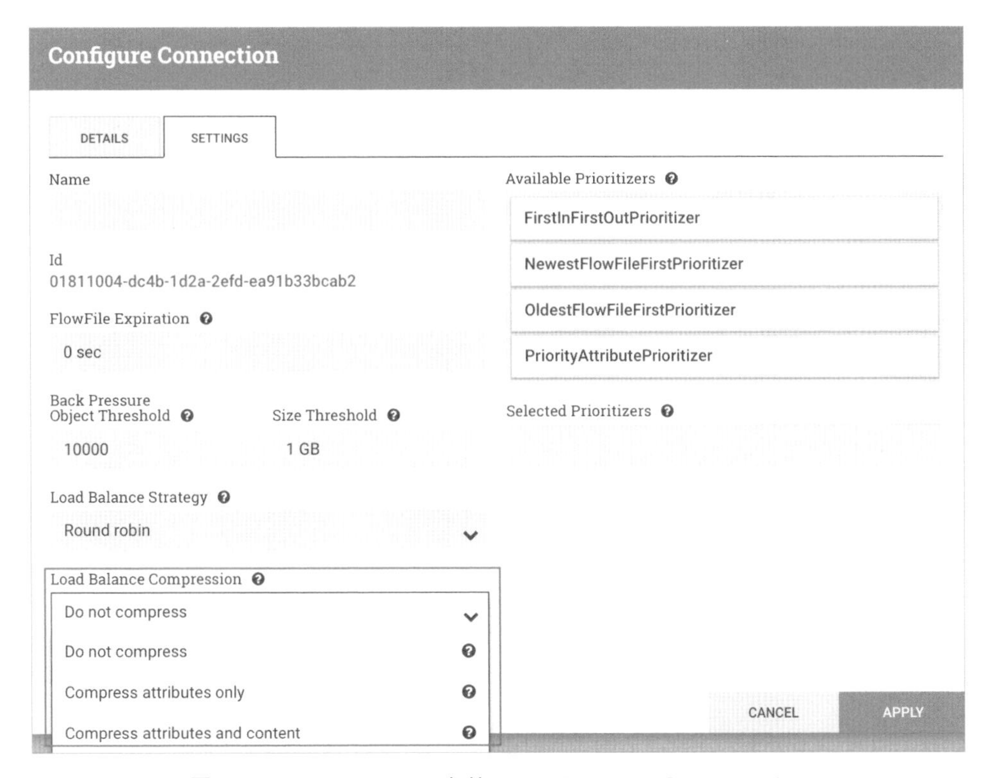

圖 3-3-4 Connection 中的 Load Balance Compression

當我們選擇完 **Load Balance Strategy** 之後，只要是非 Do not load balance 這個選項，通常會再跳出一個 **Load Balance Compression** 的設定，這是用來在做 Load Balance 的時候決定 FlowFiles 是否要先做壓縮再做傳送，會有 3 種方式：

◆ **Do not compress**

這是 Default 設定，不會對 FlowFiles 做任何壓縮。

◆ **Compress attributes only**

只壓縮 FlowFiles 的 attributes，不會對 content 做壓縮。

◆ **Compress attributes and content**

直接壓縮 FlowFiles 的 attributes 和 content。

通常如果 attributes 很多 key 時且沒有 content 的話，就選擇第二種；若 attributes 和 content 都很多的話建議選擇第三種，藉此提升 FlowFiles 的 Disk Usage 和傳輸效率。

3.3.4 Available Prioritizers

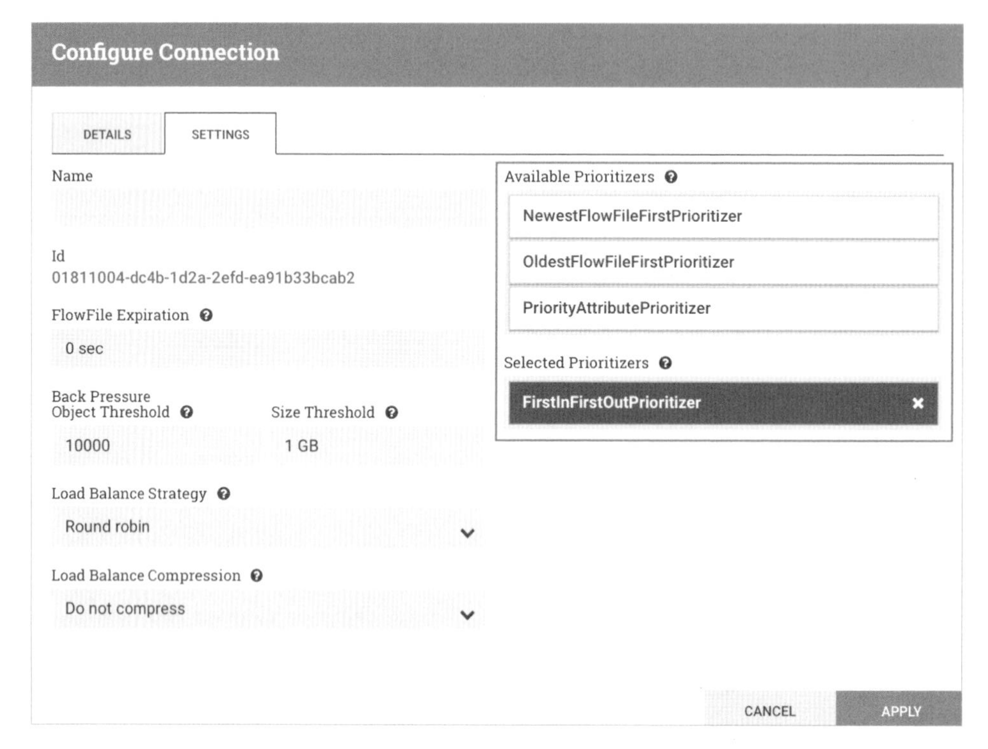

圖 3-3-5 Connection 中的 Prioritizers

在前面的舉例有提到，Connection 同時兼具 Queue 的性質，正常來說 Queue 都採用 FIFO (First-In-First-Out) 的性質居多，但在 NiFi Connection 我們可選擇處理順序，從上圖右方可看到有 4 個種類：

- **FirstInFirstOutPrioritizer**

  先處理首先到達 Connection 的 FlowFiles。

◆ **NewestFlowFileFirstPrioritizer**

先處理最新的 FlowFiles，注意最新的 FlowFiles 不代表會是最後到達 Connection，有可能因為網路問題等造成提前。而 FlowFiles 會帶有產生的 timestamp，來知道它產生的時間。

◆ **OldestFlowFileFirstPrioritizer**

先處理最舊的 FlowFiles。這是在沒有選擇 Priority 的情況下使用的預設方案。

◆ **PriorityAttributePrioritizer**

提取名為 priority 的 attributes。將首先處理具有最低優先級值的那個。用這個要特別注意 FlowFile 一定要帶有 priority 這個 attributes，而 value 可以是 A-100 的範圍，如 a 比 z 優先處理；1 比 9 優先處理。

就筆者目前的經驗，還沒有去動過這邊的設定，頂多選擇 FirstInFirstOutPrioritizer 而已，所以其他適合的場景可能等未來有需要才會去使用。倘若你真的要指定，記得拖拉你要的 Stategy 到下面的 Selected Prioritizers 才能生效。

3.4 Processor Group 的概念與操作

前兩節介紹完 Processor 和 Connection 這兩個元件，基本上透過這兩個元件的組合就能建立一些基本簡單的 Data Pipeline。但有些時候在 Data Pipeline 的某一段處理過程是可以重複利用的，為了避免重複地花時間建置同樣的流程，我們可以變成模組 (Module) 來應用到其他的 Pipeline 的設計，這時候就可以透過 Processor Group。又或者是當有很多的團隊在 Apache NiFi 上做開發與設計時，我們也能藉由 Processor Group 來做權限上的劃分，以避免被其他的團隊動用到原本的 Pipeline。因此，這裡我們將 Processor Group 的特點整理如下：

◆ 模組化的功用 (Module)。

◆ 可被用來作為 Team 或 Project 的劃分，以加強團隊與權限上的控管。

◆ 為 NiFi Registry 版本控制的最小單位。(會在 3.8 節做更詳細地說明)

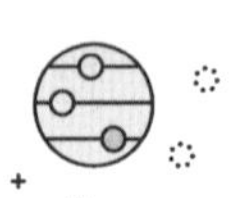

圖 3-4-1　首頁 Processor Group 選單

我們對於 Processor Group 有了基本認識之後，接下來帶各位操作一次如何建立 Processor Group。如果還記得首頁上方有一個 Processor Group 的選項 (可參考上圖)，請將它拉到主要空白處，接著會要求填寫 Processor Group Name。這邊以 Processor Group Example 為例，填寫完之後的畫面應該會如下圖所示：

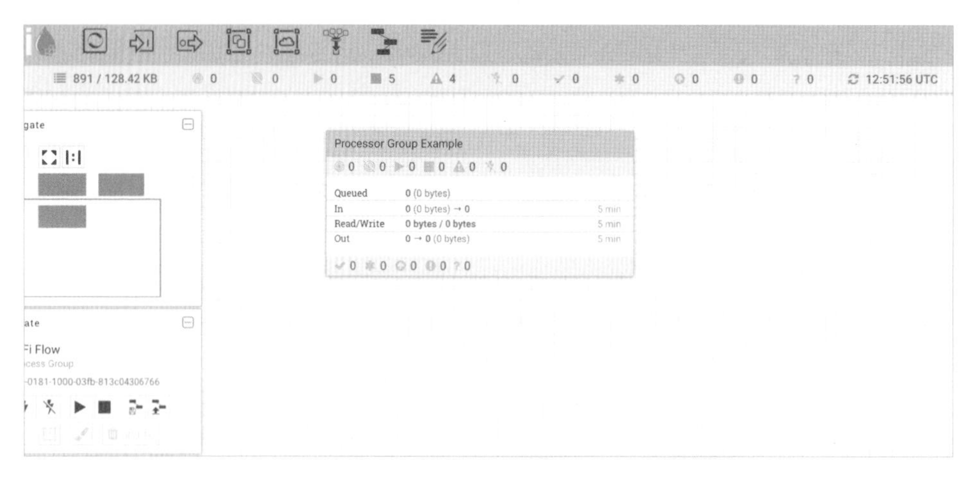

圖 3-4-2　建立 Processor Group 後的畫面

接著我們對剛剛所建立的 Processor Group 點擊兩下就可以進入到該 Group 內，此時可以發現左下角會多一層 tab 顯示你目前在哪一個階層下 (如圖 3-4-3 所示)，因為 Processor Group 內可以再包含多個 Processor Group，當 Pipeline 複雜或是專案變多時，就可透過左下角這個顯示來得知目前所處的專案與位置。

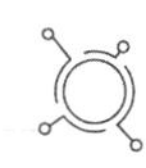

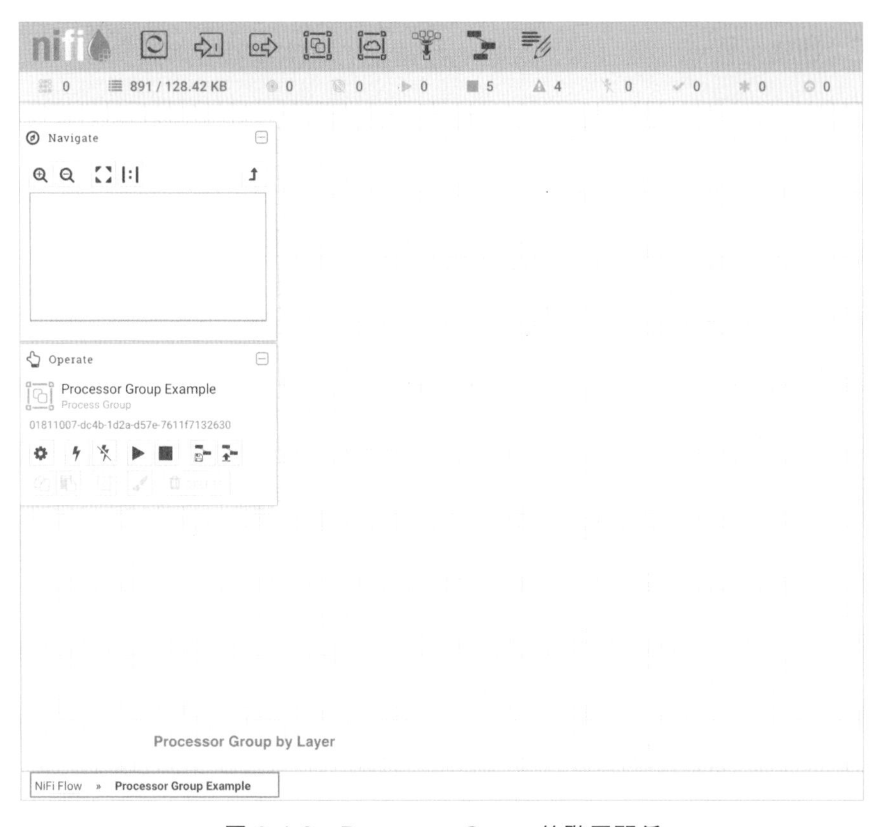

圖 3-4-3 Processor Group 的階層關係

這邊我們繼續沿用 kaggle 的 titanic 這份資料，這邊假設我們需要做兩個資料前處理的步驟，分別如下：

- 將 Sex 欄位轉換成數值 (male -> 1, female -> 0)
- 依據 Embarked 欄位切分出 3 個 Connection

為了要解決這兩個前處理情境，預期上的 Pipeline 會長得如下圖所示：

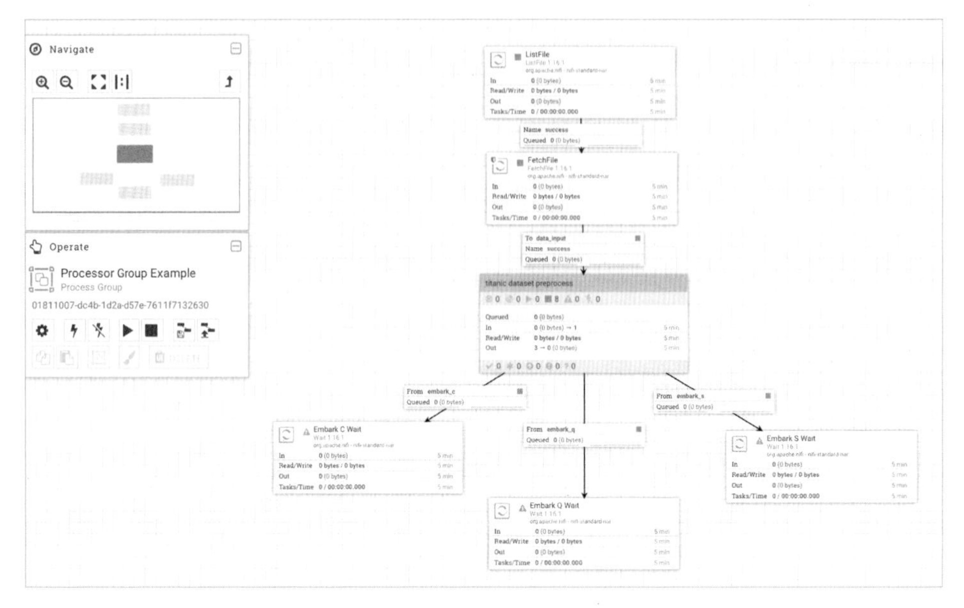

圖 3-4-4　Processor Group 範例應用

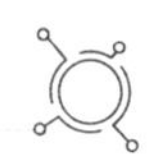

可以看到中間會再建立一個名為 titanic dataset preprocessing 的 Processor Group，其中內部的流程會呈現如下圖 3-4-5 所示：

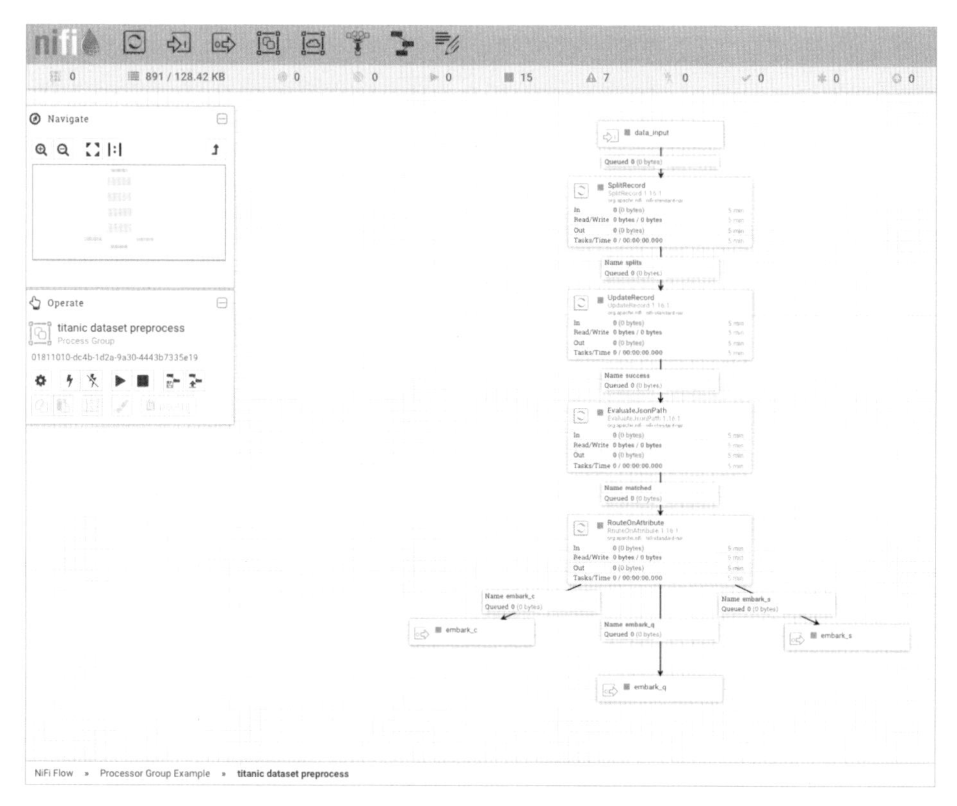

圖 3-4-5　titanic dataset preprocessing 範例

接下來，會帶各位如何一步一步建置出這個範例的 Data Pipeline，過程中可以體驗一下 Processor Group 的好處。

Step 01　一樣先建立一個名為 titanic dataset preprocess，接著拉取 input 和 Output Port

如果是要將 PG 視為 Module 做使用且成為 Pipeline 其中的一個流程，則必須在設計 PG 時指定 input 和 output 這兩個 port，才有辦法將 FlowFiles 從上游流入、再從下游流出。如下圖框框所呈現可以知道 input 和 output 的用法：

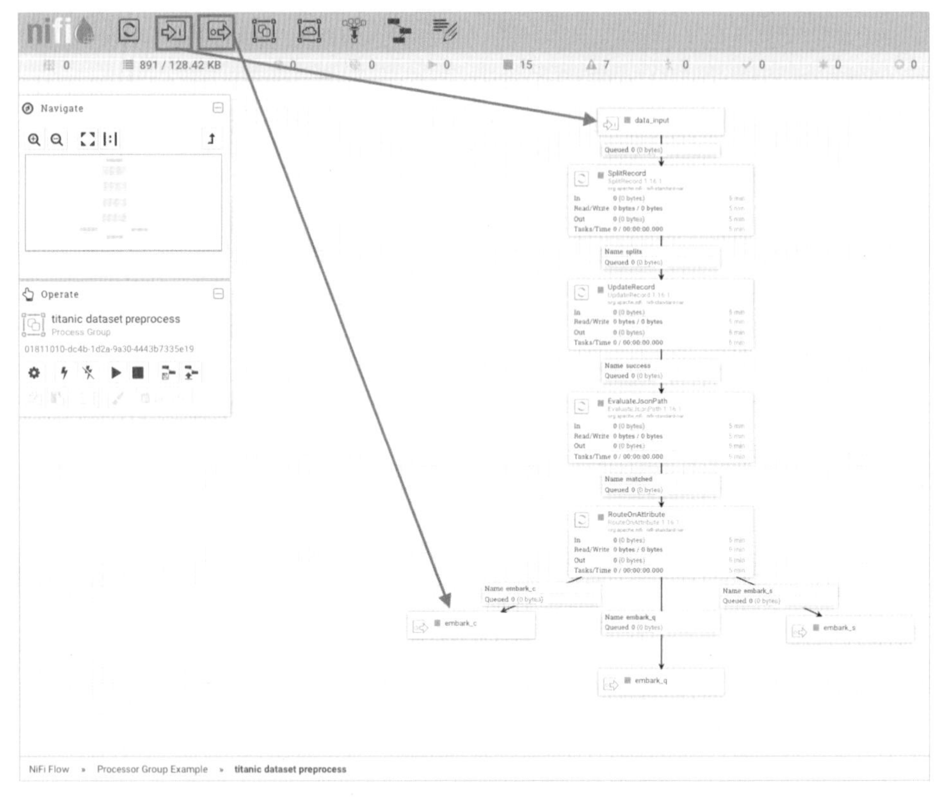

圖 3-4-6 Processor Group input/output port 示意圖

而在 PG 內可以同時存在著多的 input 和 output，再由外部建立 Connection 時來決定要將 FlowFiles 流入到 PG 的哪一個 port。

Step 02 加入 SplitRecord Processor

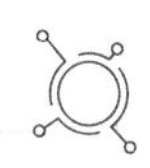

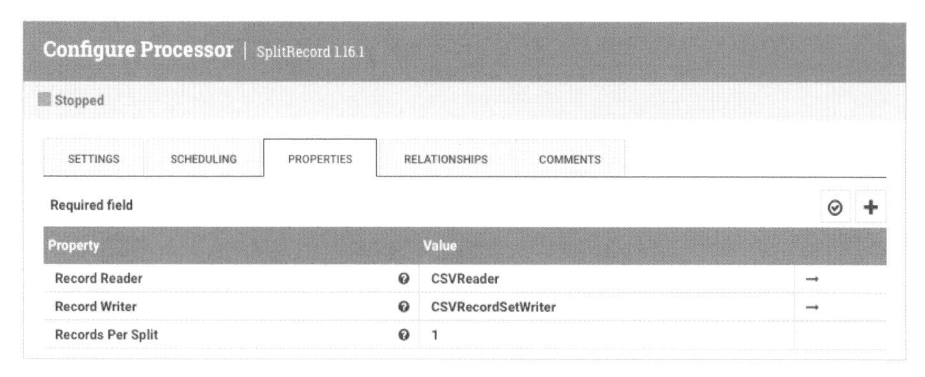

圖 3-4-7　SplitRecord Processor Configuration

該 Processor 在前面有介紹到，主要就是以特定的 format 去讀取 FlowFiles 的 Content，再以另一種 formate 做輸出，並且依據我們指定的行數做資料切割。

Step 03　加入 UpdateRecord Processor

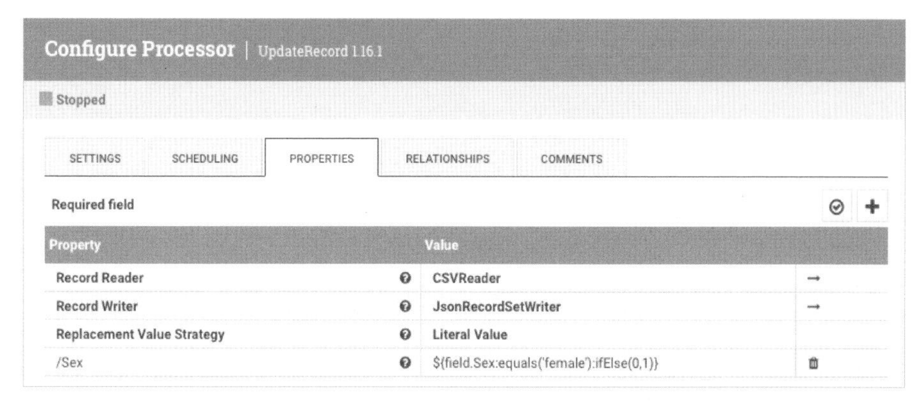

圖 3-4-8　UpdateRecord Processor Configuration

這個 Processor 就是用來更新某一個欄位底下的 Value，如同我們這次的場景希望將 Sex 這個欄位原本的 female 轉成 0、male 轉成 1。這裡一樣有 Reader 和 Writer 要做設定：

- **Record Reader**：這邊一樣使用 CSVReader，因為它前面是接 SplitRecord，SplitRecord 的輸出的 CSVSetWriter，所以這裡一樣同樣以 CSV 做讀取。

◆ **Record Writer**：這邊選用 JsonRecordSetWriter，一樣需要先到 Controller Service 去建立對應的 Writer，選用 Json 是方便後續我們在萃取 Content 成 Attributes 做使用。

此外，這裡是我額外加入的一個名為 /Sex 的參數，Value 呈現如下：

```
${field.Sex:equals('female'):ifElse(0,1)}
```

這個語法是 NiFi 自己的語法，叫做 NiFi Expression Language，是可以幫助我們針對 Flowfiles 的 attributes 和 content 作處理的。詳細的寫法也會在後續第四章節介紹，簡單的意思是我們想要取得 Sex 的欄位，且若底下有 female 這個 value 時轉成 0，否則轉成 1，接著再寫回 Sex 欄位作替代，所以 key 才會是 /Sex (斜線是這個 Processor 的規定，這樣才有辦法找到對應的欄位)。

Step 04　加入 EvaluateJsonPath Processor

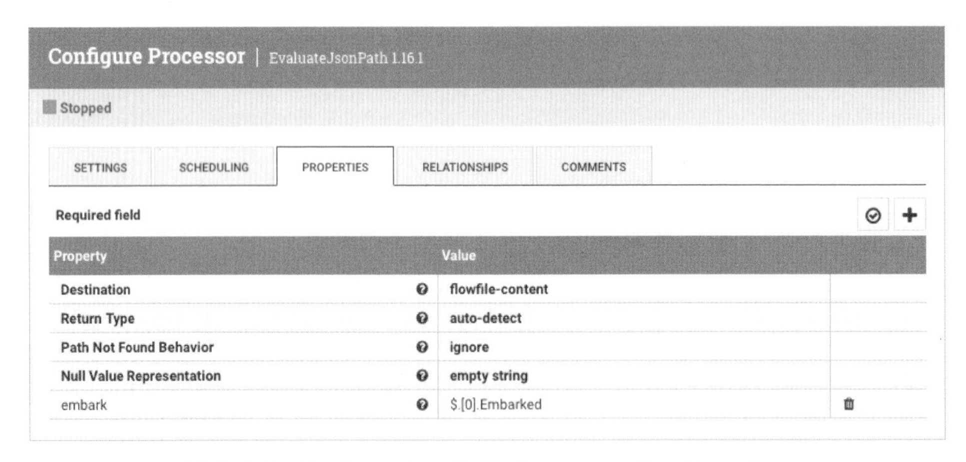

圖 3-4-9　EvaluateJsonPath Processor Configuration

在前一個 UpdateRecord Processor，已將 FlowFiles 轉成 Json 格式，而這邊的 EvaluateJsonPath 就是可以幫我們將 content 的 key 轉成 attributes。舉例來說，假如有一個如下的 content：

```
[{
    "PassengerId":889,
```

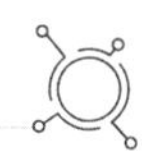

```
    "Survived":0,
    "Pclass":3,
    "Name":"Johnston, Miss. Catherine Helen \"Carrie\"",
    "Sex":"1",
    "Age":null,
    "SibSp":1,
    "Parch":2,
    "Ticket":"W./C. 6607",
    "Fare":23.45,
    "Cabin":null,
    "Embarked":"S"
}]
```

我們就可以透過上圖中的 embark 將特定的 key 轉成 FlowFiles 的 attributes，用法為 **$[0].Embarked**。如此一來經過該 Processor 之後的 FlowFiles，都會多帶一個 embark 的 attributes，value 就會是 content 萃取到的 value，這個例子就會是 S。

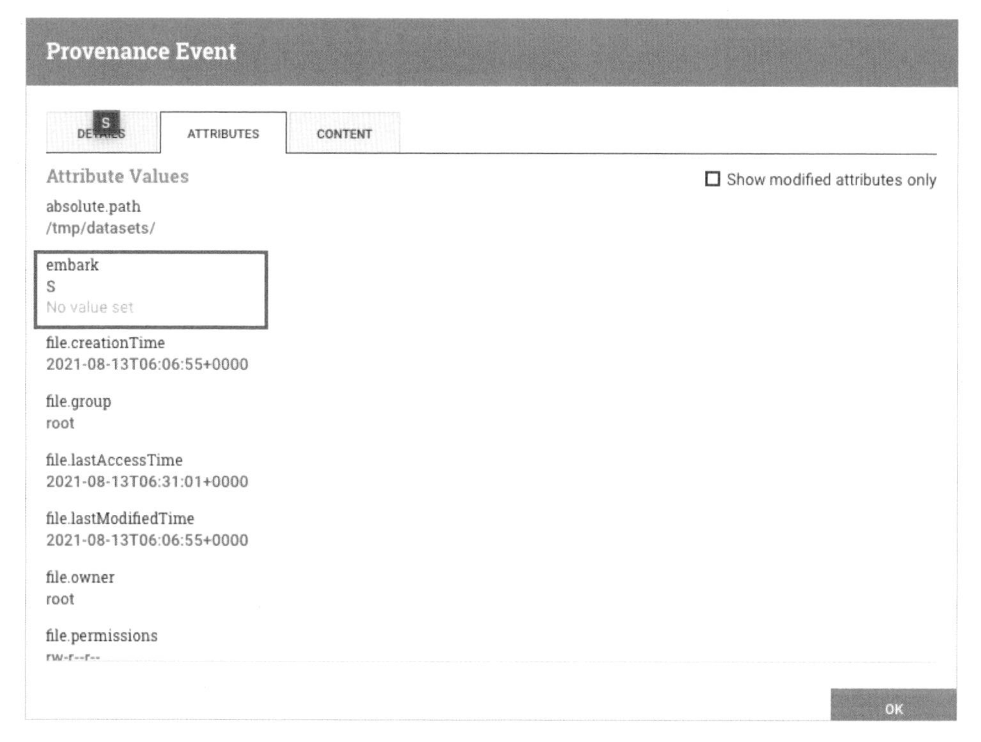

圖 3-4-10　EvaluateJsonPath Processor FlowFiles 的處理後狀況

Step 05 加入 RountOnAttributes Processor

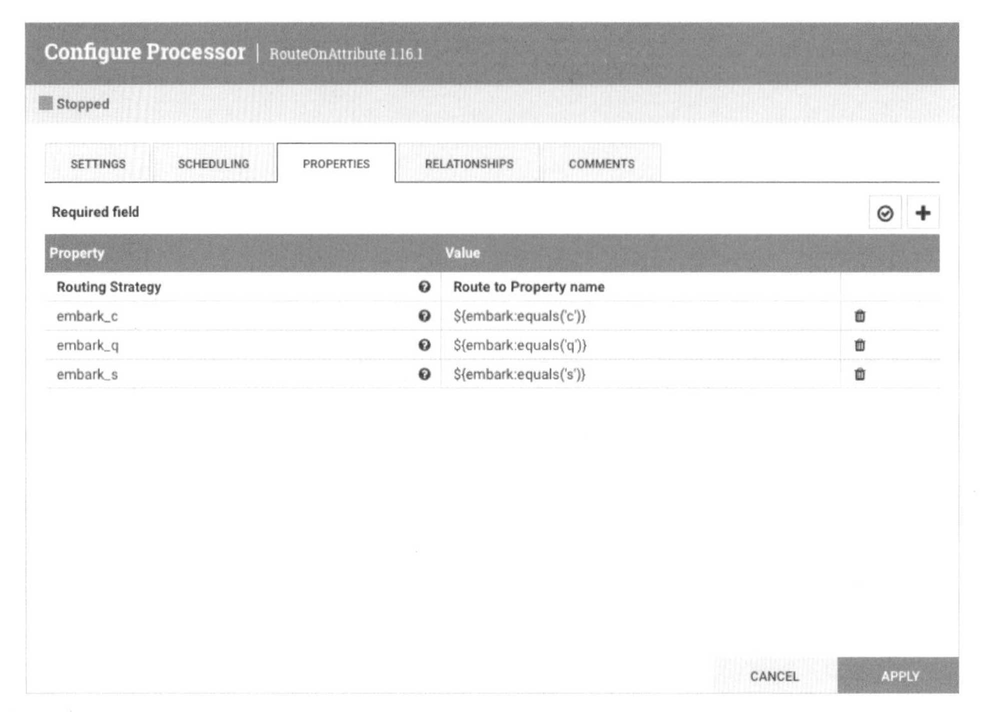

圖 3-4-11 RouteOnAttributes Processor Configuration

RouteOnAttributes 這個 Processor 可以讓我們藉由某個 Attributes 的 Value 來自定義下游的 Connection。依據原先的場景，是需要依據 embark 這個欄位來區分出 Connection，資料中的 embark 僅包含 3 種 Value，所以可以看到上圖中有自定義了三種 Properties，分別是 embark_c、embark_q 和 embark_s，對應的 Value 如下：

```
embark_c: ${embark:equals("C")}
embark_q: ${embark:equals("Q")}
embark_s: ${embark:equals("S")}
```

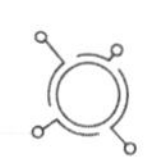

代表著當 embark 的值為 C 時流向 embark_c 的 connection；embark 的值為 Q 時流向 embark_q；最後 embark 的值為 S 則流向 embard_s。當建立完這些 Properties 的時候，點選 RouteOnAttributes 的 Relationship，可以發現這裡新增了自定義的 connection type，如下圖所示：

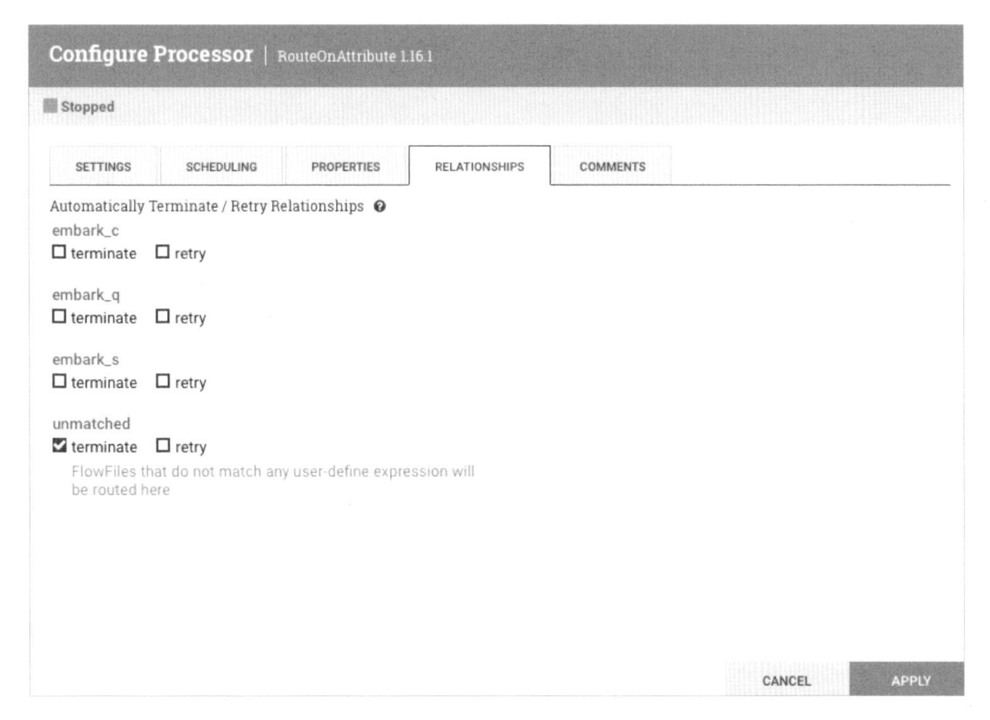

圖 3-4-12　RouteOnAttributes Relationship Configuration

Step 06　對接 Processor Group

一旦建立完 titanic dataset preprocess 這個 processor group 之後，我們要如何將它視為 module 來做重複使用呢？這時候就需要與原先在內部設定的 input 和 output port 來做對接，也就是下圖所呈現的框框處：

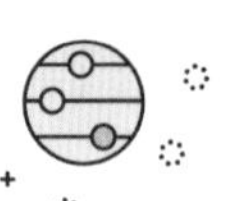

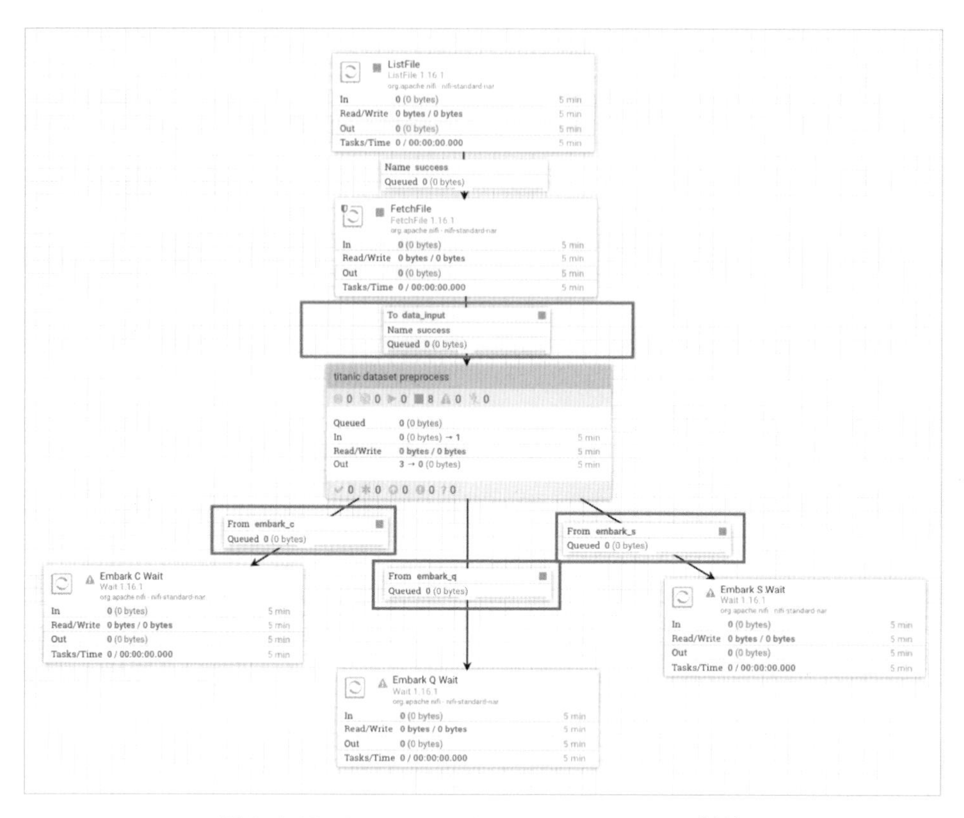

圖 3-4-13　Processor Group Input/Output 對接

接著再如圖 3-4-14 所示，在 Input Port 這側對接時可以選擇哪一種 relationship，以及要對接的是哪一個 Input Port，因為一個 Processor Group 內可以建立多個 Input 和 Output Port，這時候就可以決定要去連結的對應名稱。

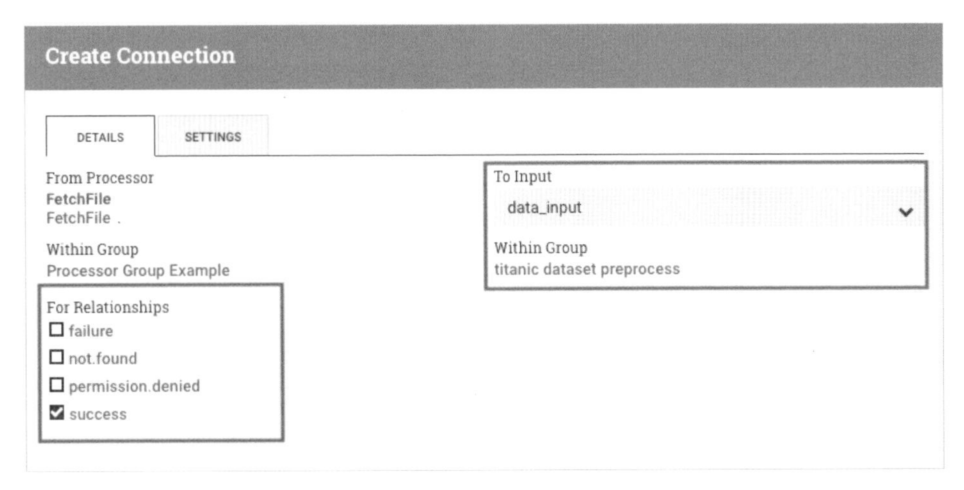

圖 3-4-14　Processor Group Input Port 對接設定

反之，在圖 3-4-15 也可以看到 Output Port 有同樣的原理，我們可以選擇對應的 output 來將 FlowFiles 傳輸到對應的下游任務與 Pipeline，藉此即可做到依據不同的資料做對應的處理邏輯。

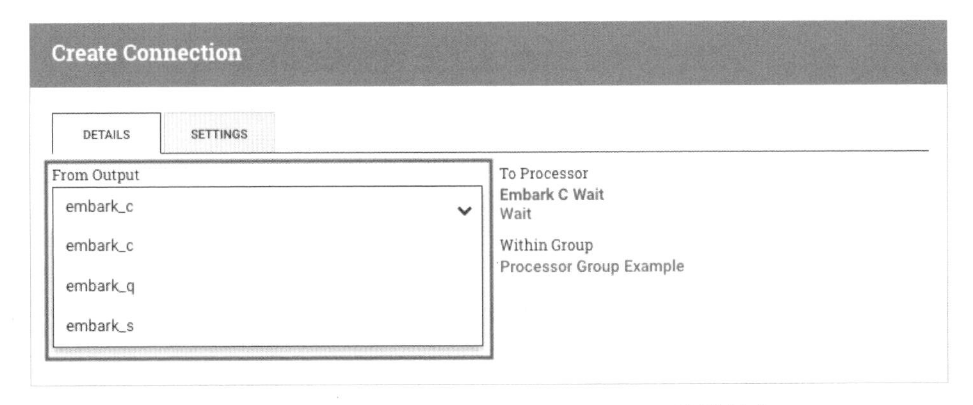

圖 3-4-15　Processor Group Output Port 對接設定

透過這一節的描述，我們可以得知 Processor Group 要如何建立，以及一些細節的設定，還有如何與 Data Pipeline 整合，像是 input 和 output 這些 port 的設定與對接，雖然看起來操作很簡單，但這在 NiFi 中一個非常重要的操作與概念，希望各位若有使用的話一定要將此學習起來，這會幫助你更輕鬆地去組織與建構出有 performance、有可讀性的 Data Pipeline。

3.5 Controller Service 的概念與操作

很多時候我們會需要從 Database、DatawareHouse 或是雲端的服務來取得資料，進而透過我們在 NiFi 建立的 Data Pipeline 來做一連串的處理步驟，最後再寫入到資料載體中。但是如果同時有多個 Data Pipieline 都需要對同一個 DB 或是一個 Datasource 建立多個連線的話，則對於另一端可能會造成不可預期的影響。所以若能透過同一一個 Object 來建立其中的連線，對於 Pipeline 的處理一方面更加單純，另一方面對於提供資料的那一端也不會有太多不必要且重複的網路連線。此外，前面我們也有簡單操作過 Controller Service，有時候我們需要去指定對應的檔案格式去對 FlowFiles 的 Content 做操作時，也需要建立對應的 Reader 和 Writer，像是 CSV、JSON 和 Parquet 等。

3.5.1 與 DB 的連線設定

最常用的是 DBConnectionPool，開發者需要指定 DB 的 JDBC Driver、Class Name 和 Connection URL。例如今天我們需要與 MySQL 做對接時，就需要下載 MySQL JDBC Driver 到 NiFi 的機器上，再去設定對應的設定。下面以 MySQL 作為例子：

Step 01 下載 MySQL JDBC 到 NiFi 所處的機器目錄中

我們可以到 https://mvnrepository.com/artifact/mysql/mysql-connector-java 這個連接去下載對應的 MySQL Version 的 JDBC，這邊會以 8.0.29 的版本作為例子，且下載到 container 中的/opt/jdbc/driver 位置。

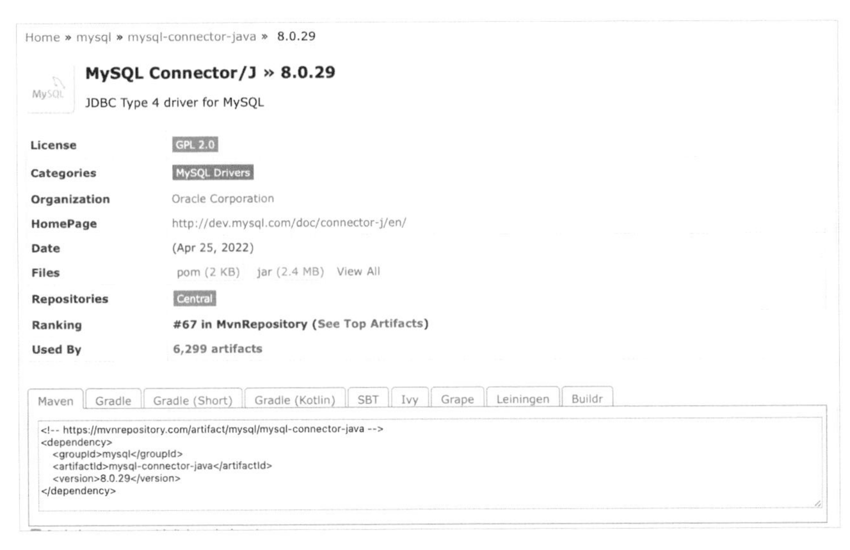

圖 3-5-1　Download MySQL JDBC Driver

Step 02　新增 DBConnectionPool 的 Controller Service

接著回到 NiFi 的服務，在 Controller Service 去新增 DBConnectionPool。若不確定 Controller Service 在哪一個位置，可以參考先前的設定圖。

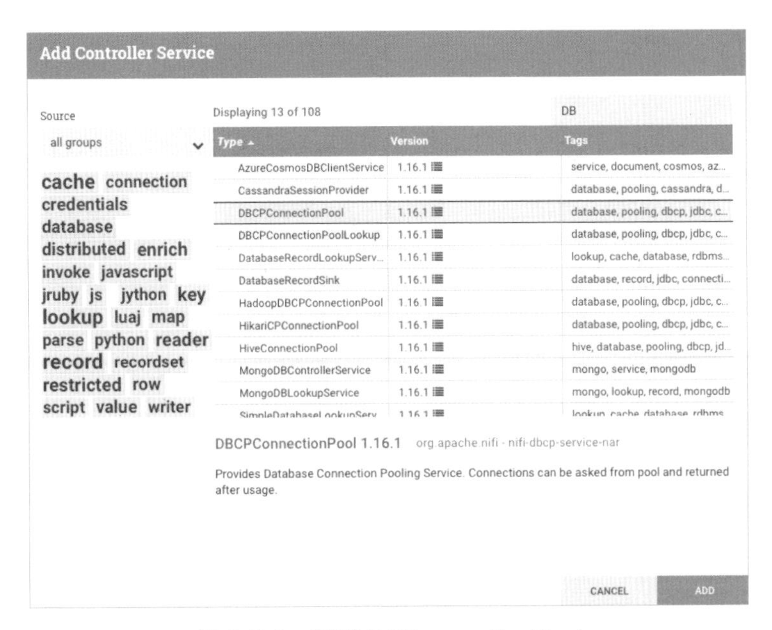

圖 3-5-2　新增 DBConnectionPool

Step 03　設定對應的參數值

建立完 DBConnectionPool 之後，需要設定 Driver Path、Connection URL、Driver Class Name 等參數，這樣啟動時 NiFi 才能對我們目標 DB 做 Connection。我們需要對下圖 3-5-3 的框框做設定：

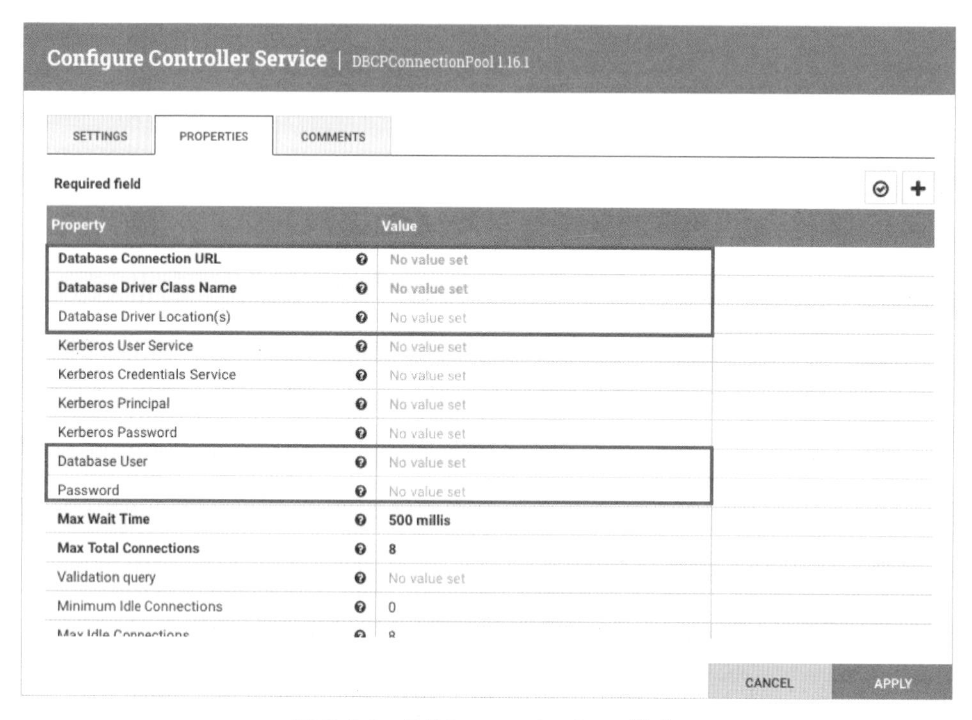

圖 3-5-3　DBConnectionPool 設定

這個 MySQL 的 Database Driver Class Name 是 **com.mysql.jdbc.Driver**，而 Data Driver Location 就是我 Driver 存放的絕對路徑，再來 JDBC Datanase Connection URL 的 Pattern 為 jdbc:mysql://db-endpoint:db-port/db-name，假設我的 MySQL 也是在 localhost、Port 為 3306 且 DB Name 為 test_db。則 JDBC Connection URL 就會是 jdbc:mysql://localhost:3306/test_db。另外，如果 DB 有設置 User 和 Password 的話，也需要在這裡一併設定好，設定完之後應該會如圖 3-5-4 所示：

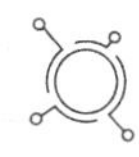

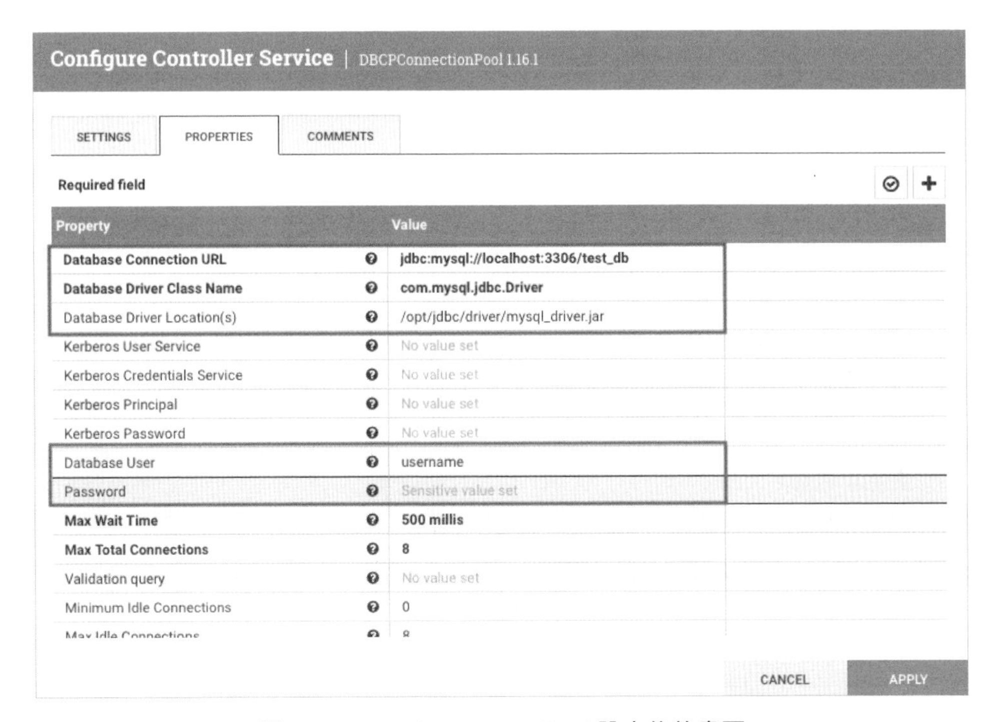

圖 3-5-4　DBConnectionPool 設定後的畫面

當我們設定完之後就可以將 DBConnectionPool Enable 起來，後續就可以在 SQL 相關的 Processor 做引用，就能對 DB 中的 Table 資料做讀取與寫入。這邊後續會有一章節說明 DB 的 Pipeline 建置，會在提到如何引用該 Controller Service。

3.5.2　與 Cloud 服務的 Credentials 設定

除了能夠對 DB 建置 Connection 之外，我們也能對雲端平台做 Connection 建置，例如 AWS、GCP、Azure 等，這邊我們一樣可以從圖 3-5-5 中的框框處看到 Controller Service 包含這些 AWS、Azure 等 Credentials 的設定，以至於我們可以從 NiFi 去對這些平台的服務做資料整合與處理。

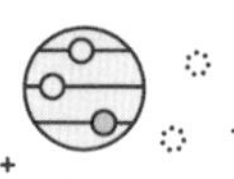

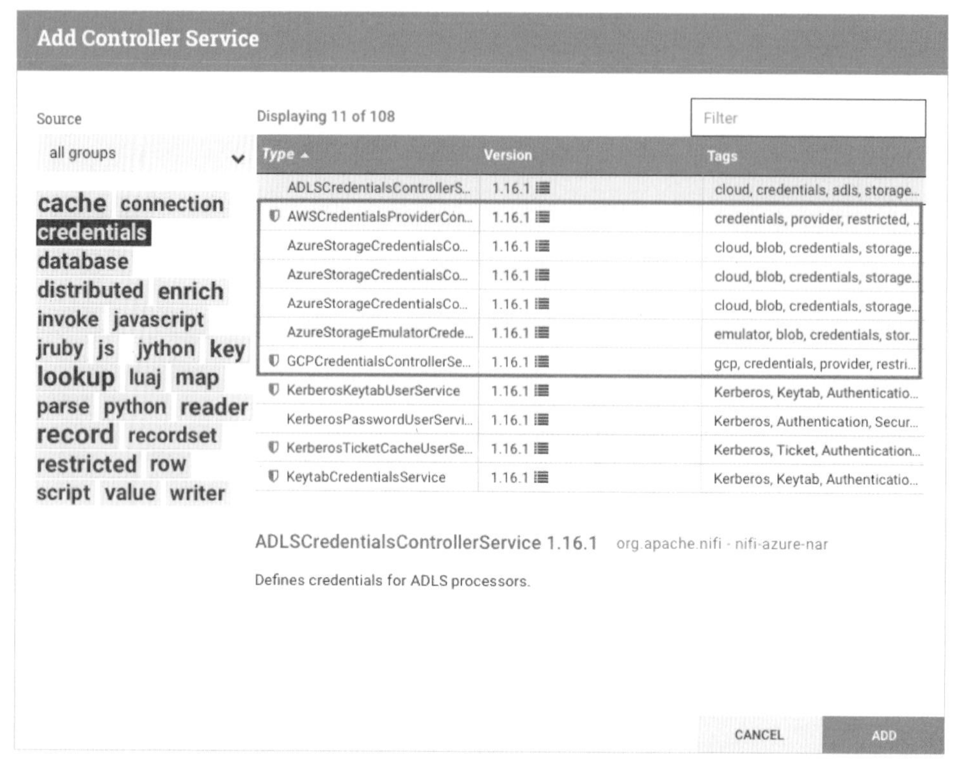

圖 3-5-5　Cloud Credentials 的 Controller Service

我們以 AWSCredentialsProviderControllerService 為例，可以從圖 3-5-6 中的框框處看到需要設定以下 access key ID 和 secret access key，又或者是可以指定 AWS Assume Role 或 Credential Files，讓 NiFi 有權限對 AWS 上的服務做讀取與寫入等操作。

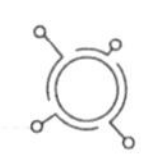

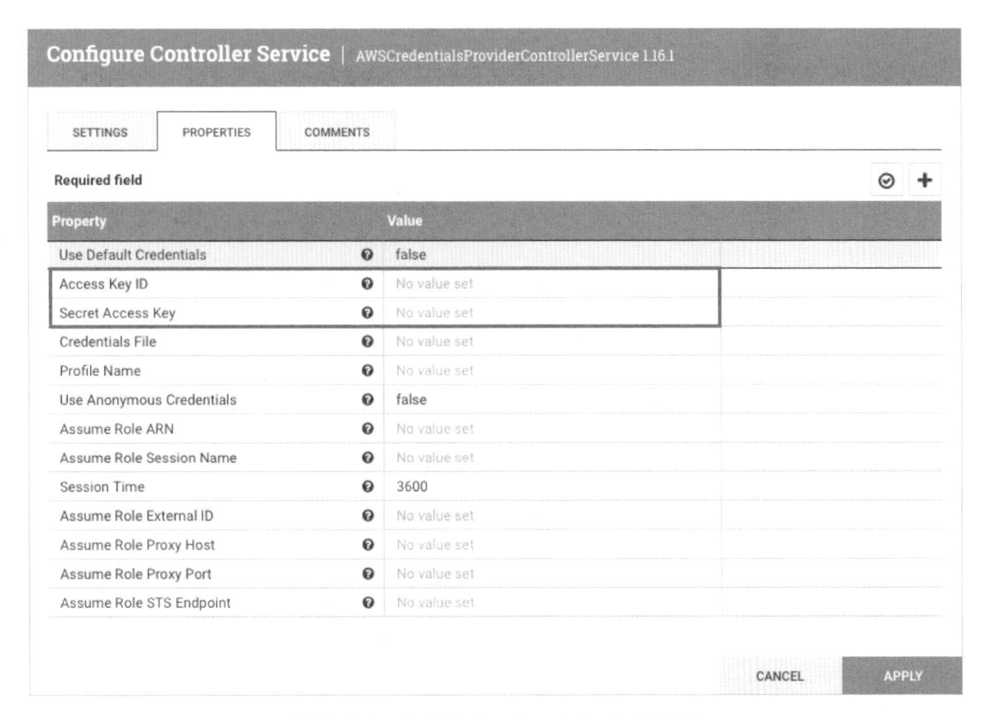

圖 3-5-6　AWS Credentials 的設定圖

後續我們會在第七章介紹如何在 AWS 相關的 Processor 引用 AWS 的 Connection Pool，好讓我們方便從 NiFi 來對像是 S3、Kinesis、SQS 等服務做操作。

3.5.3　讀取或寫入特定的 Format 設定

Controller Service 的另外一種比較常見的用法是針對特定檔案格式的 Reader 和 Writer，讓我們可以去利用對應的檔案格式讀取或寫入檔案。這是我們一開始使用到 Controller Service 的用途，下面列出常見的 Reader 和 Writer 的分類：

- Reader：AvroReader、CsvReader、JsonTreeReader、ParquetReader、XMLReader 等。
- Writer：AvroRecordSetWriter、CSVRecordSetWriter、JsonRecordSetWriter、ParquetRecordSetWriter、XMLRecordSetWriter 等。

3.5.4 Controller Service 在 Processor Group 中有階層關係

階層關係在 Processor Group 中使用 Controller Service 需要多一些留意，為了能夠更清楚地理解這個特性，我們來從圖 3-5-7 的架構來做探討：

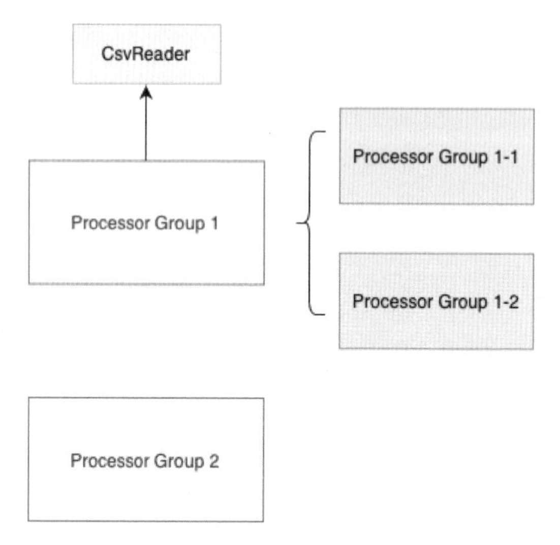

圖 3-5-7　Processor Group 和 Controller Service 關係圖

我假設第一層有兩個 Processor Group，分別是 Group 1 和 Group 2，此時我們在 Group 1 新增了一個 CsvReader 的 Controller Service，在這樣的情況下，Group 1 底下的 Pipeline 或是 Group 1-1 和 Group 1-2 也能引用到 CsvReader。反之，同一層級的 Group 2 因為不隸屬於 Group 1 下 (是一個平行的 Processor Group)，所以就無法引用到 CsvReader 這個 Controller Service；如果 Group 2 也需要該 Controller Service，就必須在 Group 2 建立同樣的 Controller Service 才能運作。

所以我們在 NiFi 設計 Data Pipeline 的時候，需要預想哪些 Controller Service 是可以重複使用的，就只要在最上層設定一次即可，如此一來底下的 Group 都可以引用，對於可維護性也能提升。

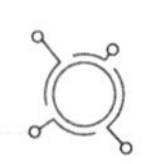

3.5.5 Controller Service 的 Enable

當我們新增與設定完我們需要的 Controller Service 的時候，我們需要將其 Enable 才能讓需要的 Processor 來做引用。我們可以在 Controller Service 的頁面中看到『閃電』的符號，點擊它時會跳出一個 Enable Controller Service 的畫面，如圖 3-5-8 所示：

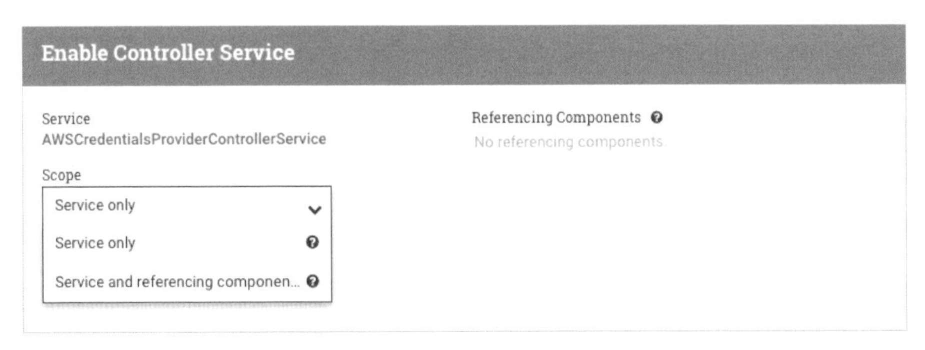

圖 3-5-8　Controller Service Enable 畫面

Enable 之前，我們會看到有兩種 Scope，分別是 Service Only 和 Service and referencing component 兩種，這兩種有不同的功用需要留意：

- **Service Only**：代表只單純啟用這個 Controller Service。
- **Service and referencing component**：這是除了啟用之外，也會把相關應用到的 Processor 狀態也 start 起來。

如果你的 Date Pipeline 是還沒確定可以正式運作、或還在測試階段時，會建議選擇 Service Only 就好，等確定要實施 Pipeline 流程時再自行 Start，避免出現意料之外的問題。

3.6 Templates、Label 和 Funnel 的概念與操作

這節要介紹 Template、Label 和 Funnel 這三個元件，這三個相較於前的來得更加單純，所以統一一次在此節介紹完。

3.6.1 什麼是 Templates？

Templates 可以讓我們將 Data Pipeline 匯出且匯入(XML)到其他的機器與環境上。而操作的單位是 **Processor Group(PG)**。接下來，來快速看一下如何操作吧：

Step 01 Export Templates

首先，在我們要匯出的 PG 點選右鍵，選擇 Create Templates：

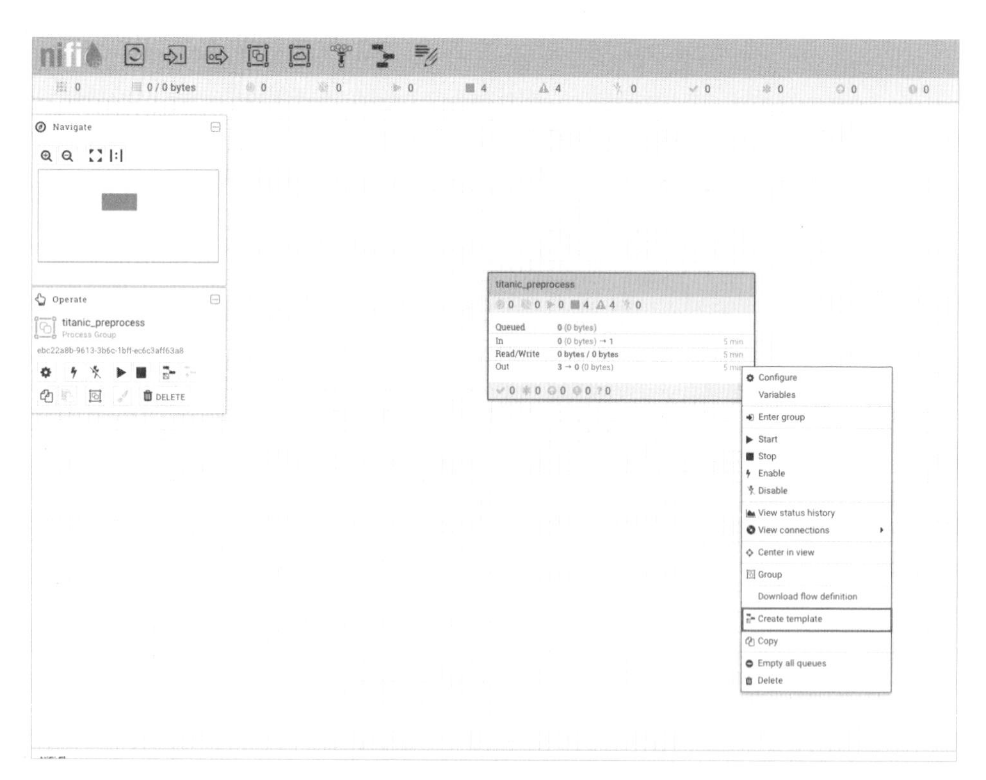

圖 3-6-1 匯出 Templates

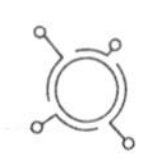

接著就輸入 Template 的 Name 和 Description，輸入完按下 Create，如此一來 NiFi 就會有一份關於這個 PG 的 Templates：

圖 3-6-2　儲存 Templates

Step 02　Download Template XML Files

接著回到 Global Menu，點選 Templates，就能看到剛剛 Create 好的 Template，此時就可以點選如圖右側的框起處 Download，NiFi 就會匯出 XML 檔案：

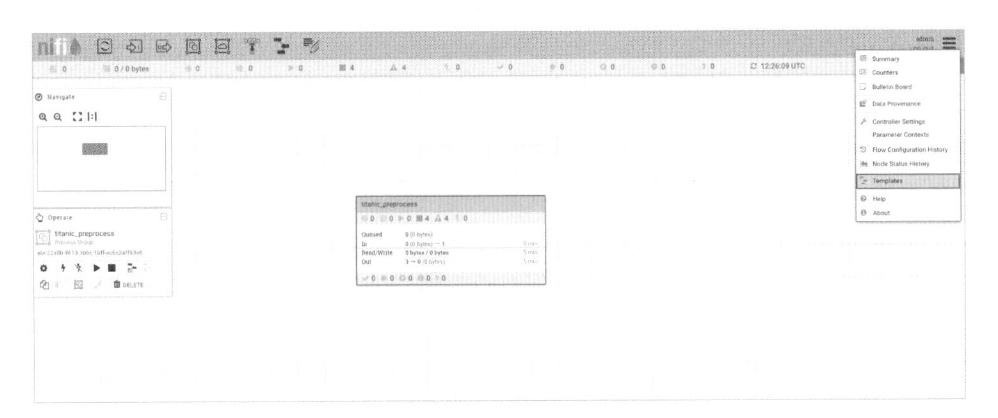

圖 3-6-3　Globsl Menu 的 Templates

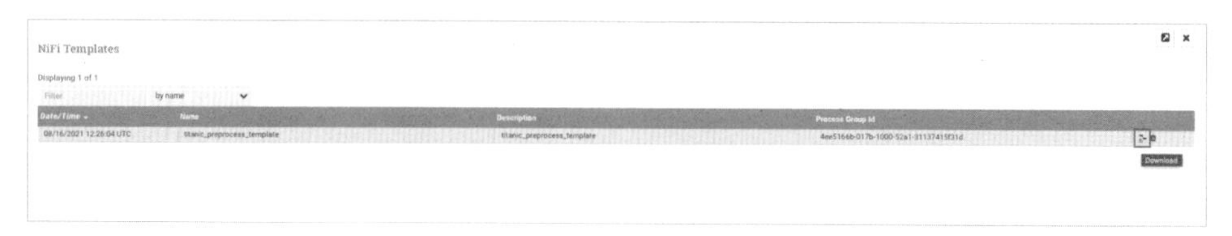

圖 3-6-4　下載 Templates 的 XML File

Step 03　Import Templates

接下來繼續說明如何匯入，一樣我們可以看到主畫面左方框起處有一個類似上傳的 icon：

圖 3-6-5　匯入 Templates 的 XML File

點選完之後，可以透過『放大鏡』來上傳本地端的 XML File。

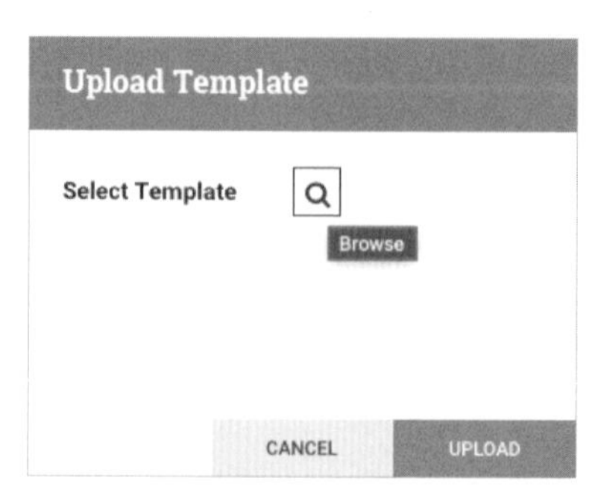

圖 3-6-6　瀏覽且上傳 Templates 的 XML File

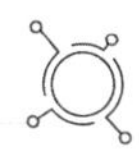

一旦上傳完成之後，我們可以依照圖 3-6-7 將 template 拖拉到空白處的畫面：

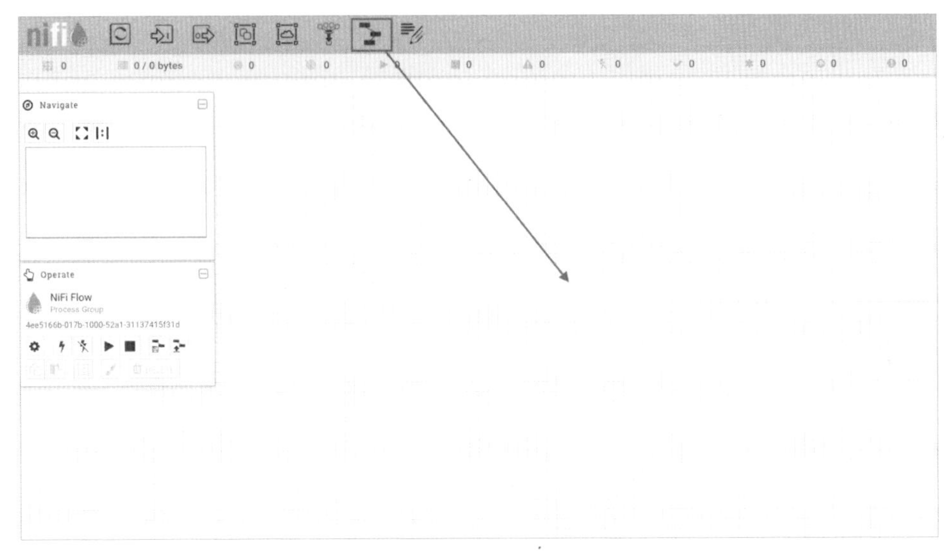

圖 3-6-7　拖拉 Templates

最後就可以看到剛剛上傳的 XML File 所對應的 Template Name，選擇要匯入的名稱就可以加到目前的畫面中，就會看到如圖 3-6-9 所示：

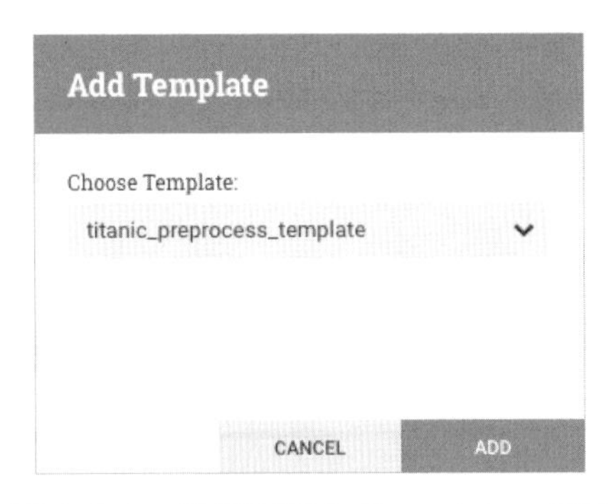

圖 3-6-8　選擇要匯入 Templates 名稱

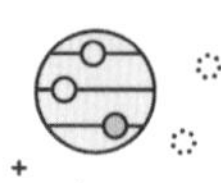

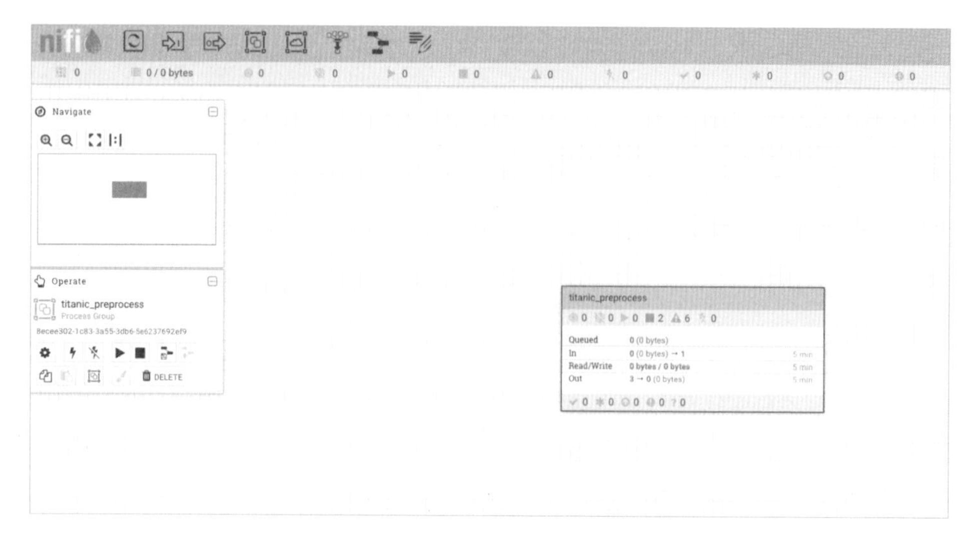

圖 3-6-9　匯入 Templates 後的畫面

關於 Templates 的操作，這邊列出需要留意的地方：

1. 當有很多 Processor Group 需要做轉移時，可以透過 NiFi 原生的 API，或是 NiFi Toolkit 來做自動化匯出，就不需要用手點擊了

2. Templates 會把所有相關的 property 設定一同匯出，但要注意 Controller Service 再匯入到新環境時，會是 Disabled 的狀態，所以當要在使用時記得在 Enabled 起來，詳細的 Enable 操作在前面的小節已教給各位。

3.6.2　什麼是 Labels？

Lable 簡單來說就是個『便利貼』的意思，可以讓使用者提供更多描述這個 PG 或是 Data Pipeline 的說明，操作如下圖所示：

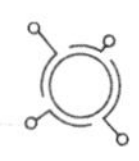

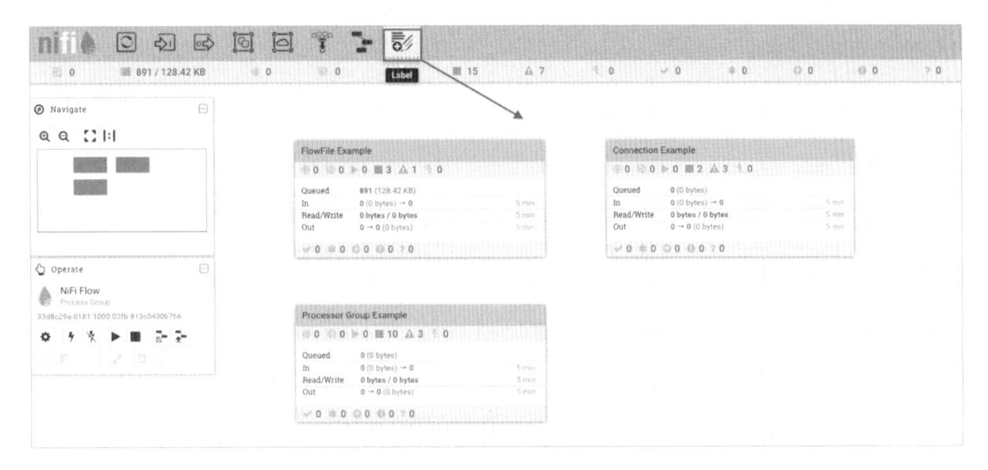

圖 3-6-10　拖拉 Label 元件

圖 3-6-11　增加描述與字型大小

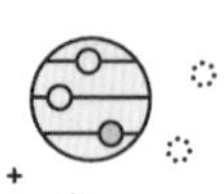

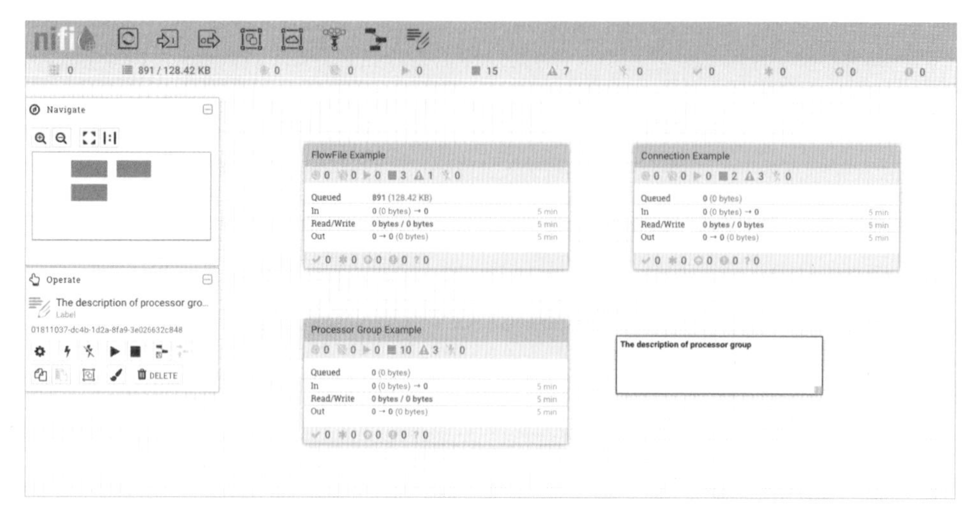

圖 3-6-12　加完 Label 後的畫面呈現

一旦增加完我們的描述之後，就可以擺放在要表示的 Processor Group 或 Pipeline 旁邊，好讓瀏覽者看到時可以一目瞭然該功能的目的等。

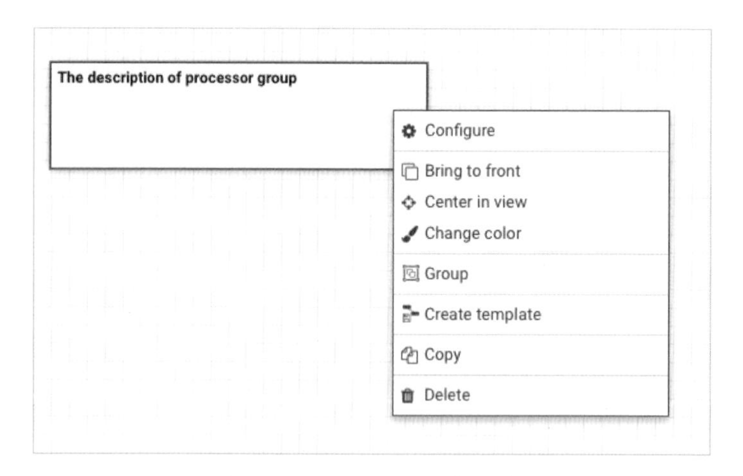

圖 3-6-13　對 Lable 的修改畫面

此外，我們也能對 Label 做一些修改，例如調整顏色、位置等，都可依據我們的場景需求來做對應的調整。

3.6.3 什麼是 Funnel？

在許多的應用場景，我們可能會建立許多 Connection，而且有時候可能指向同一個 Processor。舉例來說，我們可能會做一些監控機制，希望在 Pipeline 當中有問題時，就透過 PutSlack 這個 Processor 來通知到 Slack 的 Channel，它的方式可能長得像下圖框起處這樣：

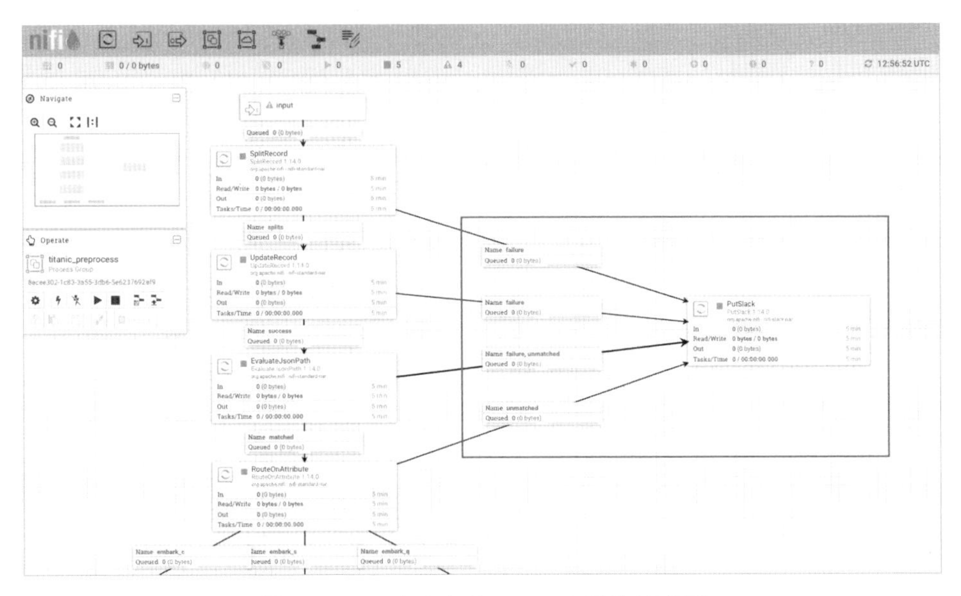

圖 3-6-14　尚未加入 Funnel 前的示意圖

你會發現當 Pipeline 當中 Processor 越多時，對於 **PutSlack** 這個 Processor 來說，Connection 就會很多，進而造成可讀性很差，此時我們就可以透過 Funnel 來美化解決一下：

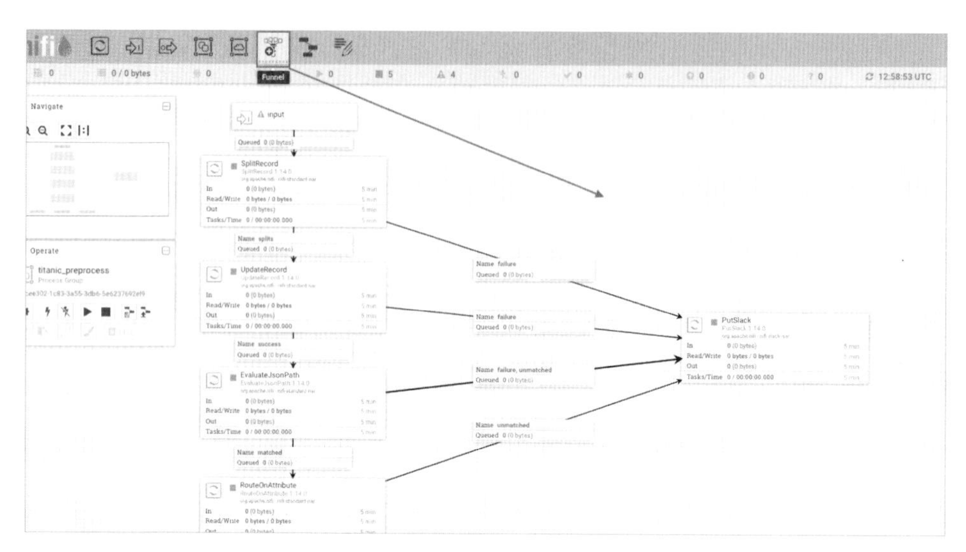

圖 3-6-15　拖拉 Funnel 元件

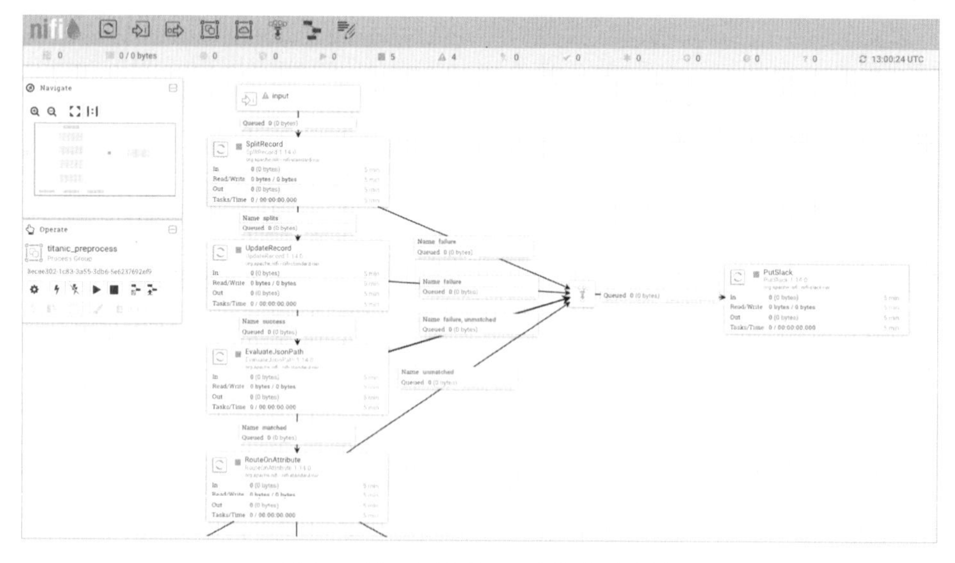

圖 3-6-16　改用 Funnel 後的示意圖

根據圖 3-6-16，我們發現改成用 Funnel 之後，就會看到在 PutSlack 之前有一個 Funnel 來接收全部的 Connection，後續再統一成一條對接到 PutSlack 即可，對於在 Pipeline 上的排版以及可讀性能夠提升不少。

3.7 NiFi Registry 的概念與操作

前面第 2 章有介紹到 NiFi Registry 的功能以及其架構，主要就是讓我們的 Data Pipeline 可以做到版本控制，並且以 Processor Group 作為單位來處理。這節我們將會看到如何去做整合設定以及操作，經過操作之後對於 NiFi 的版控處理一定能更加熟悉。

3.7.1 對接 NiFi Registry

在開始要使用 NiFi Registry 之前，首先要先來設定好 NiFi Registry 的位置，這樣 NiFi 才知道該將版控放到哪一個地方。首先一樣先來看一下主畫面，如圖 3-7-1 所示在 Global Menu 點選 Controller Setting：

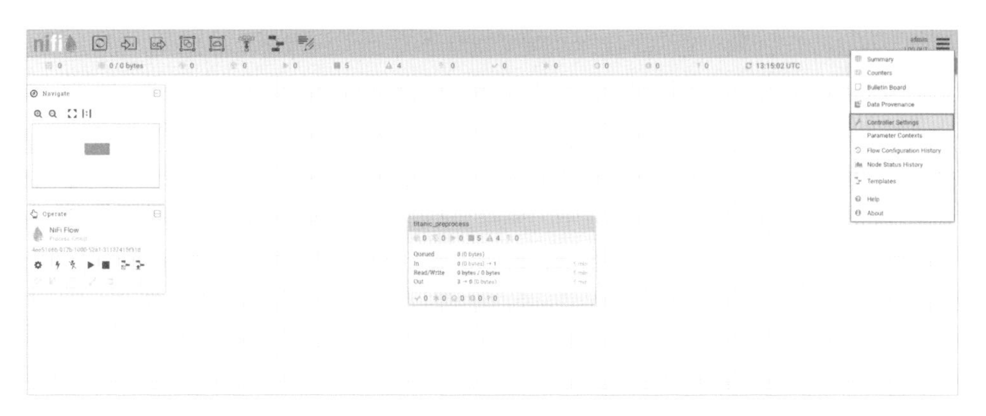

圖 3-7-1　在 Controller Settings 設定 NiFi Registry

接著參考圖 3-7-2，在 Registry Client 做新增 Registry 的動作：

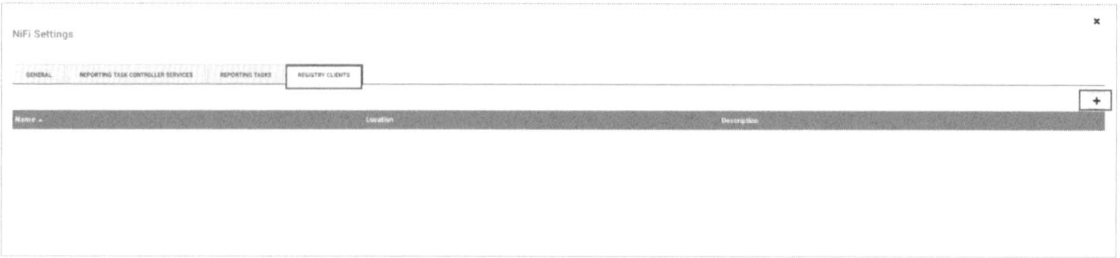

圖 3-7-2　建立 Registry Client

一旦新增之後，會需要填寫 Registry 的 Name 和 URL。如果使用 Docker 建立 NiFi 和 NiFi Registry 的話，請確保將這 NiFi 和 NiFi Registry 的服務設定在同一個網路下，所以採用 172.17.0.1 來指定 NiFi Registry 的位置。如果是直接安裝在同一機器上的話，可以使用 localhost 來做設定。然而，NiFi Registry 的預設 Port 為 18080，這邊再填寫 URL 也務必記得帶上 Port：

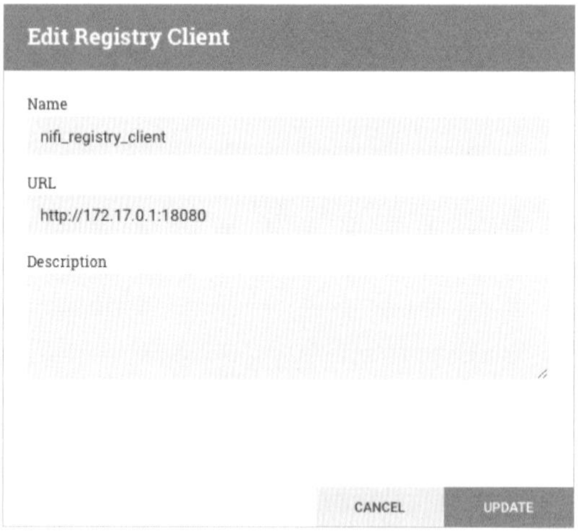

圖 3-7-3　設定 NiFi Registry 的 URL 與名稱

3.7.2　操作 NiFi Registry

一旦將 NiFi Registry 服務建立完成之後，可點選 https://localhost:18080/nifi-registry 來確認是否有圖 3-7-4 的首頁畫面，有如期呈現應該就是沒問

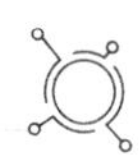

題了。接下來這節會開始介紹一些 NiFi Registry 上的基本操作，讓讀者們能夠清楚知道版控的流程。

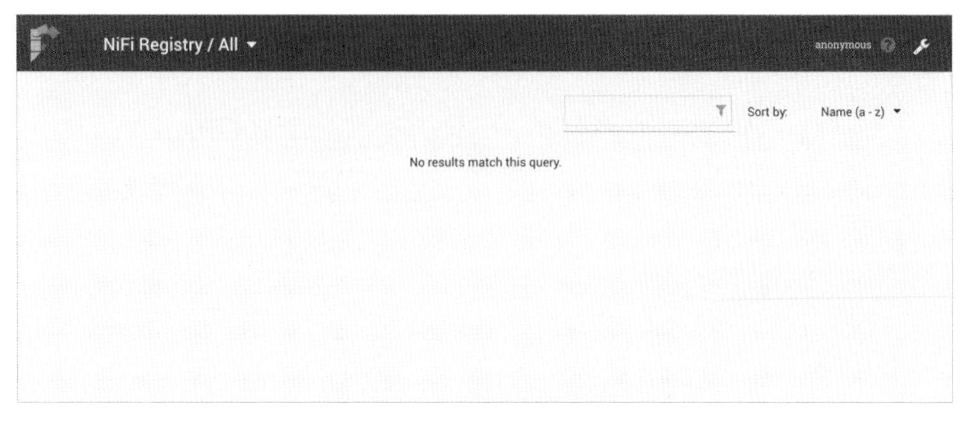

圖 3-7-4　NiFi Registry 首頁

Step 01　建立 Bucket

首先要先建立 Bucket，類似於 Git 的 Repository，底下能版控多個 Processor Group，因此我們先參考圖 3-7-5 點選 NEW BUCKET 建立：

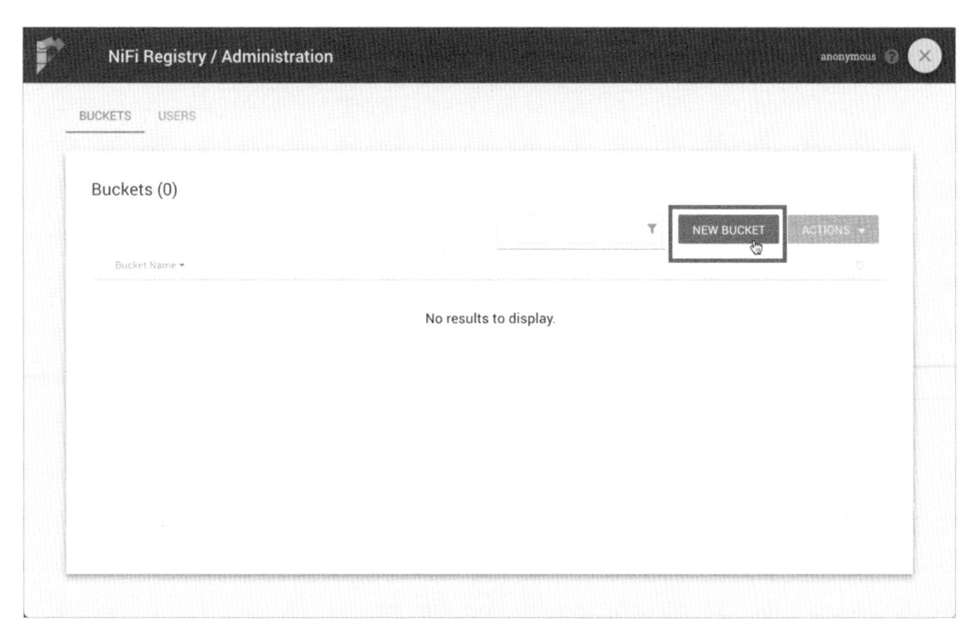

圖 3-7-5　NiFi Registry 建立 Bucket

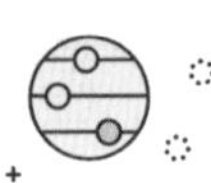

當我們點選 NEW BUCKET 時，會跳出以下畫面，接著輸入 Bucket Name，這邊我輸入 test 為例：

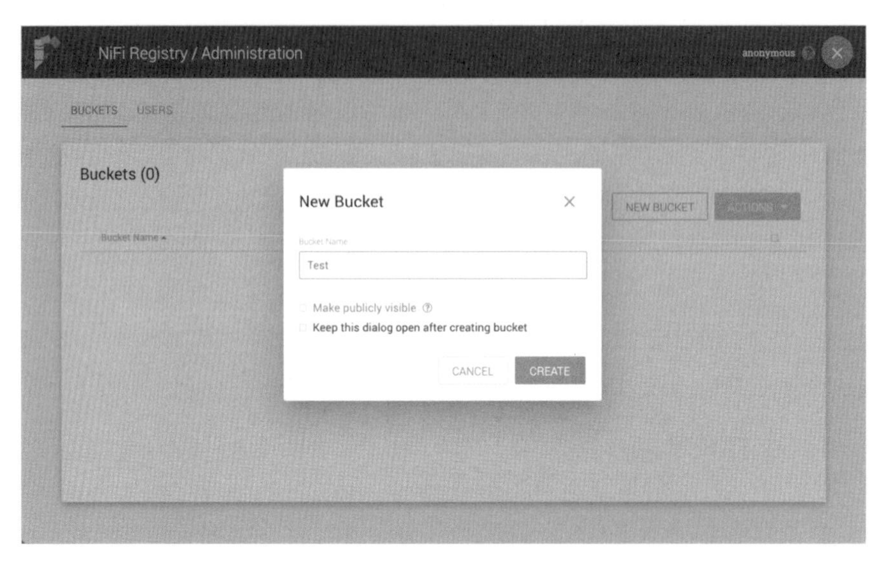

圖 3-7-6　NiFi Registry Bucket 設定畫面

接著剛剛原本的畫面，就可以看到我們剛剛所建立的新 Bucket：

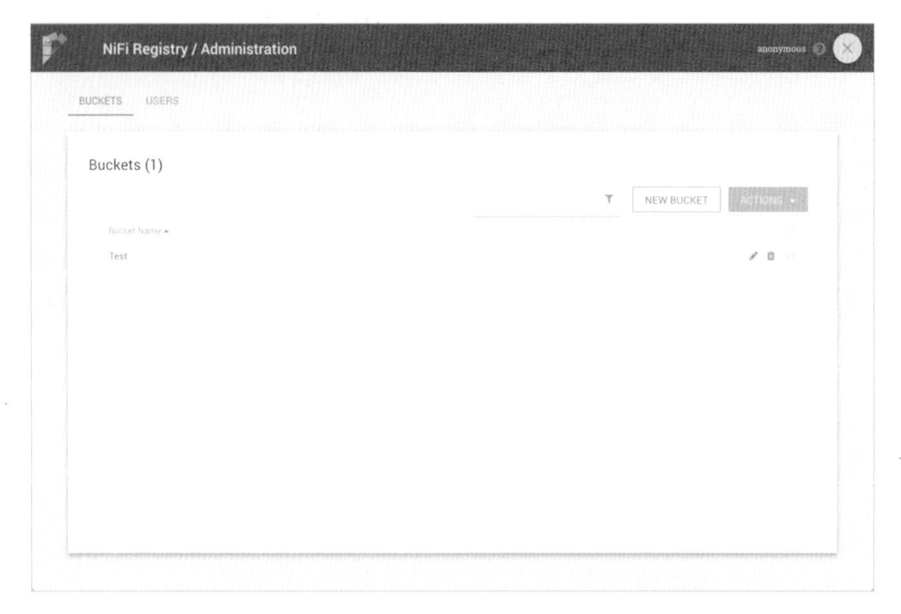

圖 3-7-7　NiFi Registry 建立完 Bucket 的畫面

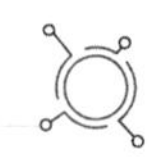

Step 02 開始版控

在開始做版控之前，請大家務必記得版控的最小單位是 Processor Group，稍後的操作都會是以 Processor Group 作為出發點來做設定。首先看到圖 3-7-8，我們在要做版控的 PG 點擊右鍵，可以看到 Version → Start Version Control：

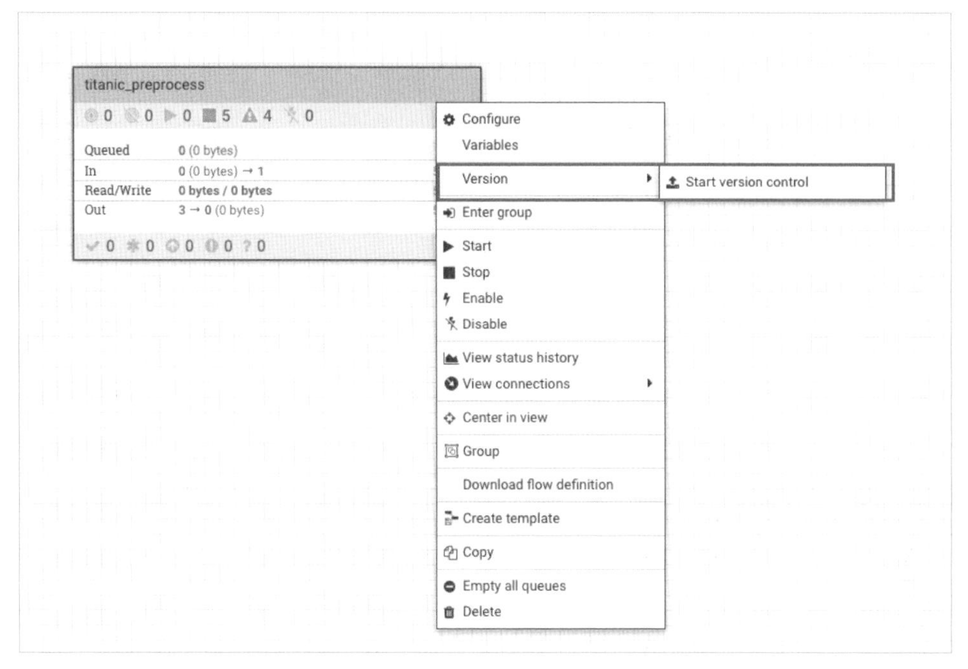

圖 3-7-8 NiFi Registry 開始版控的設定

接著我們會看到圖 3-7-9 的畫面，需要做一些設定：

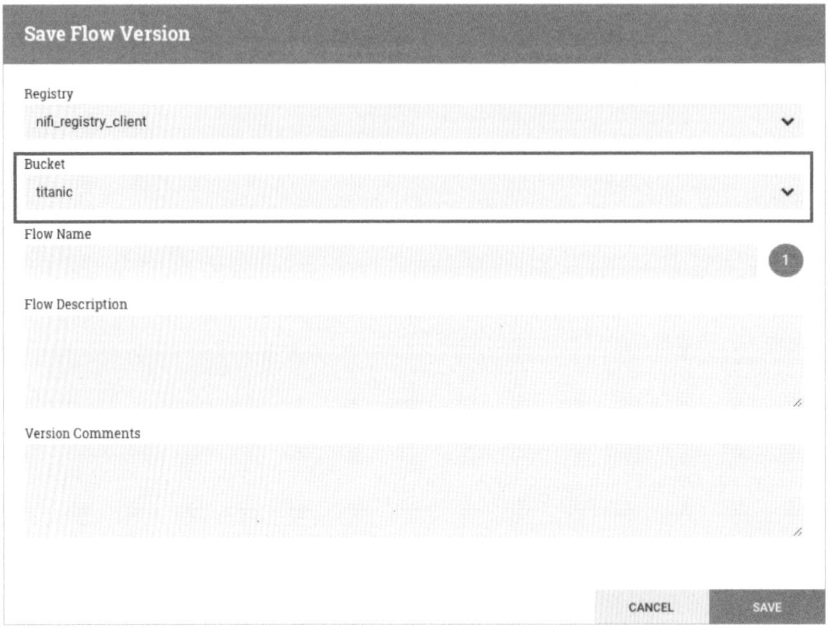

Save Flow Version

Registry

nifi_registry_client

Bucket

titanic

Flow Name

1

Flow Description

Version Comments

CANCEL SAVE

圖 3-7-9　NiFi Registry 開始版控的參數設定

參數的介紹說明如下：

- Registry：選擇剛剛建立好的 Registry Client。
- Bucket：選擇要做版控的 Bucket Name。
- Flow Name：通常會以 Processor Group 一樣的 Name，只有在一開始的設定需要指定該 Value。
- Flow Descrtiption：對於該 Processor Group (Flow) 的一些專案描述。
- Version Comments：這次要提交的 comments，類似我們在 git commit -m "" "" 後面所帶上的訊息描述。

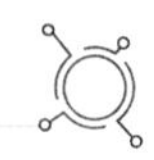

再來當我們按下 Save，會看到 Processor Group 會多一個綠色打勾的符號 (圖 3-7-10 所示)，就代表 Commit 成功且開始進入到版控模式：

titanic_preprocess

0 0 0 2 6 0

Queued	0 (0 bytes)	
In	0 (0 bytes) → 1	5 min
Read/Write	0 bytes / 0 bytes	5 min
Out	3 → 0 (0 bytes)	5 min

0 0 0 0 0

圖 3-7-10　Processor Group 開始版控之後的畫面

再回過頭來到 NiFi Registry，就可以在圖 3-7-11 看到我們剛剛 commit 的結果：

圖 3-7-11　NiFi Registry 開始版控之後的畫面

透過上面的操作，我們就可以知道對 Data Pipeline 做版本控制，簡單步驟整理如下：

- 設定好 NiFi Registry 位置
- 於 NiFi Registry 建立 Bucket
- 對你想要做版控的 PG 進行 Start Version Controll
- 寫下 Naming 和 Comment
- 最後 commit 到 NiFi Registry 即可完成

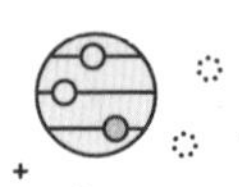

Step 03 提交新的版本

如果我們後續又對這個 PG 做了一些修正，像是參數、Processor 或是 Controller Service 的調整等，NiFi 會自動偵測到目前『已不是』最新的版本了，此時會發現到 PG 的符號變成了**黑色米字號 (圖)**：

✱ titanic_preprocess

0 0 0 2 6 0

Queued	0 (0 bytes)	
In	0 (0 bytes) → 1	5 min
Read/Write	0 bytes / 0 bytes	5 min
Out	3 → 0 (0 bytes)	5 min

✔ 0 ✱ 0 0 0 ? 0

圖 3-7-12　有異動之後的 Processor Group 狀況

此時就代表我們若修改完成時，要再提交一個版本上去，這時候再點擊右鍵時會看到 Version 底下的狀態不一樣了，多出了三種選擇，分別是 Commit local changes、Show local changes 和 Revert local changes：

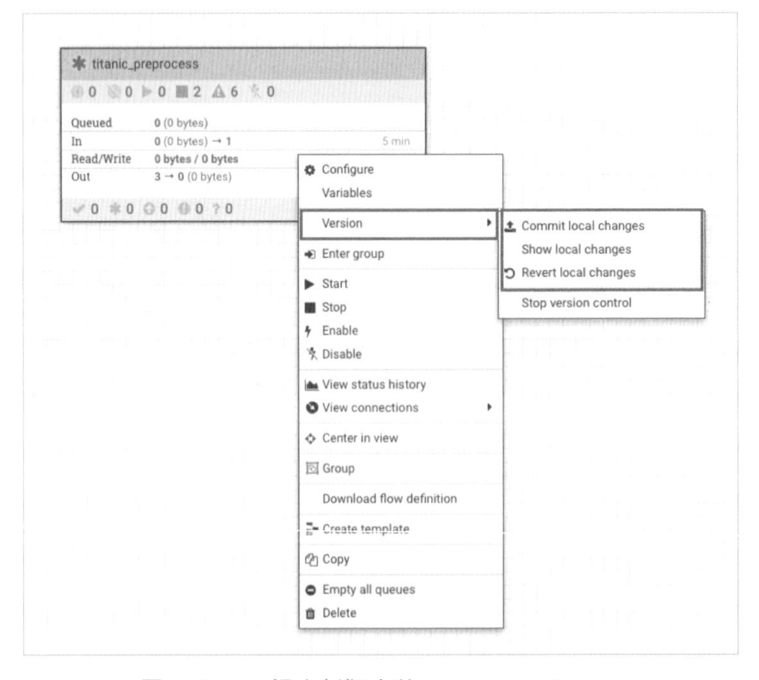

圖 3-7-13　提交新版本的 Processor Group

上述這三個選項的功能如下：

◆ **Commit local changes**

這就是 commit 你剛剛修正完的東西到 NiFi Registry，接著你會發現這次只要輸入 comment 即可 (如圖 3-7-14 所示)

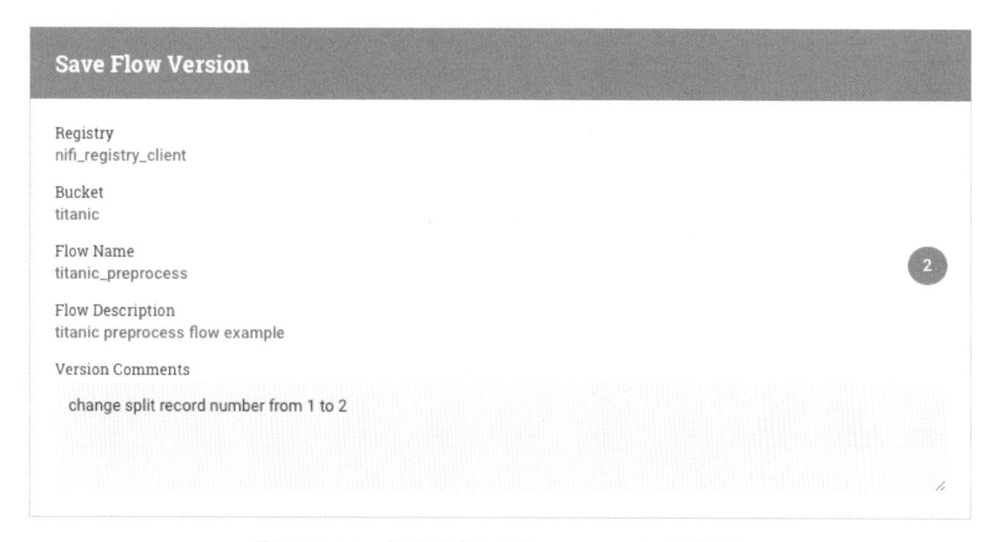

圖 3-7-14　提交新版本的 comments 示意圖

◆ **Show local changes**

會呈現出這次的修正包含哪一些，會像如下圖 3-7-15 所呈現的畫面：

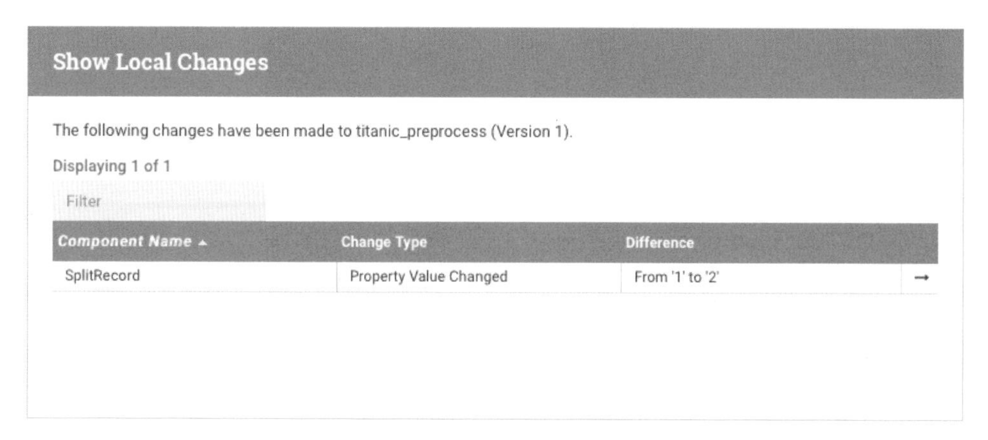

圖 3-7-15　呈現目前改版本的調整

◆ **Revert local changes**

這個功能最單純，會直接取消這次的修正，直接回到最新版的狀況。這邊的最新版的定義則是以 NiFi Registry 的最後一個版本作為最新版的依據。

Step 04 切換特定版本

除了能夠提交版本之外，有時候我們可能會需要切換到先前的某一個版本來做使用與調整，而 NiFi Registry 也支援切換到特定的版本，在 Processor Group 為最新的版本狀況下 (也就是沒有做任何更動)，點選 Version 時可以看到一個 Change version 的功能，如圖 3-7-16 所示：

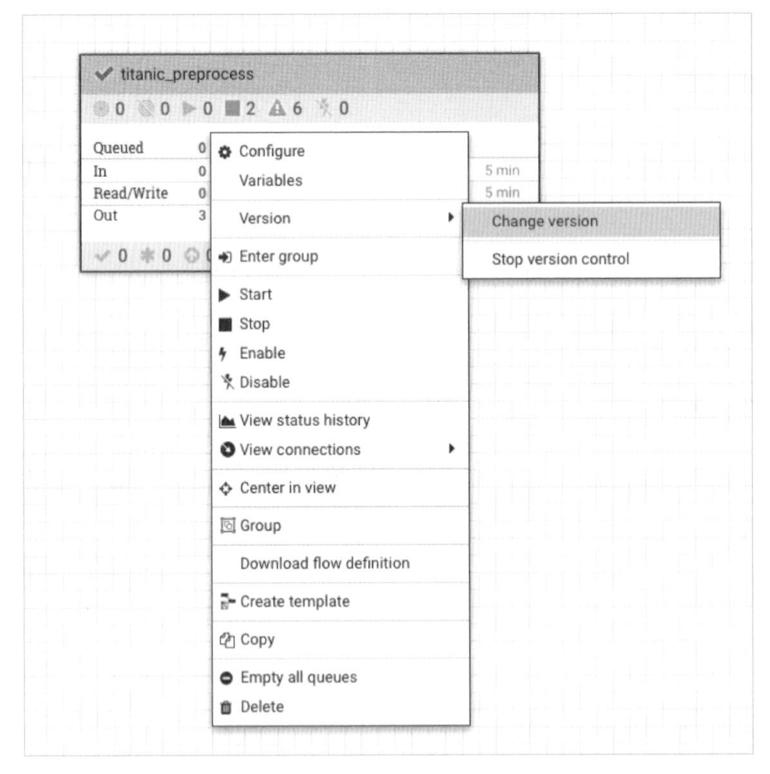

圖 3-7-16 Processor Group 的 Change version

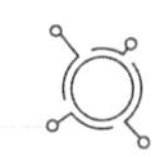

我們可以看到過往的 Comments，接著點選想要退到的版本與 Comments，按下 Change，Processor Group 就會回到當下那個版本的狀態了：

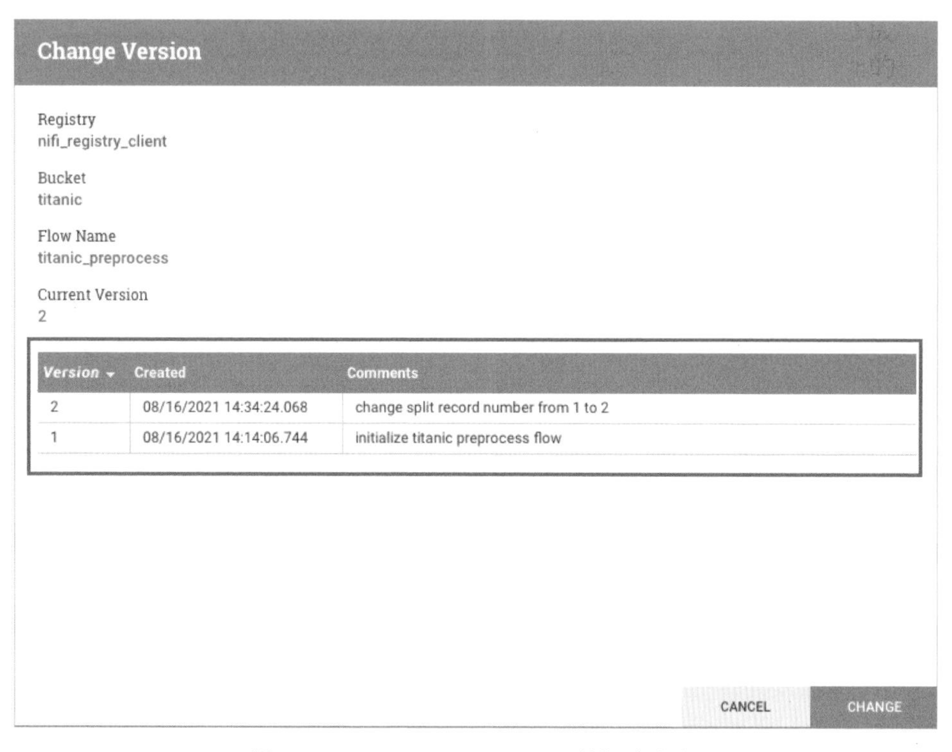

圖 3-7-17　Processor Group 的版本指定

3.8　小結

本章介紹了非常多的內容，包含 Flowfiles、Processor、Connection、Processor Group、Templates、Label、Funnel 和 NiFi Registry 等元件，所以內容與頁數也相對比較多，透過這樣循序漸進的方式來慢慢建立在 Apache NiFi 的操作觀念與原則，勢必對於後續章節更進階地應用能夠打下一個良好的基礎。

下一章會開始介紹讀者關於 Variables 和 Parameters 的差別，這對於 FlowFiles 的資料流有很大的關係，也會提到 NiFi 本身的語法 NiFi Expression Language，能夠讓我們對於 attributes 的設計與操作充滿彈性。

04

chapter

Apache NiFi 的語法

在前一章，我們花了很大的篇幅來介紹 Apache NiFi 的基本元件所有概念與操作，想必讀者們現在對於 Apache NiFi 的流程有一定的認識。本章主要介紹在 Apache NiFi 操作的原生語法，透過 NiFi 自身的語法其實可以達到一些目的，包含像是設定抽象化、Attribute 的上下游傳遞等，學會 NiFi 的語法和特性，可以使我們在每一個 Processor 的實作上能夠更加順利，也更能夠知道接下來的 FlowFiles 會產生哪些資訊給後續的任務做使用。

4.1 Variables 和 Parameters 的範圍與差異

一開始我們先來介紹 Apache NiFi 中的 Variables 和 Parameters 的概念，如果讀者們還記得 FlowFiles 在 Data Pipieline 的流動時，上一個 Processor 所產生的 attributes 或 content 是會帶到下一個 Processor 繼續作處理，此時我們要如何對這些 attributes 來做引用呢？此外，在一些場景當中如果有些 attributes 的 value 是可以重複做使用的，我們並不希望每次都在做重複的設定，就會十分花時間也不容易做管理與維護。為了解決上述這些問題，Variables 和 Parameters 就扮演著一個重要的角色。

4.1.1 Parameters 介紹

Parameters 可以想像成我們定義了一組 config，在 Apache NiFi 又稱 Parametes Contexts，而這組 Parameter Contexts 當中會有許多 key-value 的設定值，然後 Processor Group 就可以對接這組 Parameter Contexts，藉此這個 Processor Group 底下的所有 Processor 即可運用裡面的 key 所對應的 value 設定值來做使用。但一組 Processor Group 只能對接一組 Parameter Contexts，而 Parameter Contexts 是具備繼承的關係，因此子層的 Parameter Contexts 可以包含到父層 Parameters Contexts 中 key-value。這樣的描述或許還無法想像，我們來透過實作來進一步地理解。

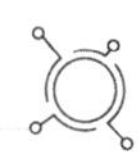

Step 01 設定 Parameters Context

首先，我們可以在主畫面點選 Global Menu 內的 Parameter Contexts：

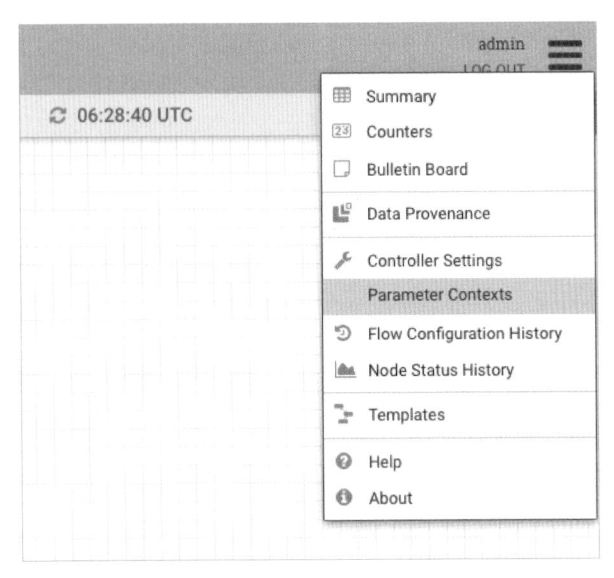

圖 4-1-1 設定 Parameter Contexts 示意圖

Step 02 新增 Parameter Contexts

接著我們建立一個新的 Parameter Contexts，待會來用在先前的 titanic preprocess 的 Processor Group 做使用：

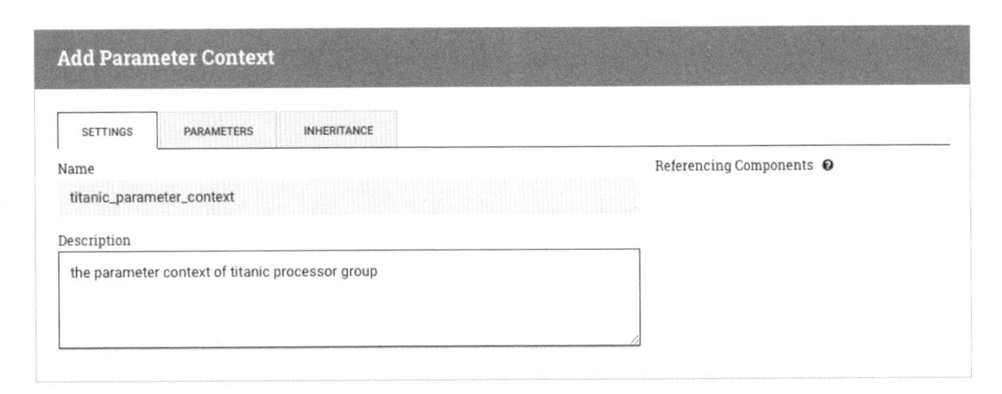

圖 4-1-2 新增 Parameter Contexts 示意圖

Step 03　新增 Parameter Contexts 下的 key-value

接著選擇第二個的 Parameters 的 Tab (如圖 4-1-3 所示)，這邊可以以 key-value 來新增我們的 config。接著參考圖 4-1-4，假設這邊加入一個 data_path 的 key，value 為 /tmp/data (原始資料存放的 folder path)：

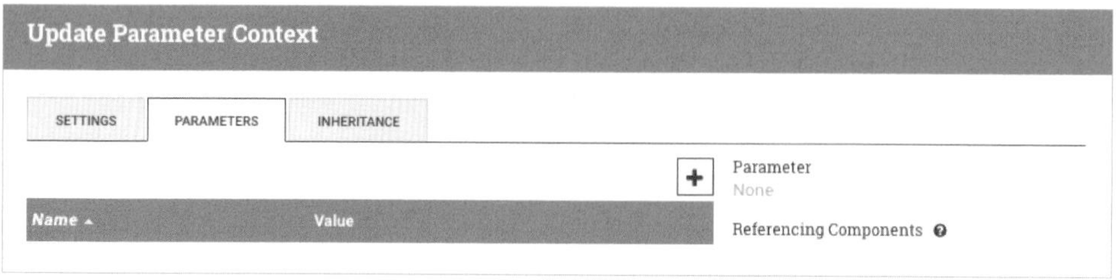

Update Parameter Context

SETTINGS　PARAMETERS　INHERITANCE

Name　Value

Parameter
None

Referencing Components

圖 4-1-3　新增 Parameter 的主畫面

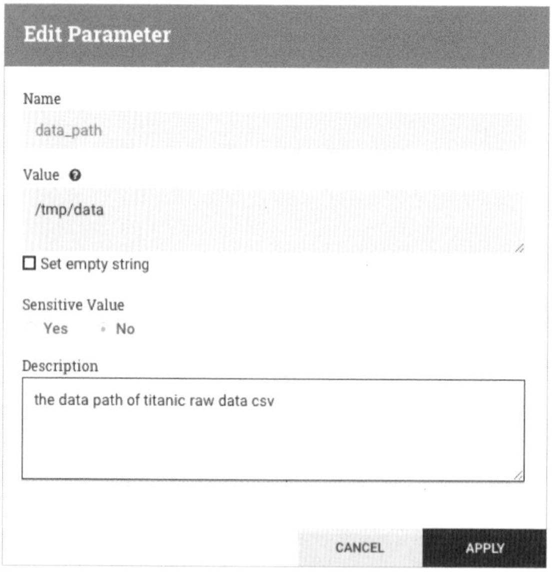

Edit Parameter

Name
data_path

Value
/tmp/data

Set empty string

Sensitive Value
Yes　No

Description
the data path of titanic raw data csv

CANCEL　APPLY

圖 4-1-4　新增 data_path 的參數在 Parameter Contexts

其中，若使用者認為這個 value 是屬於敏感性資料的話，你可以勾選 Sensitive Value 為 Yes，NiFi 就會幫這個 Value 作隱藏且加密。接下來，加入完成之後，就可以看到剛剛建立的這組 Parameters Contexts 底下有一個 key: data_path 且 value: /tmp/data，最後我們就可以 Apply 來儲存：

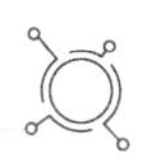

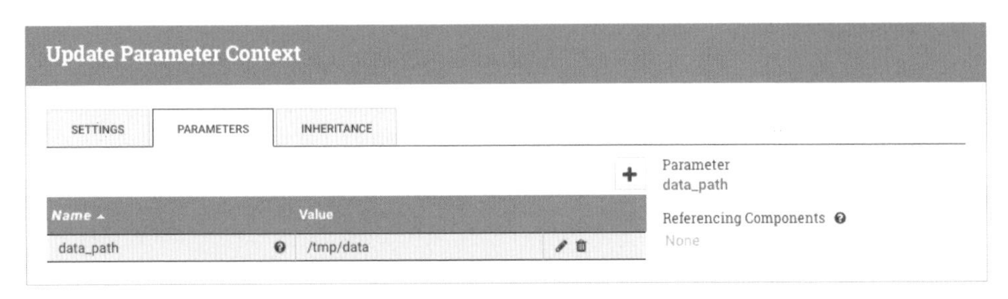

圖 4-1-5　加入 data_path 後的畫面

Step 04　對接需要的 Processor Group

設定完名為 titanic_parameter_context 之後，接著就是要綁定到我們要用的 Processor Group，要如何做呢？需要先點選我們 Processor Group 的 Configure，如下圖所示：

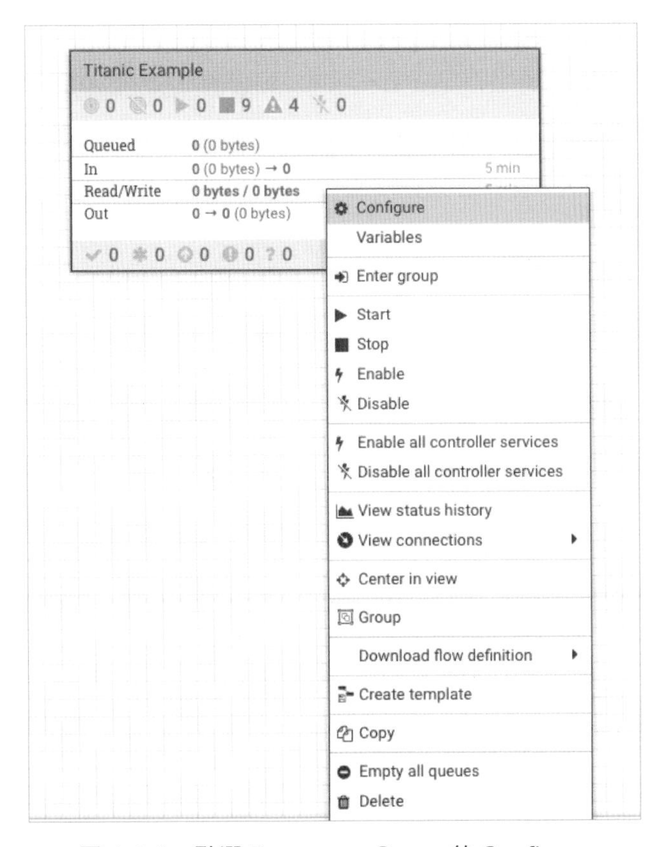

圖 4-1-6　點選 Processor Group 的 Configure

接著可以在 Processor Group Parameter Context 看到我們剛剛建立的 titanic_parameter_context，從這邊的操作上就可以知道一個 Processor Group 只能綁定一個 Parameter Contexts，無法綁定多個。一旦指定完成，就按下 Apply 即可套用到該 Processor Group：

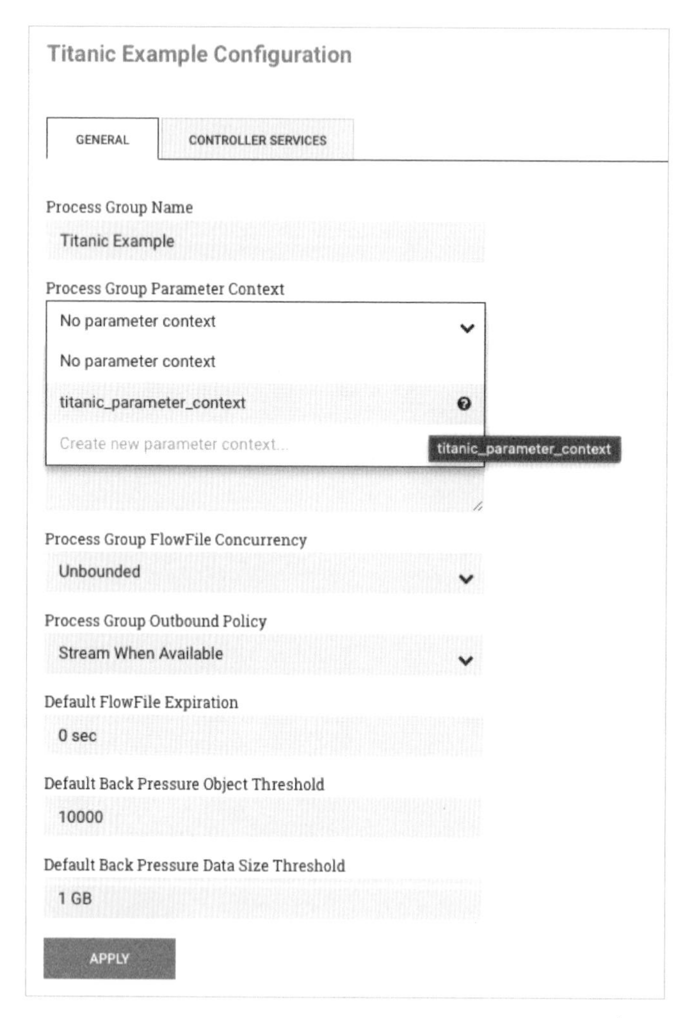

圖 4-1-7　選擇剛剛建立的 Parameter Contexts

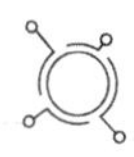

Step 05 開始使用 Parameter Contexts 中的參數

設定完成之後，就可以採用 titanic_parameter_context 底下的 Parameter 參數。該如何做使用呢？其實要使用在 NiFi 是有對應的語法，是透過 # 這個符號來做使用，如下：

```
#{parameter_key}
```

舉例來說，我們在 titanic 的 Processor Group 中的 ListFile 使用 data_path 這個參數，就會變得如下圖所示：

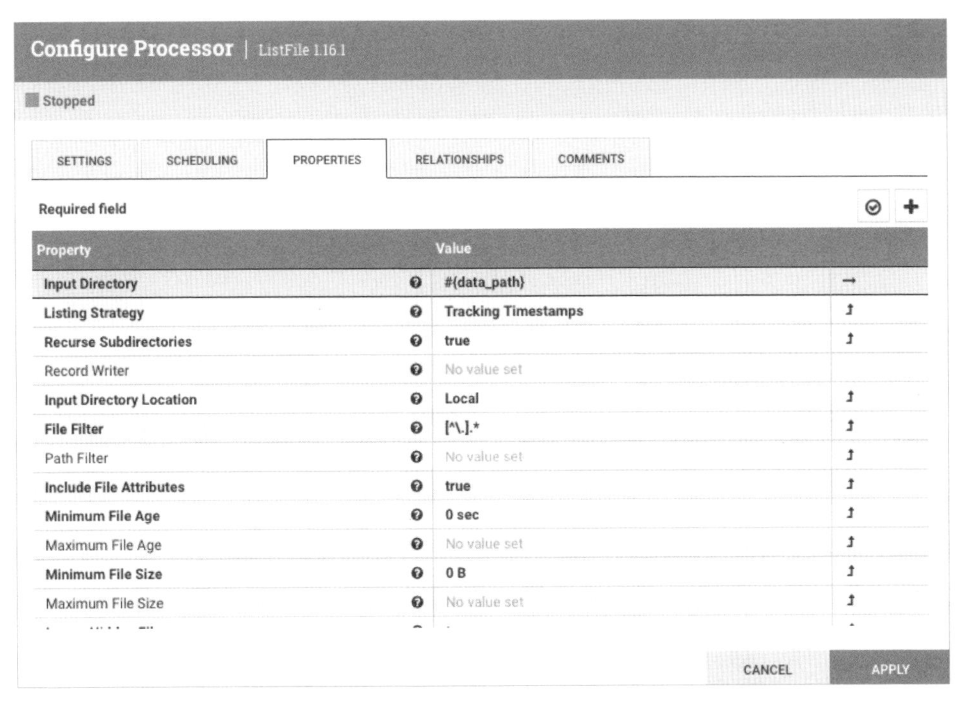

圖 4-1-8 將 Input Directory 改成用 Parameters 設定

如此一來，Apache NiFi 就會把對應的 value (/tmp/data) 傳入進去，就可運作這個 Processor 了。這樣的操作是不是很簡單！所以我們可以想像一個 Data Pipeline 會有它專屬自己的一組 config，裡面可能是會重複使用的 value，這時候我們就可以透過 Parameter Contexts 來做設定與對接，這樣回來再修正時就不需要一個一個改，同時也可做好統一管理的功能。

Step 06　Parameter Contexts 的繼承

在一開始我們有特別提到 Parameter Contexts 有繼承的功能，可以將一些參數做繼承，會這樣做的目的一方面有些參數大家都會共用，但有些參數有只能給少數或特定的 Processor Group 來做使用。若透過繼承的方式來做處理的話，就可以容易管理我們的 config 參數。就像我們在做程式開發時，也會適時將 config 做層級的劃分以便容易擴充與管理。

那在 Apache NiFi 要如何做到呢？首先我們先建立一個新的 Parameter Context (詳細步驟請參考前面的步驟) 且名為 titanic2，可以在設定中的第 3 個 Inheritance tab 指定要繼承的 Parameter Contexts Name，所以這邊就直接拖拉我們一開始建立的 titanic_parameter_context 到 SelectedParameter Context。這裡如果有多個 Contexts 存在的話，也可以拖拉多個 Context，但要注意 Key 的命名不可以重複。

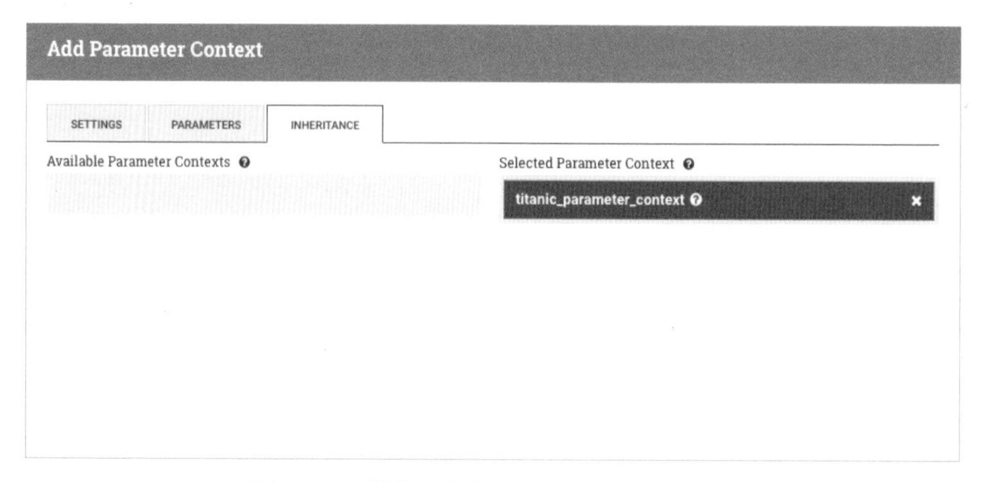

圖 4-1-9　繼承計有的 Parameter Contexts

接著設定完之後，我們在把 titanic Processor Group 的 Parameter Context 切換成新的 titanic2，再執行一次 Pipeline。會發現仍可以運作正常，ListProcessor 原先的#{data_path} 拿到參數值的就是 titanic2 所繼承的 Contexts 內所設定的參數值。

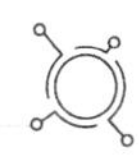

Titanic Example Configuration

GENERAL | CONTROLLER SERVICES

Process Group Name
Titanic Example

Process Group Parameter Context
titanic_parameter_context
No parameter context
titanic2
titanic_parameter_context titanic2
Create new parameter context...

Process Group FlowFile Concurrency
Unbounded

Process Group Outbound Policy
Stream When Available

Default FlowFile Expiration
0 sec

Default Back Pressure Object Threshold
10000

Default Back Pressure Data Size Threshold
1 GB

APPLY

圖 4-1-10　套用新的 Parameter Context - titanic2

4.1.2 Variables 介紹

Variables 的操作比 Parameters 更加單純，因為通常是用來使用上游 Processor 所帶下來的 attributes。它的語法只跟 paramaters 有些微的差異，就是改透過 $ 來做引用：

```
${attribute_name}
```

這邊我們直接檢視原先的 titanic 這個 Pipline 中的 FetchFile 這個 Processor (圖 4-1-11)。可以看到在 File to Fetch 這個 Property 的 Value 是由兩個 Variables 所產生，分別是 absolute.path 和 filename：

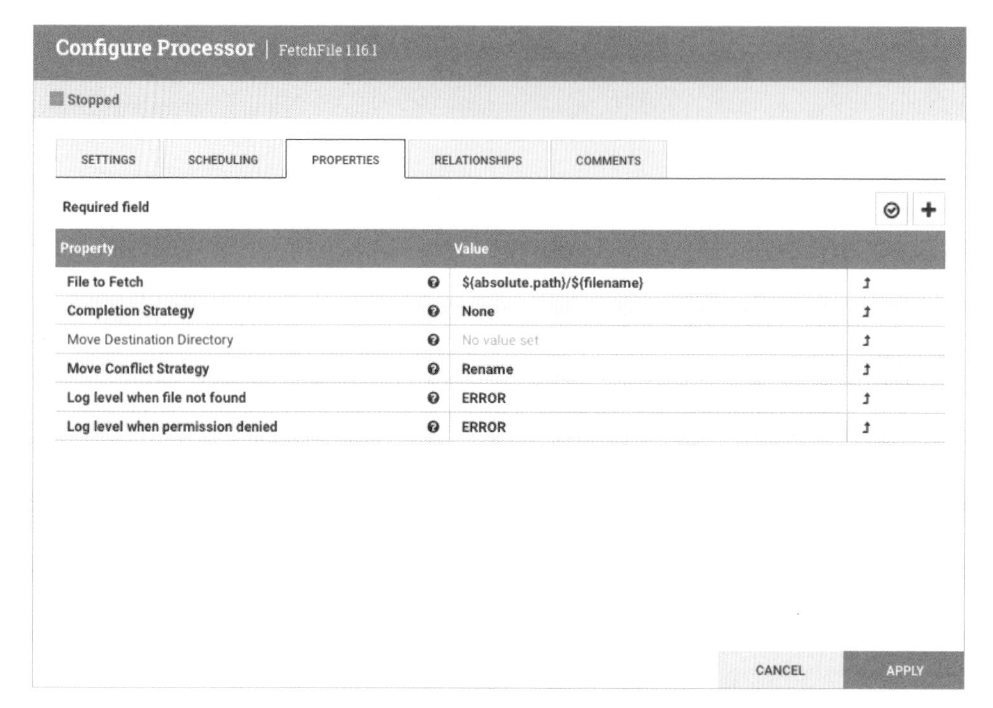

圖 4-1-11　FetchFile Properties 示意圖

absolute.path 和 filename 這兩個 attributes 是由前一個 ListFile Processor 所產生的，我們可以執行一次接著檢視 Data Provenance，可以看到從 ListFile 出來 FlowFiles 的 attributes 會有這兩個值 (分別圖 4-1-12 和圖 4-1-13)：

Provenance Event

DETAILS | ATTRIBUTES | CONTENT

Attribute Values

☐ Show modified attributes only

absolute.path
/tmp/data/
No value set

file.creationTime
2022-06-13T07:26:16+0000
No value set

file.group
nifi
No value set

file.lastAccessTime
2022-06-13T07:36:46+0000
No value set

file.lastModifiedTime
2022-06-13T07:26:16+0000
No value set

file.owner
nifi
No value set

圖 4-1-12　absolute.path attribute 示意

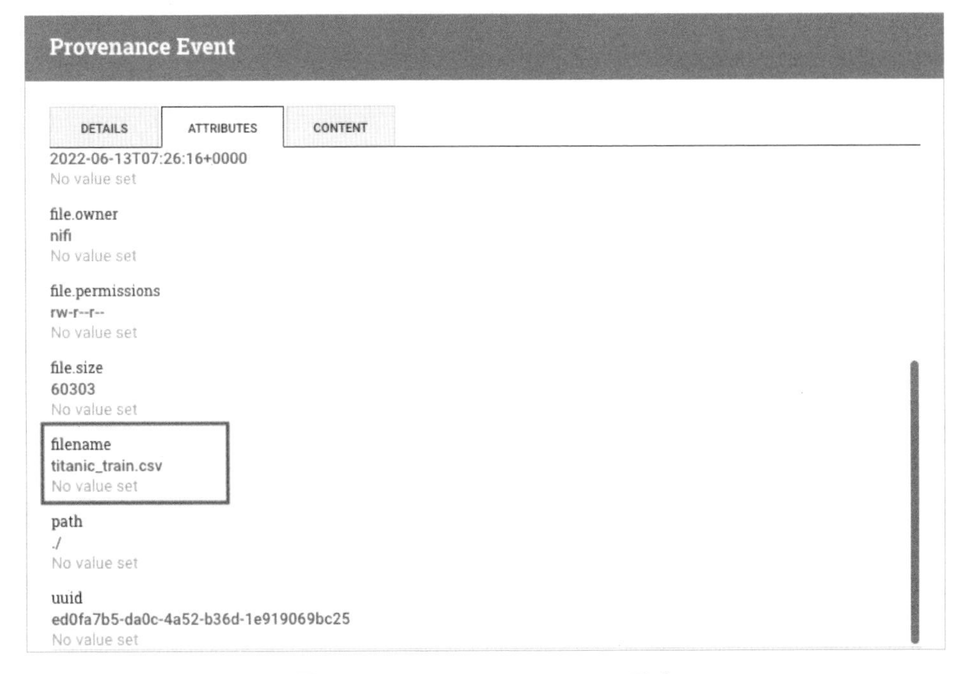

圖 4-1-13　filename attribute 示意

簡單來說，只要上游 Processor 所產生的 FlowFiles 中的任何 attributes，如果要在下一個 Processor 中做處理或判斷使用，就可以透過 ${attribute_name}這樣的 variables 方式來取得和使用。若是我們自己額外加的 Property，Apache NiFi 也會自動帶到 Flowfiles 的 attributes，即可達到將上游的資訊待到下游來做使用以及共享。

4.1.3 Parameters vs. Variables

以上是針對 Parameters 和 Variables 的個別介紹與操作範例，其實都是針對一些 value 去做引用跟處理，只是兩個使用的場境與用途比較不一樣，這裡整理一些差異的表格給讀者們做參考：

	Parameters	**Variables**
語法	# 為前綴符號，例如 #{key_name}	$ 為前綴符號，例如 ${attributes}
場景應用	組織 Data Pipeline 或 Processor Group 常用的設定，變成一組 config	主要用來引用上游 Processor 所產生的 attributes 來做處理或判斷，或是利用 NEL 做計算等
額外特性	需要先建立 Parameter Context 一組 Parameter Conext 只能綁定一組 Processor Group Parameter Context 具備繼承功能	可引用 FlowFiles 中所有 Attributes 可透過 Variables 來傳遞資料到下游的 Processor 做使用

希望透過這樣的簡單表格，可以幫助讀者對於 Parameter 和 Variables 有近一步地認識與理解。目前提到的比較偏向參數的傳遞和設定等功能，但表格中有特別提到 NEL (NiFi Expression Language)，這是我們下一節的主題，它是延伸 Parameter 和 Variables 出來的語法，可以適時對資料做一些邏輯轉換而不僅是參數的傳遞與設定，下一節會有更進階地操作帶給各位。

4.2 何謂 NiFi Expression Language？

接下來這節會介紹 NiFi Expression Language (以下簡稱 NEL)。在前一篇我們已經介紹了 Variables 和 Parameters 這兩種概念，其中 Variables 會從上游的 Processors 所產生的 attributes 帶到下游的 Processors 做使用，但有

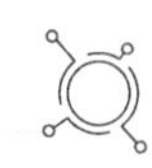

時候我們會需要利用這些 attributes 做一些處理、判斷、或是產生額外的資訊等操作，這時候就可以透過 NEL 來做到這件事情了。

NEL 我們可以想像成是一種 NiFi 專用的表達式，主要支援了非常多樣的 function 來讓我們對 attribute 或是 parameter 等做額外處理。以 Variables 為例，我們會以 **${attribute_name}** 來取得 Flowfiles 的某一個 attribute，假設我們希望讓該 attribute 的值變成全大寫的話，NEL 有一個 **toUpper** 的 function，就可以透過 **${attribute_name:toUpper()}** 來做表示，會發現當 attribute 要套用 NEL function 時必須要透過「:」(冒號) 來對接 function name，就代表該 attribute 會被套用上該 function 的邏輯，有時候 NEL function 會需要帶入額外的參數，就會要在小括號來做指定。

除了讓指定一個 NEL function 之外，NEL 的用法是採用 **link-usage**，也就是可以讓 attribute 後面接一至多個 function，都是透過「:」來做串接，且具備順序性，會呈現像是 **${attribute_name:funct1():funct2()}**，這樣的狀況下，attribute 會先執行 funct1 的邏輯，再執行 funct2 的邏輯，所以我們就可透過這樣 link-usage 的方式來對 attribute 做多邏輯處理。

在 Apache NiFi 中，NEL function 大致上被分為幾類，我們可以依據使用場景的需求去採用對應的 NEL 來做處理，這邊大致整理成如下表格：

NEL 類別	**描述**	**對應的 NEL Function**
Boolean Logic	回傳一些 Bool 的 NEL，以及一些條件判斷的 NEL。	ifElse, isNull, equals 等。
String Manipulation	做一些字串的操作，例如大小寫轉換、append 字串、substring 等相關字串應用。	toUpper, toLower, trim, replace 等。
Encode/Decode Functions	將字串轉成特定格式的編碼或格式。	escapeJson, escapeCsv 等。
Searching	搜尋字串內的字，或是做一些字串是否包含等判斷。	startWith, in , contains 等。

NEL 類別	描述	對應的 NEL Function
Mathematical Operation & Numeric Manipulation	單純地做一些數學運算的處理。	plus, minus, mod 等。
Date Manupulation	日期上的運算處理。	format, toDate, now 等。
Type Coericon	值型態的轉型。	toString, toNumber, toDecimal 等。
Subjectless Functions	這一類則是用在不需要配合 Variables 的 NEL，用來取得服務的資訊或是 uuid 的生成等。	ip, hostname, uuid 等。
Evaluating Multiple Attributes	針對多的 attributes 作相同處理和判斷。	anyAttributes, allAttributes 等。

從表格上看起來 NEL function 十分多樣，且有些似乎有點複雜。接下來會針對每一類說明大部分較常用的 NEL function 來做說明，這裡也會偏向以語法做介紹，讓讀者們在學習中更能去想像，且對應的語法套用到 Processor 的 Properties。

4.2.1 Boolean Logic

isNull

描述：isNull 是用來確認 subject 是否有存在於 FlowFiles，若**不存在**則回傳 true，否則為 false。

範例用法：subject_name 是否不存在。

```
${subject_name:isNull()}
```

NotNull

描述：功能就是和 isNull 相反，也是用來確認 subject 是否存在於 FlowFiles，如果**存在**再則回傳 true，反之為 false。

範例用法：subject_name 是否存在。

```
${subject_name:notNull()}
```

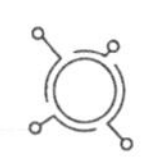

equals

描述：用來判斷 subject 是否等同於我們指定的 value (可字串、整數或浮點數等型態)，若相等則回傳 true，反之為 false。

範例用法：subject_name 是否等於 1000。

```
${subject_name:equals(1000)}
```

equalsIgnoreCase

描述：功能類似於 equals，只是若套用在 string 類型上會忽略大小寫的判斷。

範例用法：subject_name 是否等於 AB、ab、Ab 或 aB (忽略大小寫) 。

```
${subject_name:equalsIgnoreCase('AB')}
```

gt

描述：用來判斷是否有**大於**我們設定的 value，可套用在整數或浮點數。

範例用法：subject_name 是否大於 1000。

```
${subject_name:gt(1000)}
```

ge

描述：用來判斷是否有**大於等於**我們設定的 value，可套用在整數或浮點數。

範例用法：subject_name 是否大於等於 1000。

```
${subject_name:ge(1000)}
```

lt

描述：用來判斷是否有**小於**我們設定的 value，可套用在整數或浮點數。

範例用法：subject_name 是否小於 1000。

```
${subject_name:lt(1000)}
```

le

描述：用來判斷是否有**小於等於**我們設定的 value，可套用在整數或浮點數。

範例用法：subject_name 是否小於等於 1000。

```
${subject_name:le(1000)}
```

and

描述：用來作為複合條件。

範例用法：該範例表示 subject name 必須介於 5-10 之前。

```
${subject_name:ge(5):and(
    ${subject_name:le(10)}
)}
```

or

描述：用來作為複合條件。

範例用法：該範例表示 subject name 可大於等於 10 或小於等於 5。

```
${subject_name:ge(10):and(
    ${subject_name:le(5)}
)}
```

not

描述：用來作為 Boolean 處理的否定。

範例用法：subject_name 不等於 5 時回傳 true，反之為 false。

```
${subject_name:equals(5):not()}
```

ifElse

描述：用來搭配邏輯判斷來做對應的 output，通常會接在判斷後面。

範例用法：若 subject_name 等於 5 回傳 found，反之回傳 not_found。

```
${subject_name:equals(5):ifElse('found', 'not_found')}
```

4.2.2 String Manipulation

toUpper

描述：將 string 型態的 subject 轉成全大寫。

範例用法：若 subject_name 為 aBc，則會回傳 ABC。

```
${subject_name:toUpper()}
```

toLower

描述：將 string 型態的 subject 轉成全小寫。

範例用法：若 subject_name 為 aBc，則會回傳 abc。

```
${subject_name:toLower()}
```

trim

描述：將 string 型態的 subject 的開頭和尾巴的空格移除

範例用法：若 subject_name 為`' test '`，則會回傳`'test'`。

```
${subject_name:trim()}
```

substring

描述：透過 index 用來取得 subject 的某一小段 string

範例用法：若 subject_name 為`'The service is NiFi'`，則會回傳`'The'`，從 index 為 0 開啟計算到 index 為 3 且不包含 index 為 3 的字元。

```
${subject_name:substring(0,3)}
```

substringBefore

描述：會從 subject 的第一個字元開始，到指定參數的第一次出現之前作為回傳。如果指定的參數不存在，則直接回傳整個 subject 的值。

範例用法：若 subject_name 為'The service is NiFi'，且指定'is'作為指定參數，則會回傳從第一個字元到參數的前一個的'The service '。

```
${subject_name:substringBefore('is')}
```

substringAfter

描述：從指定的參數後的字元開始，到整串 subject 的最後一個字元。

範例用法：若 subject_name 為'The service is NiFi'，且指定'is'作為指定參數，則會回傳從'is'後的字元到 subject 的最後字元，也就是'NiFi'。

```
${subject_name:substringAfter('is')}
```

append

描述：用來增加字元到 subject 的結尾上。

範例用法：若 subject_name 為'The service is NiFi'，若 append 'expression language'，則會回傳'The service is NiFi expression language'。

```
${subject_name:append(' expression language')}
```

prepend

描述：用來增加字元到 subject 的開頭上。

範例用法：若 subject_name 為'The service is NiFi'，若 prepend 'Hi!'，則會回傳'Hi!The service is NiFi'。

```
${subject_name:prepend('Hi!')}
```

replace

描述：替換目標字元或 substring 成我們預期的值。

範例用法：若 subject_name 為'The service is NiFi'，則會被 replace 成'The.service.is.NiFi'。

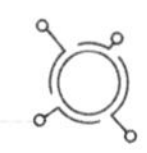

```
${subject_name:replace(' ', '.')}
```

replaceFirst

描述：若有多個目標字元，只替換第一個成我們預期的值。

範例用法：若 subject_name 為`'The service is NiFi'`，則會被 replace 成`'The.service is NiFi'`。

```
${subject_name:replaceFirst(' ', '.')}
```

replaceNull

描述：若 subject 為 null，則直接替換成我們值，否則回傳原本該 subject 的值。

範例用法：若 subject_name 為 null (不存在)，則會回傳值為`'abc'`的值。若 subject_name 本身有值且為`'nifi'`，則就直接回傳`'nifi'`。

```
${subject_name:replaceNull('abc')}
```

replaceEmpty

描述：類似於 replaceNull，但除了 null 不存在狀況下，若 subject 的值只有空格、換行符號等且沒有其他字元，則也會做替換。

範例用法：若 subject 為 null 或`''`或`'\n'`等，則直接替換成我們設定的值`'abc'`，反之則直接回傳原本的值。

```
${subject_name:replaceEmpty('abc')}
```

length

描述：回傳 subject 的字元長度。

範例用法：若 subject_name 為`'The service is NiFi'`，則回傳 19。

```
${subject_name:length()}
```

repeat

描述：用來重複字元或 substring 做使用。

範例用法：若 subject_name 為`'abc'`，這裡指定為 2，則會回傳`'abcabc'`。

```
${subject_name:repeat(2)}
```

4.2.3 Encode/Decode Functions

escapeJson

描述：將 subject 的字串轉譯成 JSON 格式。

範例用法：

```
${subject_name:escapeJson()}
```

escapeXml

描述：將 subject 的字串轉譯成 XML 格式。

範例用法：

```
${subject_name:escapeXml()}
```

escapeCsv

描述：將 subject 的字串轉譯成 CSV 格式。

範例用法：

```
${subject_name:escapeCsv()}
```

unescapeJson

描述：對 subject 中的 JSON 格式轉譯成一般的 string 格式。

範例用法：

```
${subject_name:unescapeJson()}
```

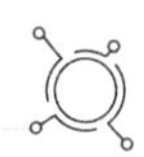

unescapeXml

描述：對 subject 中的 XML 格式轉譯成一般的 string 格式。

範例用法：

```
${subject_name:unescapeXml()}
```

unescapeCsv

描述：對 subject 中的 CSV 格式轉譯成一般的 string 格式。

範例用法：

```
${subject_name:unescapeCsv()}
```

base64Encode

描述：對 subject 中的字串做 base64 的編碼，對於傳輸 Binray 的 ASCII 格式有效。

範例用法：

```
${subject_name:base64Encode()}
```

base64Decode

描述：對 subject 中的字串做 base64 的解碼。

範例用法：

```
${subject_name:base64Decode()}
```

UUID3

描述：對 subject 中做 MD5 Hash。

範例用法：

```
${subject_name:UUID3('b9e81de3-7047-4b5e-a822-8fff5b49f808')}
```

UUID5

描述：對 subject 中做 SHA-1 Hash。

範例用法：

```
${subject_name:UUID5('b9e81de3-7047-4b5e-a822-8fff5b49f808')}
```

4.2.4 Searching

startsWith

描述：確認 subject 的開頭是否為我們指定的參數，若是回傳 true，否則為 false。

範例用法：若 subject_name 為`'The service is NiFi'`，若為`'The'`開頭則為 true，否則回傳 false。這邊要注意這有大小寫做區分，所以在 search 是要特別留意。

```
${subject_name:startsWith('The')}
```

endsWith

描述：確認 subject 的結尾是否為我們指定的參數，若是回傳 true，否則為 false。

範例用法：若 subject_name 為`'The service is NiFi'`，若為`'NiFi'`結尾則為 true，否則回傳 false。這邊要注意這有大小寫做區分，所以在 search 是要特別留意。

```
${subject_name:endsWith('NiFi')}
```

contains

描述：確認 subject 是否有包含我們指定的參數值，若是回傳 true，否則為 false。

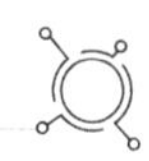

範例用法：若 subject_name 為`'The service is NiFi'`，若有包含`'is'`則為 true，否則回傳 false。這邊要注意這有大小寫做區分，所以在 search 是要特別留意。

```
${subject_name:contains('is')}
```

in

描述：若 subject 的值有在我們指定的多個 enum 中，則回傳 true，否則為 false。

範例用法：若 subject_name 為`'Red'`，因為有在`'Yello'`、`'Red'`和`'Blue'`中，所以回傳 `true`，否則回傳 false。這邊要注意這有大小寫做區分，所以在 search 是要特別留意。

```
${subject_name:in('Yellow','Red','Blue')}
```

find

描述：若 subject 值有包含指定的參數或是 regular expression 的表達式，則回傳 true，反之為 false。

範例用法：若 subject_name 為 `'The service is NiFi'`，若有包含`'Service'` 或 `'service'` 則為 true，否則回傳 false。

```
${subject_name:find('[Ss]ervice')}
```

matches

描述：通常用於 regular expression 的表達式，則必須完全匹配才回傳 true，反之回傳 false。

範例用法：若 subject_name 為`'The service is NiFi'`，且 regular expression 為`'.+is.+'`，則代表 is 必須在為 string 中間，若符合則回傳 true，否則為 false。

```
${subject_name:matches('.+is.+')}
```

indexOf

描述：取得某個字元的 index，若不存在則回傳 -1。若有重複字元則回傳第一次出現的 index。

範例用法：若 subject_name 為 'The service is NiFi'，找尋 'e' 的 index，則會回傳第一次出現的 index，也就是 2。

```
${subject_name:indexOf('e')}
```

lastIndexOf

描述：取得某個字元的 index，若不存在則回傳 -1。若有重複字元則回傳**最後一次**出現的 index。

範例用法：若 subject_name 為 'The service is NiFi'，找尋 'e' 的 index，則會回傳最後一次出現的 index，也就是 10。

```
${subject_name:indexOf('e')}
```

jsonPath

描述：若 subject 的 value 是一個 json，可透過 jsonPath 來取得對應的 value。

範例用法：若 subject_name 為

```
{
    "firstName": "Mars",
    "sex": "Male"
}
```

則我們可以透過 jsonPath 取得 firstName 的 value，透過 $ 來取得。

```
${subject_name:jsonPath('$.firstName')}
```

4.2.5 Mathematical Operation & Numeric Manipulation

plus

描述：數值的加法邏輯。

範例用法：若 subject_name 為 10，則依據範例則回傳 110。

```
${subject_name:plus(100)}
```

minus

描述：數值的減法邏輯。

範例用法：若 subject_name 為 110，則依據範例則回傳 10。

```
${subject_name:minus(100)}
```

multiply

描述：數值的乘法邏輯。

範例用法：若 subject_name 為 10，則依據範例則回傳 100。

```
${subject_name:multiply(10)}
```

divide

描述：數值的除法邏輯。

範例用法：若 subject_name 為 100，則依據範例則回傳 25。

```
${subject_name:divide(4)}
```

mod

描述：數值的餘數邏輯。

範例用法：若 subject_name 為 10，則依據範例則回傳 1。

```
${subject_name:mod(3)}
```

math

描述：該 function 會整合 java.lang.Math 的方法，藉此採用進階的數學處理邏輯。可參考 https://docs.oracle.com/javase/8/docs/api/java/lang/Math.html

範例用法：若 subject_name 為 10，則依據範例則回傳 100。

```
${subject_name:math("pow",2)}
```

4.2.6 Date Manupulation

format

描述：用來將值轉換成預期的日期或時間格式，參數必須為有效的 Java SimpleDateFormat 的字串才能進行轉換，同時也必須已經是 Date 資料類型。此外，也能指定國家來做時區轉換。

範例用法：會以台北時區來解析 subject_name 對應格式的日期時間。

```
${subject_name:format("yyyy/MM/dd HH:mm:ss.SSS'Z'", "Asia/Taipei")}
```

toDate

描述：負責將 string 轉換成 Date 的資料類型。原先的 string 必須為有效的 Java SimpleDateFormat。也可以額外指定時區。

範例用法：將 subject_name 的 string 轉換成 Date 資料類型，並以台北時區轉換。

```
${subject_name:toDate("yyyy/MM/dd", "Asia/Taipei")}
```

now

描述：取得目前當下的日期與時間。

範例用法：取得當下的日期時間，再藉由 format() 解析日期格式。

```
${subject_name:now():format("yyyy/MM/dd")}
```

4.2.7 Type Coericon

toString

描述：負責將 subject 轉型成 string 類型。

範例用法：將 subject_name 的 value 轉型成 string 類型。

```
${subject_name:toString()}
```

toNumber

描述：負責將 subject 轉型成 number 類型，其原先的參數可允許 String、Decimal 或 Date 資料類型。

範例用法：將 subject_name 的 value 轉型成 number 類型。

```
${subject_name:toNumber()}
```

toDecimal

描述：負責將 subject 轉型成 Decimal 類型，其原先的參數可允許 String、Whole Number 或 Date 資料類型。

範例用法：將 subject_name 的 value 轉型成 Decimal 類型。

```
${subject_name:toDecimal()}
```

4.2.8 Subjectless Functions

ip

描述：回傳目前服務所屬的機器 ip。

範例用法：

```
${ip()}
```

hostname

描述：回傳目前服務所屬的機器 hostname。

範例用法：

```
${hostname()}
```

UUID

描述：隨機產生 type 4 的 UUID。

範例用法：

```
${UUID()}
```

4.2.9 Evaluating Multiple Attributes

anyAttribute

描述：不需要指定 subject，會透過 anyAttribute 去找對應的 attribute 的 value 來做操作與處理。

範例用法：找尋 abc 和 xyz 這兩個 attribute，並確認是否有包含"nifi"字串。

```
${anyAttribute("abc", "xyz"):contains("nifi")}
```

allAttributes

描述：類似於 **anyAttribute** 去找對應的 attribute 的 value 來做操作與處理。

範例用法：找尋 abc 和 xyz 這兩個 attribute，並確認是否有包含"nifi"字串。

```
${allAttributes("abc", "xyz"):contains("nifi")}
```

join

描述：將多個 subject 的 value 藉由分隔符號連接的處理，通常與 allAttributes、allMatchingAttributes 和 allDelineatedValues 等 function 做結合。

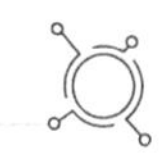

範例用法：若 abc 的 value 為"apache"，xyz 的 value 為"nifi"，該範例會回傳"apache|nifi"。

```
${allAttributes("abc", "xyz"):join("|")}
```

count

描述：用來計算非 false 和非 null 的數量，通常與 allAttributes、allMatchingAttributes 和 allDelineatedValues 等 function 做結合。

範例用法：若 abc 的 value 為"an apple"，xyz 的 value 為"an eraser"，該範例會回傳 1。

```
${allAttributes("abc", "xyz"):contains("a"):count()}
```

上述介紹了非常多種常用的 NEL Functions，官方文件裡還有一些不常使用的 functions，有興趣了解的讀者請瀏覽官方文件(https://nifi.apache.org/docs/nifi-docs/html/expression-language-guide.html)。

4.3 小結

本章介紹了 Apache NiFi 中 variables 和 parameters 的概念與差異，這對於我們在操作 FlowFiles 的 attributes 來說有一定的幫助，有些值可以避免重複設定，甚至可以依據上下游的 Processor 處理狀況給予不同的值來做處理。接著我們也提到了 NEL (NiFi Expression Language) 的運用以及多種 function 的範例介紹，有助於我們在面對不同場景時需要對 attributes 做轉換即可套用到對應的 function 來處理。

下一章會開始進入到 NiFi 與 DataBase 的資料對接，因為 Apache NiFi 必須將資料拉出來經過 Pipeline 處理之後再落地到目標載體，若此時對接的載體為 Database 的話，應該要如何做對接與處理呢？下一章節會介紹到如何與關聯式資料庫 (Relational Database, RDB) 以及 MongoDB 做對接，還有一些關於資料庫整合的原則與步驟。

05

chapter

Apache NiFi 和 DB 對接與實務

在大多數的 Data pipeline 當中，我們的資料不一定全都來自於本地端或是檔案系統的 file，例如像是 JSON、Parquet、CSV 等。更多時候為了因應真實企業的場境與架構，絕大多數的資料都會來自於企業自己維運的資料庫，例如像是關聯式資料庫 (Relational Database) 中的 MySQL、MariaDB、Postgres 等，或是 NoSQL 中的 MongoDB、Cassandra 等。企業時常會應用個別資料庫的特性來解決對應的場景問題，但有時候在這些資料庫底下的資料都會需要經過一些處理，然後再存入到其他資料庫內 (也包含自身)。為了能夠有效地萃取及寫入這些資料庫類型，Apache NiFi 原生提供了許多 Processor 功能來做對接與處理，因此本章會以在企業中較常見的 MySQL 作為關連式資料庫的範例介紹，也會拿 MongoDB 來介紹。

5.1 何謂 RDB 和 DocumentDB？

在開始介紹如何對接 MySQL 和 Mongo DB 之前，先來介紹一下何謂 RDB (Relational Database) 和 Document DB。

RDB，也稱關聯式資料庫。主要將資料依照性質的不同拆分成多張資料表，並且透過特定的欄位來建置當中的關聯性，一方面可以避免部分資料的重複儲存以有效地節省硬碟 (Disk) 空間，另一方面在資料的分類也比較直覺。但在 RDB 的處理過程中，資料的欄位與型態必須要事前定義好，並且資料的欄位不可隨意地做增減，所以在使用 RDB 時需要盡可能地設想你會儲存的資料欄位結構、以及資料表之間的關係。

相較於 RDB 的另外一種 DB 儲存方式，稱之為 NoSQL，全名是 Not Only SQL，在該類型的資料庫底下又再細分成 Key-Value、Document、Columner Based、Grpah DB 等各種類型，這些主要都是用來儲存動態的資料格式，例如非結構或半結構化資料，每一筆的資料欄位可能是動態且不固定的，再加上為了讓資料存取速度更快，大多數都支援水平擴展等分散式處理方式。其中比較幾個代表性的像是 key-value 中的 Redis、Document DB 的 MongoDB、Columner Based 的 Cassandra 以及 Graph DB 中的 Neo4J 等，皆歸類於 NoSQL 這個體系下面。

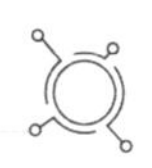

這邊我們主要針對 Document DB 來做介紹，Document DB 無庸置疑它的資料儲存格式會是以 Document 為主，例如 XML、YAML 或 JSON 等，因此相較於 RDB 它的資料結構是比較不嚴謹且鬆散的，MongoDB 就是以 JSON 作為資料儲存的資料庫。通常在這樣的情況下，資料表彼此之間不會有任何關聯，MongoDB 會以 Json 作為資料儲存格式，欄位是可以伸縮變動的。舉例來說，可能當下這個時間進來的 JSON 有一個名為 Key1 的欄位，但有可能下一秒進來的資料是沒有該欄位的。而現在也有很多場境需要這樣的儲存格式，一方面可透過水平擴展來達到一定的處理速度，另一方面是在描述一個 Entity 時能夠依據資料本身的內容做對應的描述與儲存。

基本瞭解完以上 RDB 和 Document DB 的內容之後，我們就來快速操作一下如何利用 Apache NiFi 從兩種類型的資料庫存取資料。

5.2 如何對 MySQL 對接與操作？

一開始先以 MySQL 做介紹，此時你可能會想說那其他 Relational Database 像是 MariaDB、Postgres 該怎麼對接呢？別擔心，這邊雖然是以 MySQL 為例，但其實僅需要抽換一些設定就可以輕鬆套用到其他 RDB 的類型，後面會說明如何切換。

5.2.1 建立 MySQL 服務

首先，如果你是以 Docker Container 的方式建立 Apache NiFi，可以參考下方的 docker-compose.yaml 來建立 MySQL Service，主要要確保兩邊的服務是在同一個 network 底下。如果你不是用 Docker Container 建立的話，請務必確保 Apache NiFi 所屬的機器可以存取到 MySQL 機器的服務：

```
version: '3'

services:
  nifi:
     image: nifi-sample
     container_name: nifi-service
     restart: always
     ports:
```

```
            - 8443:8443/tcp
            - 8080:8080/tcp
        env_file: .env
        environment:
            SINGLE_USER_CREDENTIALS_USERNAME: ${NIFI_USERNAME}
            SINGLE_USER_CREDENTIALS_PASSWORD: ${NIFI_PASSWORD}
            AWS_ACCESS_KEY_ID: ${AWS_ACCESS_KEY_ID}
            AWS_SECRET_ACCESS_KEY: ${AWS_SECRET_ACCESS_KEY}
            AWS_REGION: ${AWS_REGION}
        networks:
            - nifi-network

    nifi-registry:
        image: apache/nifi-registry:1.16.2
        container_name: nifi-registry-service
        restart: always
        ports:
            - 18080:18080/tcp
        networks:
            - nifi-network

    mysql:
        image: mysql:5.7
        container_name: nifi-rdb
        restart: always
        ports:
            - 3306:3306/tcp
        env_file: .env
        environment:
            MYSQL_ROOT_PASSWORD: ${DB_ADMIN_PASSWORD}
            MYSQL_DATABASE: ${DB_NAME}
        networks:
            - nifi-network
networks:
    nifi-network:
```

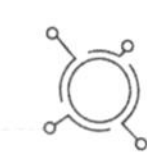

5.2.2 下載和套用 MySQL JDBC

在 Apache NiFi 中是如何來對 MySQL 做對接呢？答案就是 JDBC，NiFi 主要會提供的 General Processor 和 Controller Service Settings，也就是說對於外部的 RDB、Datawarehouse 或 Query Engine 等服務，所採用的設定都是一樣的，唯一不一樣的是 JDBC Driver。因此也就回到一開始說的，要如何套用到其他的 RDB 類型呢？就是下載對應的 JDBC Driver，接著指定好對應的 JDBC URL Endpoint 即可輕易地對 MariaDB、Postgres、Clickhouse、Druid、Presto 等服務做資料存取了，所以 Apache NiFi 在這裡幫我們做了一層的抽象化，藉此容易套用到各個資料庫等服務上。

至於為什麼一定得用 JDBC 呢？原因在於 Apahce NiFi 本身是用 JAVA 開發，在這樣的前提下，Apache NiFi 和其他資料庫連接時，大多數都會採用 JDBC 的 Driver 來做資料對接和存取，或許在一開始的設定上相對有一點小麻煩，不過只要設定好一次之後，後續套用與整合就十分輕鬆。讀者們可以至 MySQL JDBC Driver (https://mvnrepository.com/artifact/mysql/mysql-connector-java) 依據自己的 MySQL 版本下載對應的 JDBC，Driver name 是 com.mysql.jdbc.Driver。

在採用該方式時要記得留意幾點，這會與後續在 Apache NiFi 設定上有關，分別如下：

1. 請下載對應的 JDBC Driver (通常以 Maven 的提供為主)
2. 請確定好該 JDBC Driver 的 Class Name
3. 確保 Driver 要存放的目錄路徑，來讓 Apache NiFi 存取得到
4. 如果可以，請盡可能地為 Apache NiFi 建立對應的 Username 和 Password，只要有足夠權限存取到所需的 DB 中的資料即可。

若上述四點都確定完之後，接下來就可以在 Apache NiFi 藉由 Controller Service 來做對接。首先我們選擇 DBConeectionPool 來做一個建立，參考下圖 5-1-1：

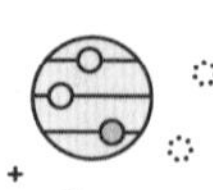

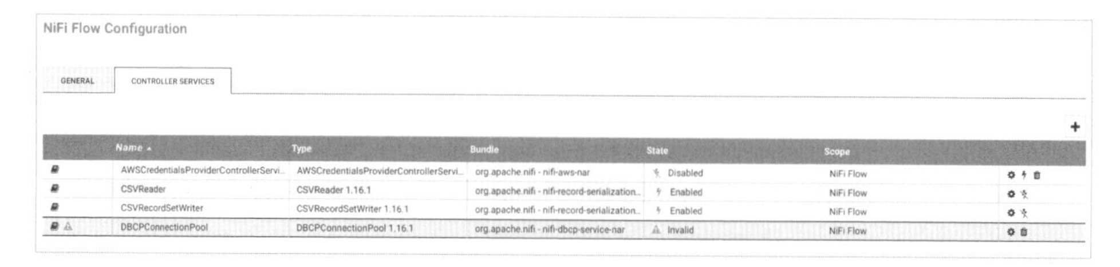

圖 5-2-1　DBConnectionPool 的建立

建立完 DBConnectionPool 這個 Controller Service 之後，接著我們要去設定其中的 Properties，此時就需要運用到前面所確認的項目，先參考圖 5-1-2：

Controller Service Details

SETTINGS　PROPERTIES　COMMENTS

Required field

Property	Value
Database Connection URL	**jdbc:mysql://172.17.0.1:3306/nifi?user=root&password=s...**
Database Driver Class Name	**com.mysql.jdbc.Driver**
Database Driver Location(s)	/tmp/mysql-connector-java-5.1.49.jar
Kerberos Credentials Service	No value set
Kerberos Principal	No value set
Kerberos Password	No value set
Database User	No value set
Password	No value set
Max Wait Time	**500 millis**
Max Total Connections	**8**
Validation query	No value set
Minimum Idle Connections	0
Max Idle Connections	8
Max Connection Lifetime	-1

OK

圖 5-2-2　DBConnectionPool 的設定

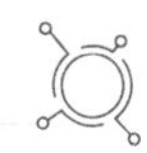

框起處的三個是基本且重要的設定，說明如下：

◆ **Database Connection URL**

用來指定 JDBC URL，此時就需要 DB 的 IP、Port、DB Name、Username 和 Password，例如 jdbc:mysql://172.17.0.1:3306/nifi?user=[username]&password=[password]。

◆ **Database Driver Class Name**

用來指定 JDBC Class Name，例如 com.mysql.jdbc.Driver。每一個 JDBC 的 Class Name 都不同，所以這部分需要謹慎確認。

◆ **Database Driver Location**

用來指定 JDBC Driver JAR 檔的路徑，也就是你從 Maven 下載下來存放的目錄路徑，以絕對路徑指定，例如/tmp/mysql-connector-java-5.1.49.jar

除了可以把 Username 和 Password 置入在 JDBC Connection URL 之外，其實 DBConnection Pool 也有提供 Database User 和 Password 兩個 Property 來給予指定，所以若在這邊指定的話，URL 那邊就不需要指定了。

完成上述的設定之後，我們就可以把這個 Controller Service 給 Enabled 起來，接下來就可以套用到 Apache NiFi 中 SQL 相關的 Processor 來做資料存取與處理。

5.2.3 存取 MySQL DB 資料

前面我們建立了專屬 MySQL DB 使用的 Controller Service，接下來就可以透過 SQL 相關的 Processor 來套用該 Controller Service 來讀取與寫入資料到 MySQL DB。這裡以常用的 PuSQL 和 QueryDatabaseTable 來介紹。

PutSQL Processor

這個 Processor 主要是讓我們可以對 Database 做 SQL 的操作，例如 INSERT、UPDATE、DELETE 等，所以它在設定上也是相對簡單，參考如下：

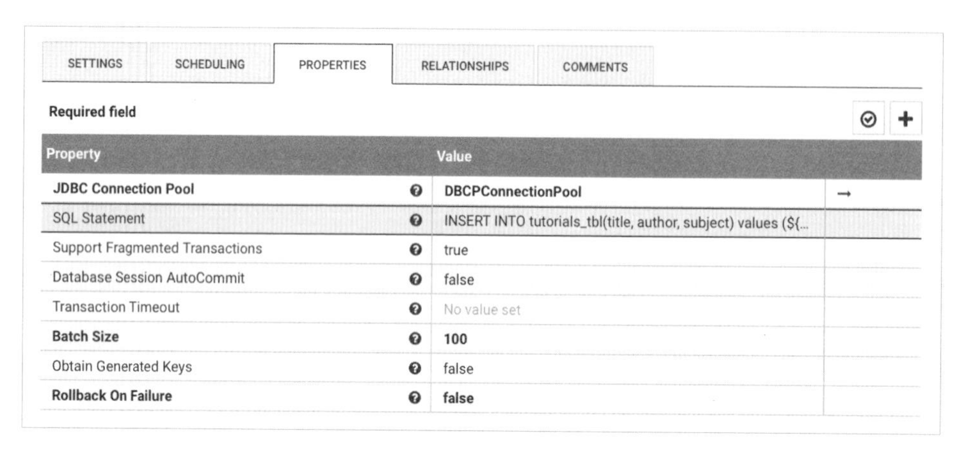

圖 5-2-3　PutSQL Processor 的設定

在這個 Processor 有幾個 Properties 要特別留意：

◆ **JDBC Connection Pool**

指定好我們剛剛設定的 DBConnectionPool 的 Controller Service，如果要使用其他的 DB 類型，請務必建立好對應的 Controller Service 且做指定。

◆ **SQL Statement**

這邊可以輸入 SQL 的操作，如 SELECT、INSERT INTO、UPDATE、DELETE 等。

◆ **Transaction Timeout**

在 Production 環境中可適時地指定該參數，若執行超過一定的時間就會跳出 Error 來做通知，藉此確保資料處理的穩定度。

◆ **Batch Size**

在每一次 Transaction 可以執行的筆數，預設值為 100，若設定得越高，能執行的資料筆數也越多，但有時候時間可能會拉長。

QueryDatabaseTable Processor

接下來介紹下一個 Processor - QueryDatabaseTable，該 Processor 是用來從 DB 讀取資料，也因此無法執行 INSERT、UPDATE 等操作，來看一下該 Processor 的 Properties 設定：

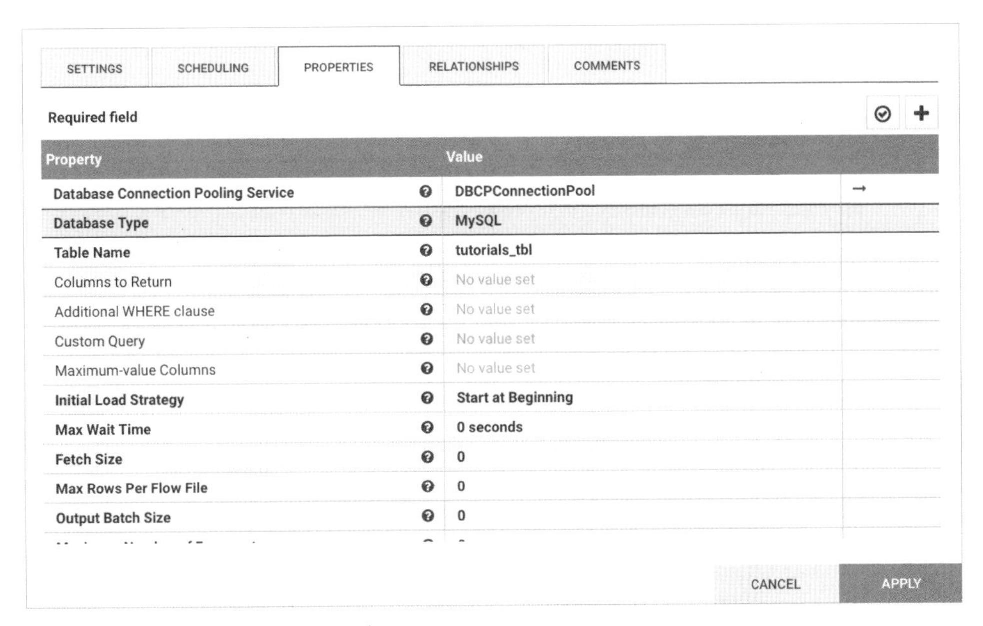

圖 5-2-4　QueryDatabaseTable Processor 的設定

一樣有幾個重要的設定：

◆ **Database Connection Pooling Service**

指定好我們剛剛設定的 DBConnectionPool 的 Controller Service，如果要使用其他的 DB 類型，請務必建立好對應的 Controller Service 且做指定。

◆ **Database Type**

選擇 DB 類型，我們可以選擇 MySQL。此外它也有支援 Oracle、MSSQL、PostgreSQL 等類型。

◆ **Table Name**

輸入你要讀取資料的 table 名稱。

◆ **Columns to Return**

回傳你要的 Columnname，並以『、』做分隔。

◆ **Additional WHERE clause**

要加入的資料篩選條件。

簡單來說，你可以想像成把我們常用的 SELECT..FROM..WHERE.. 語法拆解到這個 Processor 的各個設定上。當然你也可以透過 PutSQL 做到一樣的效果。

5.3 如何與 MongoDB 對接與操作？

前一節介紹了如何在 Apache NiFi 對 RDB 相關的資料庫來做存取，這一節會帶到如何與 MongoDB 來做資料存取，在 MongoDB 的操作上更簡單，因為原生 Apache NiFi 本身就有支援相關的 Processors，因此就不需要像 RDB 一樣需要做一些事前的準備作業與相關的設定。

5.3.1 建置 MongoDB 服務

如果你沒有 MongoDB 的服務，可以參考下方的 docker-compose.yaml 來建立一個 MongoDB 服務來做模擬與操作。反之，如果有既有的 MongoDB 服務，請確保 NiFi 所屬的機器能與 MongoDB 的機器做網路存取：

```
version: '3'

services:
  nifi:
    image: nifi-sample
```

```
        container_name: nifi-service
        restart: always
        ports:
            - 8443:8443/tcp
            - 8080:8080/tcp
        env_file: .env
        environment:
            SINGLE_USER_CREDENTIALS_USERNAME: ${NIFI_USERNAME}
            SINGLE_USER_CREDENTIALS_PASSWORD: ${NIFI_PASSWORD}
            AWS_ACCESS_KEY_ID: ${AWS_ACCESS_KEY_ID}
            AWS_SECRET_ACCESS_KEY: ${AWS_SECRET_ACCESS_KEY}
            AWS_REGION: ${AWS_REGION}
        networks:
            - nifi-network

    nifi-registry:
        image: apache/nifi-registry:1.16.2
        container_name: nifi-registry-service
        restart: always
        ports:
            - 18080:18080/tcp
        networks:
            - nifi-network

    mysql:
        image: mongo:4.2-rc-bionic
        container_name: nifi-mongo
        restart: always
        ports:
            - 27017:27017/tcp
        env_file: .env
        environment:
            MONGO_INITDB_ROOT_USERNAME: ${DB_ADMIN_USERNAME}
            MONGO_INITDB_ROOT_PASSWORD: ${DB_ADMIN_PASSWORD}
            MONGO_INITDB_DATABASE: ${DB_TABLE_NAME}
        networks:
            - nifi-network
networks:
    nifi-network:
```

建立完之後，原則上 Apache NiFi 和 MongoDB 的 Container 就會建立在同一個 network 內，才能從 NiFi 去對 MongoDB 做存取。

5.3.2 建立 MongoDBControllerService

如同 RDB 的 Controller Service，為了能夠統一維護與管理和資料庫的連線狀況，Apache NiFi 理所當然也有支援相對應的 Controller Service。首先一樣我們在 Controller Service 加入一個 MongoDBControllerService 進來，如下圖所示：

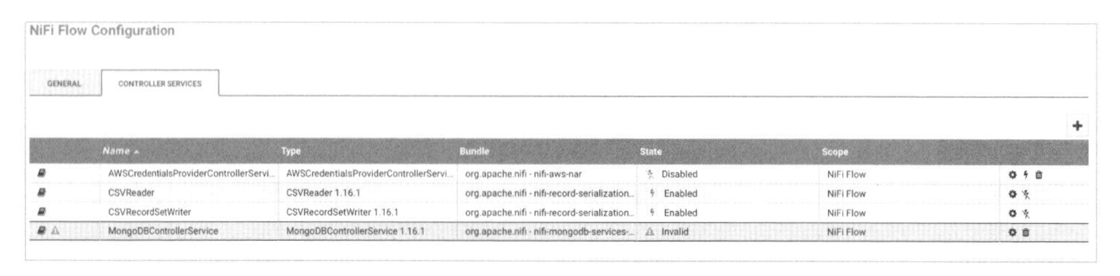

圖 5-3-1　MongoDBControllerService 的建立

加入到我們的 Controller Services 之後，接著就要針對它內部的 Properties 做設定與修改，可從下圖看到目前可設定的內容：

SETTINGS　PROPERTIES　COMMENTS

Required field

Property	Value
Mongo URI	mongodb://172.17.0.1:27017
Database User	admin
Password	Sensitive value set
SSL Context Service	No value set
Client Auth	REQUIRED

圖 5-3-2　MongoDBControllerService 的設定

裡面有幾個基本設定需要了解：

◆ **Mongo URI**

用來設定你要存去的 Mongo DB 的 URI，格式如 mongodb://[service_ip]:[service_port]。若你的 mongodb 為 Cluster mode 的話，就會是以逗號

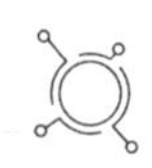

做後續的指定，如 mongodb://[service_ip1]:[service_port1],[service_ip2]:[service_port2],...

- **Database User**

  mongodb 的 username，請確保該 User 有足夠的權限去存取想要的 db 和 collection。

- **Password**

  mongodb 的 username 所對應的 password，請確保該 User 有足夠的權限去存取想要的 db 和 collection。

5.3.3 操作 MongoDB 的資料

如同一開始提到的，Apache NiFi 本身就有支援原生的 MongoDB 相關的 Processor 處理，以至於我們在建置關於 MongoDB Data Pipeline 的時候可以十分輕鬆，目前 NiFi 中關於 MongoDB 的 Processor 包含如下：

- GetMongo
- GetMongoRecord
- PutMongo
- PutMongoRecord
- RunMongoAggregation
- DeleteMongo

其中 GetMongoRecord 和 PutMongoRecord 這兩個 Processor 主要是要讓寫入或讀取的資料不是以 JSON format 呈現，而是可以改成 CSV 等其他格式。通常除非有特別需求才會改用這兩種 Processor 來對 MongoDB 做讀寫，不然通常還是以 GetMongo 和 PutMongo 來做處理。

GetMongo Processor

這個 Processor 很單純地就是從 MongoDB 讀取資料，我們可以詳細看一下其中幾個重要且需要了解的設定：

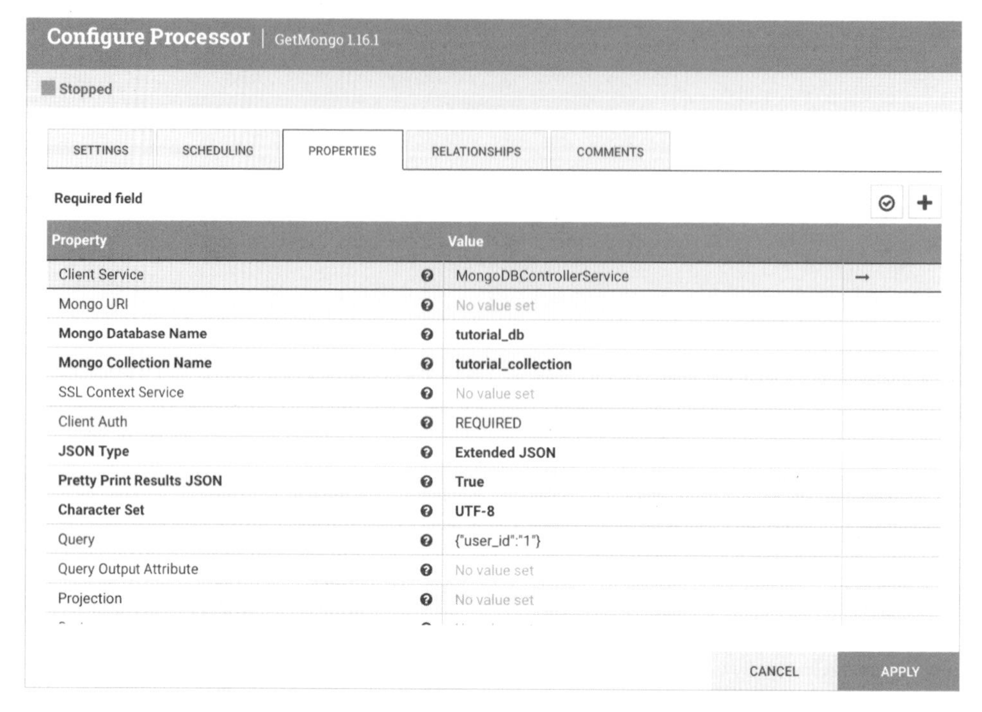

圖 5-3-3　GetMongo Properties 設定

◆ **Client Service**

指定對應的 MongoDB Controller Service，用來存取 mongo 的服務位置。

◆ **Mongo Database Name**

指定要存取的 Mongo 中的 Database Name。

◆ **Mongo Collection Name**

指定要存取的 Mongo 中的 Collection Name。

◆ **Query**

該設定是用來做 Query 上的 filter 條件設定，例如圖中指定了 {"user_id":"1"}，代表會在 Query 時 Filteruser_id 為 1 的資料。反之，如果該 Property 沒有設定的話，就是直接讀取全部的資料。

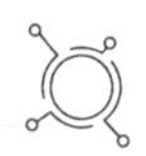

關於上述的 Query 設定，我們可以想像成就是直接對 MongoDB 去執行下面 mongo 原生的 Query 指令：

```
tutorial_db.tutorial_conllection.find({"user_id":"1"})
```

所以透過這樣的對應我們就可以知道，實際上 Query 裡面要設定的值就會是平常我們在執行 find() 時內部要帶的 Filter 條件參數。

PutMongo Processor

該 Processor 就是寫入或更新資料到 MongoDB，所以前提是 FlowFiles 當中必須要有 Content 內容且為 JSON 格式，這樣 NiFi 才會把當中的資料轉成 JSON 且寫入進入，一樣我們來看一下內部的設定：

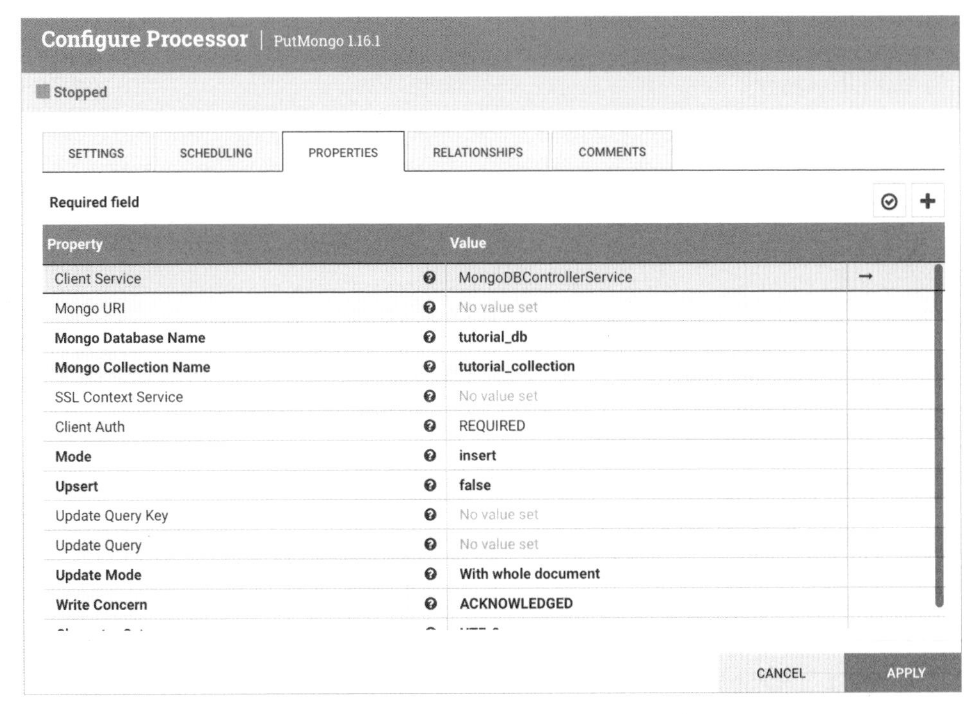

圖 5-3-4　PutMongo Properties 設定

前面有提到的 Client Service、Mongo Database Name 和 Mongo Collection Name 這邊就不再提一次了，我們來看看其他的設定。

◆ **Mode**

目前支援 insert 和 update 兩種，可依據你的情境來做選定。如果是單純的 insert 資料即選擇 insert，若 Update 資料則選擇 Update。

◆ **Upsert**

簡單來說若開啟這功能，會自動偵測如果資料不存在就寫入，有存在就更新。

◆ **Update Query Key**

用來根據某一個 key 來做更新。

◆ **Update Query**

針對全部的 Record 來做更新，沒有依據某一個 Key 的條件。

所以透過 PutMongo，我們就可以很輕鬆地對 MongoDB 的資料做新增與寫入的動作了。

DeleteMongo Processor

顧名思義，該 Processor 就是刪除 MongoDB 的資料，所以理所當然它的 Processor 設定也是大同小異的，如下：

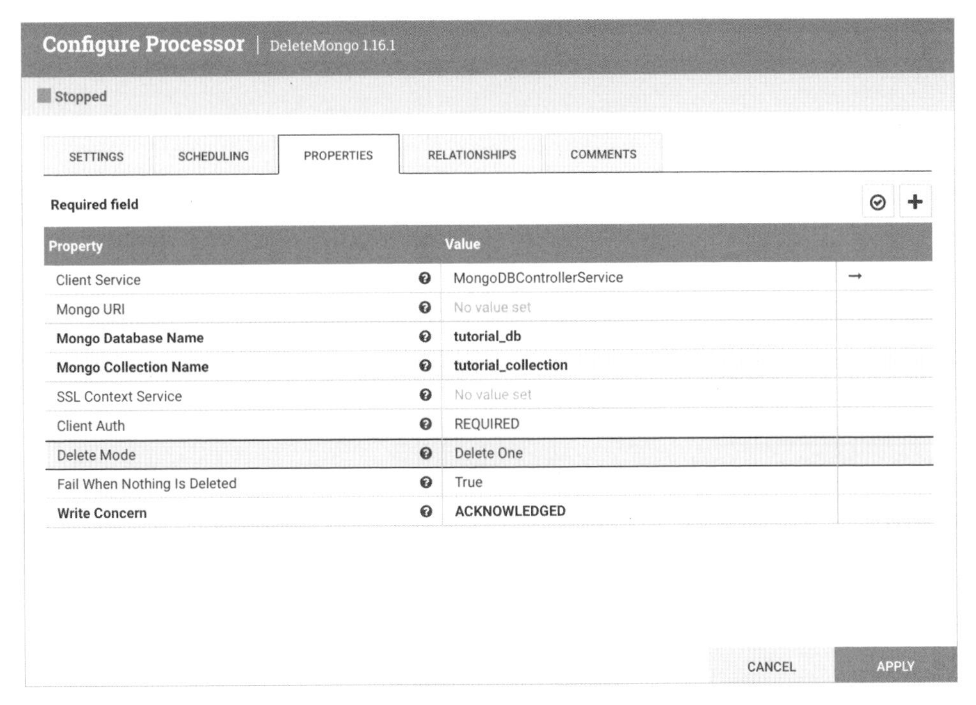

圖 5-3-5 DeleteMongo Properties 設定

其中 Delete Mode 可以讓我們決定一次刪除一筆還是多筆，所以可依據我們的場景來做選定。

RunMongoAggregation Processor

該 Processor 主要是用來執行 MongoDB 的 aggregation command，若不熟悉 MongoDB 的 aggregation 是如何運作的，可以參考官方 link (https://www.mongodb.com/docs/manual/aggregation/#std-label-aggregation-framework)，就可以大概知道 aggregation 是如何實作的，一樣來看一下內部 Properties。

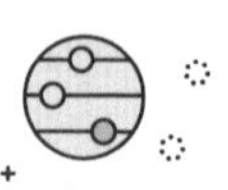

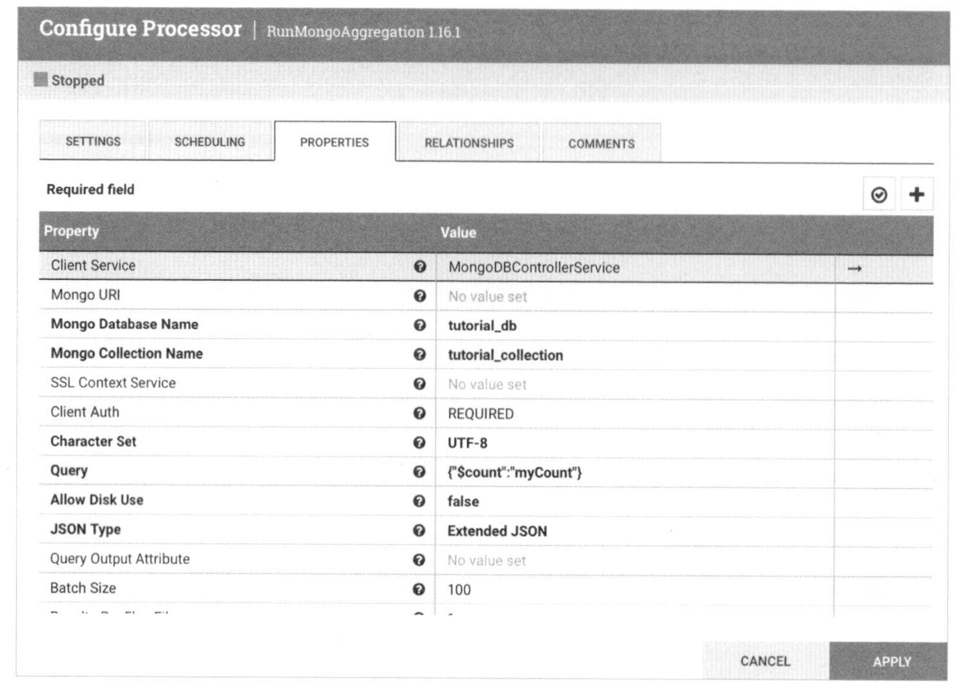

圖 5-3-6　RunMongoAggregation Properties 設定

一些基本的設定都跟前面一樣，其中要注意的是 Query 這個參數。舉例來說，原生 MongoDB 會透過像是以下指令來做 aggregation：

```
db.getCollection('collection').aggregate([
 { $match: {"IsComplete":true} },
 { $project: {"IsComplete":1, "FormId":1}},
 { $group : { _id : "$FormId", count : { $sum : 1 } } },
 { $sort : { "count" : -1 } }
])
```

對應到 RunMongoAggregation 則在 Query 這個參數就是填入：

```
[
 { $match: {"IsComplete":true} },
 { $project: {"IsComplete":1, "FormId":1}},
 { $group : { _id : "$FormId", count : { $sum : 1 } } },
 { $sort : { "count" : -1 } }
]
```

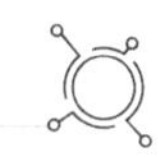

將 Aggregation function 抽換核心的處理邏輯填上 Query 這個參數，就能從 Apahce NiFi 對 MongoDB 執行類似的資料處理邏輯。

5.4 小結

在這個章節我們介紹了 RDB 和 Document DB，以及如何在 Apache NiFi 透過一些手法來取得和寫入資料。在 RDB 的操作重點就是在 JDBC，只要下載好 JDBC Driver 以及對應的 Class Name，就能夠透過原生的 SQL Based 的 Processor 來對 DB 做操作，也容易時見到每一種 RDB 的類型與服務。而在 MongoDB 的部分由於 Apache NiFi 有支援專屬的 Processor，所以就不需要額外準備其他的檔案或事前準備，只要設定好對應的 Controller Service，即可套用到 MongoDB 相對應的 Processor 來對資料庫做資料處理、查詢等邏輯。

到目前為止我們已經透過 Apache NiFi 讀取檔案作為資料來源，也知道如何讀取 RDB 或 MongoDB 相關的載體作為資料的來源。因此在建置 Pipeline 的過程中我們就可以適時地加入一些處理邏輯，就可變成類似於讀取 Local File 存入到 RDB，或是讀取 MongoDB 的資料轉存成 Local File 等各種搭配，藉此來因應解決不同的場境和應用。

下一章節我們會介紹到在 Streaming Pipeline 的服務整合，最常見的就是 Kafka，這邊會提到如何把 NiFi 視為 Producer 或是 Consumer 來送入和讀取 Streaming Data，因為 Streaming 在現在和未來的發展扮演著一個重要角色，所以適時地理解這一塊會有一定的幫助。

06
chapter

Apache NiFi 和 Message Queue 對接與實務

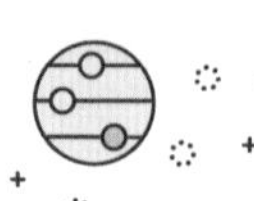

這章節會主要介紹 Apache NiFi 和 Message Queue 服務整合，這樣的架構通常用於 Streaming Data Pipeline 的設計，為了能夠達到資料的即時性分析和應用，很多時候我們會採用 Streaming 的架構來做設計。簡單來說，資料會持續地流入，不會是固定時間才流入做處理。Streaming 為了避免資料流入時有所謂的資料遺失 (Data Loss) 的問題，通常會搭配 Message Queue 的服務來做中繼站暫存且處理，常見的像是 Apache Kafka、Apache Pulsar 或是 RabbitMQ 等服務。對於 NiFi 來說，每一筆 FlowFiles 就如同一筆資料或是 Message，你可以持續地將資料送到 Message Queue，或是持續地從 Message Queue 拉資料下來處理到另外一個資料載體。

Streaming 的架構往往比傳統的 Batch 架構來得更加複雜，有許多面向必須考量，例如如何保證送資料端 (Sender) 或是接收端 (Receiver) 能夠在一定的時間內完成當下所產生的資料，又或者是資料若遺失了該如何回補等等議題。但從商業與現實面的角度考量，Streaming 的存在至關重要，對於應用面來說可以有效地提升用戶體驗，因為當有問題資料發生時能夠快速應對和預測；又或者是在數據監控的場景下，我們通常希望能夠立即地知道服務的狀況以做對應的處理。這樣的架構在現實當中有許多場景都受用，而 Apache NiFi 正是一套能夠同時支援 Batch 和 Streaming 的工具，本章就來介紹如何與 Message Queue 服務做整合的架構。

6.1 什麼是 Message Queue？

首先，先來介紹什麼是 Message Queue？圖 6-1-1 是一個初步的架構：

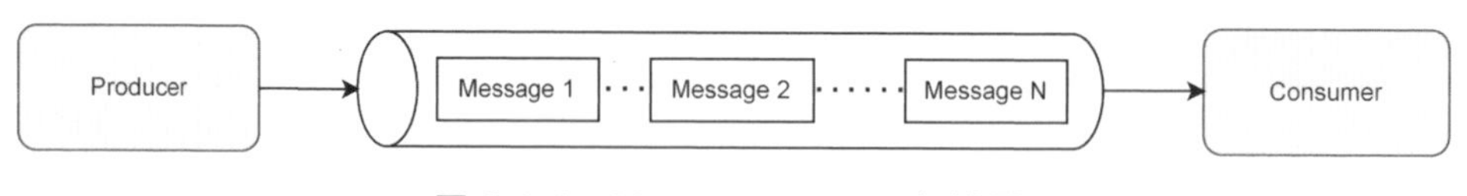

圖 6-1-1 Message Queue 架構圖

從圖中我們可以看到有三個主要的 Componenet，分別是 Producer (又稱 Sender)、Message Broker、Consumer (又稱 Receiver)，大致上個別的功能如下：

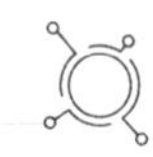

- **Producer**：負責傳送資料或 Message 到 Message Broker。
- **Message Broker**：負責確保資料或 Message 的順序性，通常是 FIFO 為主，另外也有支援分類資料的功能，以及將資料做暫存的作用以避免資料遺失。
- **Consumer**：負責從 Message Broker 讀取資料或 Message 下來。

通常 Producer 和 Consumer 是個別不同的 Process 或是 MicroService，因此在這樣的架構底下，會藉由 Message Broker 將這兩個 Component 做區隔以免相互影響。所以 Consumer 若有問題時，Producer 仍然可以持續地送資料到 Message Broker，直到 Consumer 恢復之後再從上次尚未完成的地方開始拉資料下來做處理，以確保資料的完整性。Message Queue 服務會將每一筆從 Producer 送上來的資料給予一個 Sequential number（又稱為 Offset number），主要是用來確保資料的順序性以及 FIFO 的特性，因為資料進來有所謂的前後順序，所以 Consumer 在讀取資料時也應該要依照指定的順序做處理。

這裡我們來快速統整一下 Message Queue 的特性，藉此來加深印象：

- **Asynchronous**：非同步的資料處理，Producer 和 Consumer 不會相互影響
- **Decouple**：正因為 Producer 和 Consumer 不會互相影響，因此這兩方的開發人員可以個別專注在各自的功能開發。此外，也不需要事先得知彼此的服務位置，因為統一以 Message Broker 作為中繼站與存取點。
- **Reliability**：Message Broker 會儲存資料以避免資料遺失。

最後，以 Message Queue 為基礎的工具服務目前主流的有 RabbitMQ、Apache Kafka、Apache Pulsar 等，其中最常見也最普遍的是 Apache Kafka，它具備 Scalibilty 的特性，可以透過水平擴展來提升資料處理的 Throughput，以及具備一些 Replica 的機制以避免在分散式架構中遺失資料。因此下一節會快速介紹 Apache Kafka 的特性和架構，最後再與 Apache NiFi 對接做範例時，讀者便能夠更清楚這當中的應用。

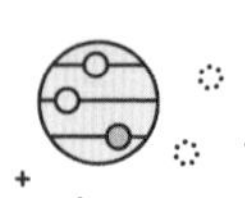

6.2 什麼是 Apache Kafka？

Apache Kafka 是一個分散式的 Message Queue 服務，其相關的設定、知識領域博大精深，但不是本書的主要主軸，因此在此僅簡單介紹。

Apache Kafka 可以粗略地分成三大元件，分別是 Produer、Consumer 和 Kafka Cluster 本身，分別介紹如下：

- **Producer**：Producer 負責將資料持續地送到 Kafka 的服務，也就是 Kafka 中的 Broker，由於 Kafka 是座分散式架構，所以會有多台節點，我們可以想像每台節點就代表一個 Broker。但若是 kafka 3.0 前的版本，傳送資料之前會先向 Zookeeper 詢問應該要將資料送到哪一個 Broker 中。
- **Kafka Cluster**：當 Broker 接受到資料進來時，會以 Log 的形式寫入到目前節點中的 Disk，流程這邊 Kafka 是以類似 LSM 的資料結構來做處理，有興趣的讀者可以再進一步地了解。另外也會有 Zookeeper 負責監控每一座 Broker 的狀態等資訊，但在 Kafka 3.0 之後會轉成 Kraft 的協定做處理，進而就不需要 Zookeeper 服務了。
- **Consumer**：Consumer 就是可以從 Kafka 中的 Broker 拉取資料做接下來的下游處理，其中 Kafka 會給予資料一個 Offset number 來確保資料順序性，所以當 Consumer 拉完資料之後通常會執行 Commit Offset 的動作，簡單來說就是提交現在 Consumer 拉到最新資料的 number 資料值到 Kafka，以確保下次再拉取時只要從該 number 之後往後讀取資料即可，以避免重複資料發生。圖 6-2-1 是一個簡單的概念圖：

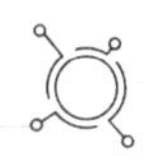

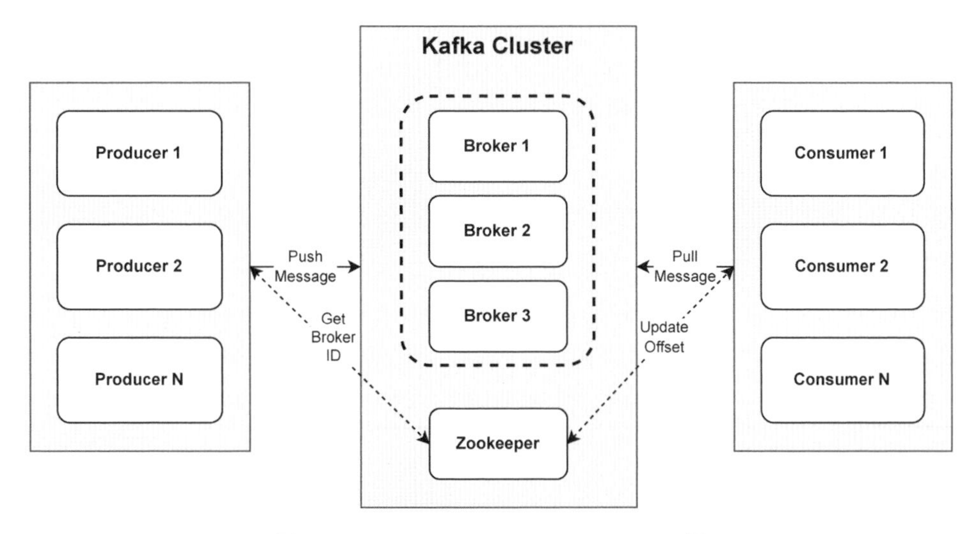

圖 6-2-1　Apache Kafka High Level 圖

瞭解完整體 high level 的 kafka 架構圖之後，繼續往下探究在 Broker 中的資料儲存架構，這與下一節在設定 Kafka 相關的 Processor 息息相關。同樣地，我們先看圖 6-2-2：

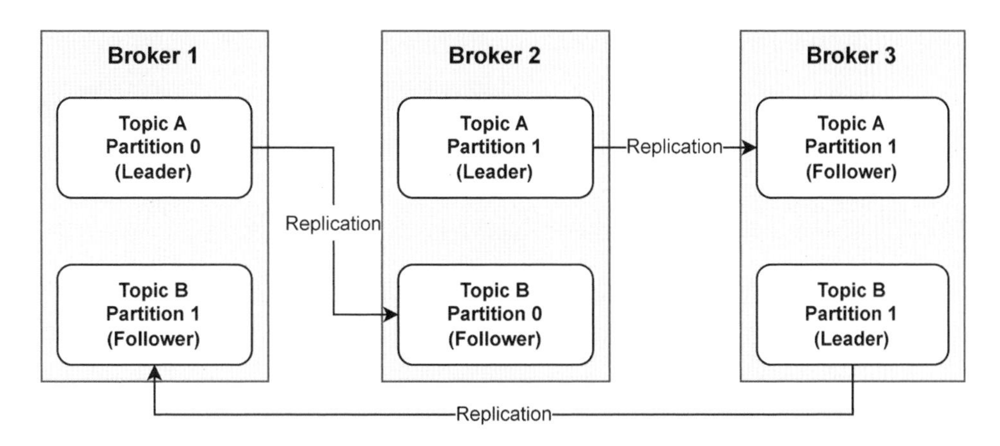

圖 6-2-2　Apache Kafka Broker 資料儲存概念圖

Kafka 是一座分散式的服務，理所當然會具備 High Availiablility 和 Scalibility 的特性。Kafka 會掌管多的 Queue，這邊對應的就是 Topic，我們可以想像一個 Topic 可以當作一個資料類型，正常來說同一種資料應被傳送到 Topic，再由 Consumer 做讀取。在 Topic 中為了有效地提升

Throughput 吞吐量，以及配合 Kafka Scalibility 特性，我們可以區分多個 Partition，所以一個 Topic 中可以有多個 Partition，且同一個訊息不會重複儲存，並因為有 Offset number 而具備順序性。

另外，為了提升 High Availiablility，Kafka 本身具備 Replication 機制，也就是會將 Partition 做備份，此時就會牽扯到兩個名詞 — Leader 和 Follower。Leader 主要是 Producer 和 Consumer 傳送資料與取得資料的 Partition，如果這時候 Leader 所屬的節點因為網路或其他原因而造成無法存取時，Kafka 會從剩下的 Follower 當中選出新的 Leader 來讓 Producer 和 Consumer 可穩定運作，所以要解決這件事情，replication 的機制十分重要，因此我們可以從圖 6-2-2 看到 replication 通常就是在其他節點產生同樣的 Partition 作為 Follower，以避免以上狀況。

因此小結論一下，從上段描述可以看到，我們可以將 Topic 內切分出多個 Partition，且每個 Partition 會被存放在各個節點上，當資料傳送時，我們可以讓 Kafka 去做資料分配到哪一個 Partition，或是依據某一個資料欄位做分配，來盡可能讓資料均勻分配。再來為了有 High Availiablility，Kafka 具備 replication 機制將每個 Partition 產生出 Leader 和 Follower，當 Leader Partition 不能提供服務時，則從剩下的 Follower 選出新的 Leader 來讓服務持續運行。當然這當中有牽扯到 Leader 和 Follower 資料是否一致的問題，這邊就不多敘述，這與底層設定有關。

6.3 如何對 Apache Kafka 對接與操作？

Apache NiFi 有支援 kafka 的版本為 1.0、2.0 和 2.6，所以如果是更新的版本，讀者可能要留意這當中的對接是否有問題。

這邊我們以 PublishKafka 和 ConsumeKafka 這兩個 Processor 來做介紹，簡單來說這兩個會對應到 Kafka 中的 Producer 和 Consumer，初步流程圖可參考如下：

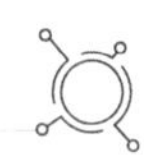

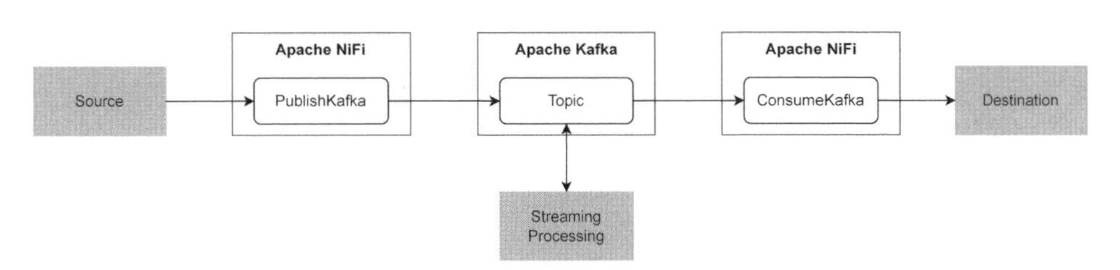

圖 6-3-1　Apache NiFi 和 Apache Kafka 流程圖

從流程圖不難發現，我們可透過 Apache NiFi 向 Source Data 取得資料，接著透過 PublishKafka Processor 進入到 Apache Kafka 中的某一個 Topic，過程中我們可以從 Topic 做一些 Streaming Processing 的處理再進入到處理好的 Topic，再由 Apache NiFi 利用 ConsumeKafka Processor 從 Topic 讀取資料後落地到 Destination 載體。

6.3.1 Producer

這邊以 PublishKafka_2_6 Processor 為例，我們可以從該 Processor 設定預期的 Topic、Partition 等，所以來看一下下圖設定：

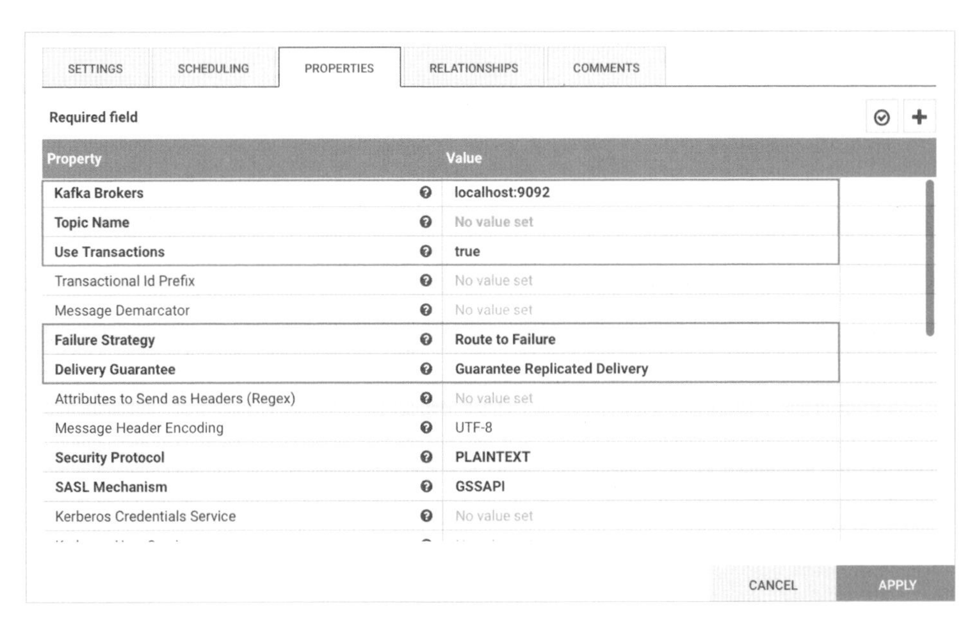

圖 6-3-2　PublishKafka_2_6 Processor (一)

從上圖我們可以看到幾個重要的設定，在此說明：

- **Kafka Brokers**：這邊請填入 Kafka cluster broker 的 endpoint，有多個 Broker 時請以逗號做區隔。
- **Topic Name**：請填入要送入的 Topic 名稱。
- **Use Transactions**：用來決定 NiFi 和 Kafka 之間的傳輸是否需要指定 Transaction。若為 False，則傳輸時有問題，仍會將資料給予 Kafka 的 Consumer 做讀取。反之為 True，則 Kafka 會 Rollback 以至於不讓 Consumer 讀取到該資料與訊息。
- **Failure Strategy**：用於傳輸 kafka 時有問題會怎麼處理。有兩種選項，Route to Failure 直接送到 Failed Connection。另外一種是 Rollback 直接不處理也不傳送到 Kafka。
- **Delivery Guarantee**：該設定會搭配 Use Transaction 做設定，用來決定傳送到 Kafka 的保證要求。Best Effort (代表 ACK= 0)，也就是可能會有掉資料。Guarantee Single Node (代表 ACK=1)，只要有一個 replication 有同步即可，相較來說比較不會有掉資料狀況發生，但有可能會有同步 replication 的問題。Guarantee Replicated Delivery (代表 ACK=-1)，意思是必須確定所有 replication 都拿到資料才算成功，不會掉資料。

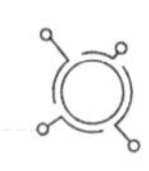

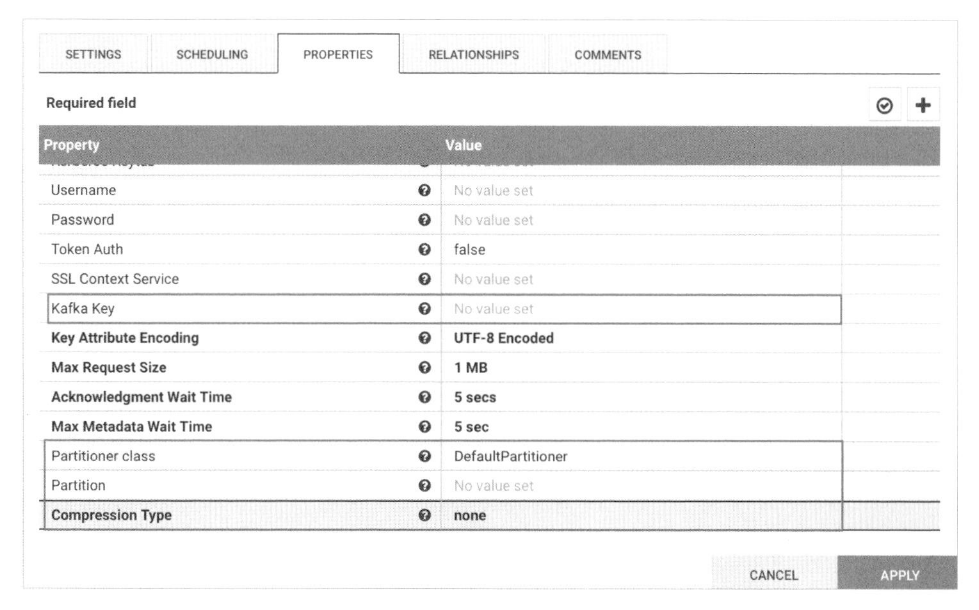

圖 6-3-3　PublishKafka_2_6 Processor (二)

- **Kafka key**：讓資料透過 key 來分佈在 Topic 中不同的 Partition 內。需要配合 Partitioner Class 設定。

- **Partitioner Class**：用來決定怎麼去分派 Partition ID。對應 kafka 中的 `partitioner.class` 屬性。DefaultPartiioner 會配合 kafka key 來依據 key 做 Partition 分配。RoundRobinPartitioner 則是不需要指定 key，由 Kafka 以 Round-Robin 的方式指定 Partition，但有可能產生 Partition 不均勻的狀況發生。

- **Partition**：用來記錄資料或訊息被指派到哪一個 Partition。

- **Compression Type**：送到 Kafka 的資料是否要經過壓縮，建議可以指定壓縮格式，這對於 Kafka broker 的 disk performance 有非常大的幫助，也不會佔用過多的 Disk。

6.3.2 Consumer

這邊以 ConsumeKafka_2_6 Processor 為例，我們一樣可以從該 Processor 設定預期的 Topic、Partition 等，所以來看一下下圖設定：

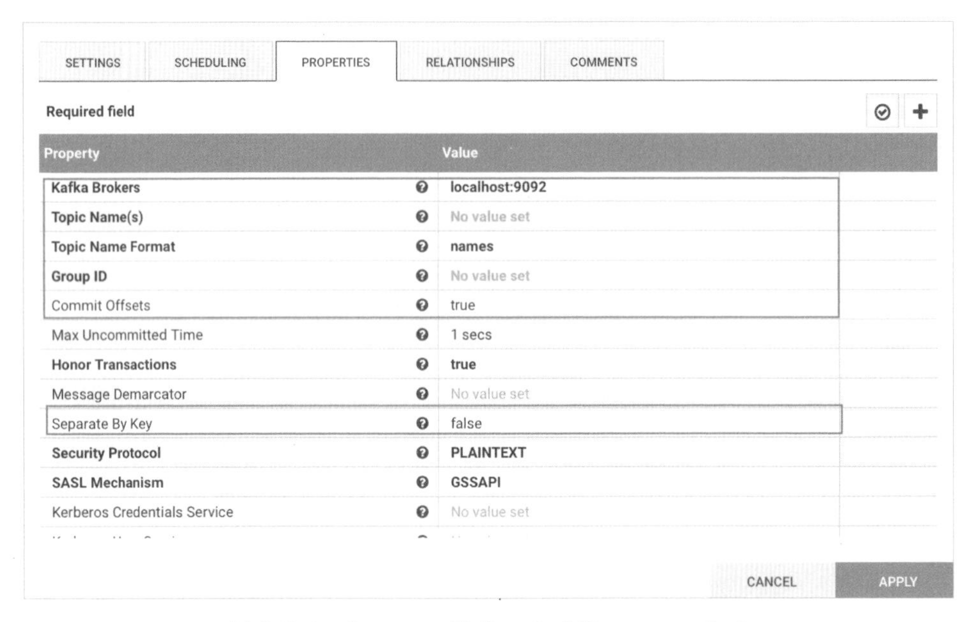

圖 6-3-4　ConsumeKafka_2_6 Processor (一)

- **kafka Brokers**：一樣請填入 Kafka cluster broker 的 endpoint，有多個 Broker 時請以逗號做區隔。
- **Topic Name**：一樣填入要讀取資料的 Topic 名稱。若有多個 Topic，需要以逗號做區隔。
- **Topic Name Format**：選擇 Topic 格式，預設為 names 表示由我們指定完整的 topic name 做決定。另外一個選擇是 pattern，代表我們可以透過 regular expression 做 topic 選擇，符合的 topic 都是要讀取的資料。
- **Group ID**：用來辨識 Consumer Group。很多時候為有效提升處理效益，我們會透過 Consumer Group 來做執行，因為底層可以有多個 Consumer，一旦指定好同一個 Group ID 後，就能確保資料在同一個 Group 中只會被 Consumer 一次，以避免資料重複。

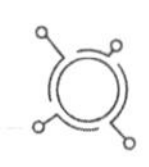

- **Commit offset**：通常我們會設定為 True 以避免資料重複。可以確保 Consumer 下次再讀取資料時，直接從上次最新讀取的 Offset 開始讀取。

- **Separate By Key**：它會配合 Message Demarcator 的設定，當有同樣的 key 時，NiFi 會自動合併 message 成同一個 FlowFiles。

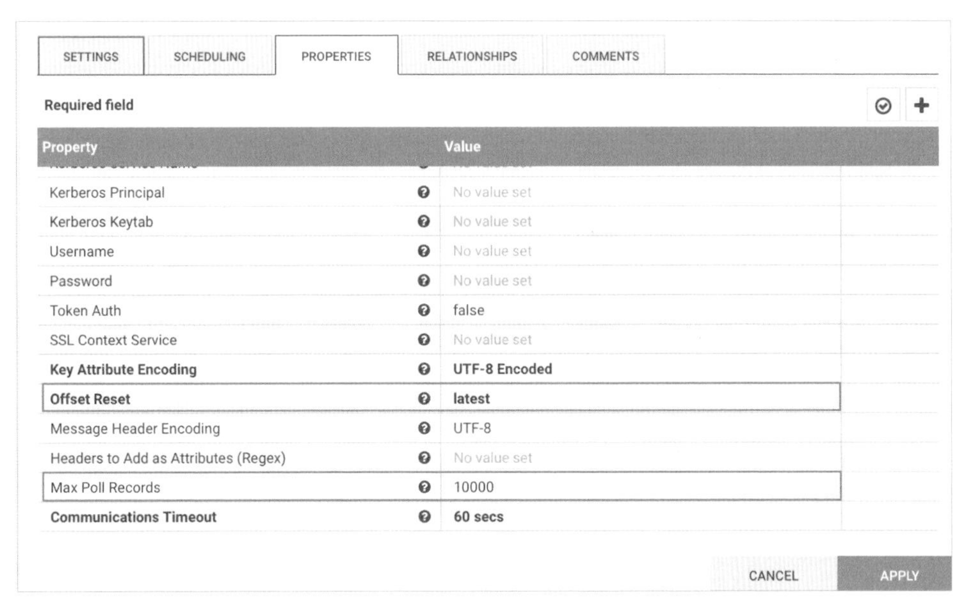

圖 6-3-5　ConsumeKafka_2_6 Processor (二)

- **Offset Reset**：該設定對應到 kafka 中的 auto.offset.reset。主要用於 kafka 在還沒初始化 offset 時、或 offset 被清除時，第一次讀取資料時應該要從哪裡開始讀取。主要分為三種：earliest 是預設值，代表從該 Topic 中且仍在 Disk 中最早的 Offset 開始讀取；latest 代表則是從最新的 Offset 開始讀取；none 表示 Consumer 會直接拋出 Exception，代表服務不知道當下要從哪裡開始讀取。

- **Max Poll Records**：用來指定一次 Poll 的最大資料筆數，可有效地提升 Throughput。

6.4 小結

本章主要介紹了 Message Queue 的概念，這對於目前主流的 Event-Driven 或是 Pipeline 中的 Streaming 架構流程來說是很重要的一環，再加上來未來隨著技術的演進，Streaming 的處理會逐漸格外被重視，所以在這裡適時地介紹，可以讓讀者們有一些基本的認識與操作概念。

另外，我們選擇介紹了主流的 Message Queue Service — Apache Kafka 作為主要的範例，因為 Apache NiFi 本身就有支援原生的 Processor 可做使用，因此我們從 Producer 和 Consumer 相關的 Processor 設定都做過相對應的設定。

但假如今天我們的資料儲存是在 Cloud 上（例如 AWS、GCP 等）的話，要如何從對應的地方讀取資料做處理，最後再轉存到我們預期的資料載體目的地呢？其實 Apache NiFi 也都有支援這些 Cloud 的一些服務對應的 Processor，所以下章將會介紹到這些 Processor 的個別用途與對應的設定。

07
chapter

Apache NiFi 和 Cloud 對接與實務

本章會介紹與雲端服務的對接，在當今的環境中，大多數的企業都會將資料與服務建置在 Cloud 上，比較著名的有 AWS (Amazon Web Service)、GCP (Googlde Cloud Platform)、Microsoft Azure 等 Cloud 平台，每個平台都有各自的強項與設計理念，所以企業通常會基於架構、應用甚至是成本的考量來從中選擇一個合適的 Cloud 平台來做主要設計。筆者本身在 AWS、GCP 的經驗較豐富，因此本章節會先以這兩個 Cloud 平台作為介紹。但其實 Apache NiFi 本身已內建許多可用的 Processor（有針對 AWS、GCP 和 Azure 等），而其中的設定都大同小異，所以即便僅介紹 AWS 和 GCP，只要掌握好設計流程與原則，套用到其他 Cloud 的整合與應用也相當容易。

7.1 如何串接 AWS 服務？

我們已經知道 Apache NiFi 是一套 Data Pipline 的工具，所以在設計的 Input 與 Output 都會是一個資料載體或是搜尋引擎 (Search Engine)。基於這樣的性質，在 Apache NiFi 的內建 Processor 大多數都圍繞在可存放資料或是訊息通知等服務，例如 S3、SNS、SQS、Kinesis、Lambda、RDS、Athena 等，所以並不是所有服務都有對應的 Processor 做處理，因為 Apache NiFi 是 Data Pipline 的服務，所以通常會對接的大多數都會是 Database、Data Lake、DataWarehouse 或是 Message Queue 等服務，所以一般計算用途等的 AWS 服務，Apache NiFi 就不會有對應的 Processor 來支援。

這節專注在 AWS 的服務，主要會介紹 S3、Lambda、SNS、SQS、Redshift 和 Athena 這些服務，這些大多數都是在做資料處理或是訊息處理架構相關的服務，要怎麼與 Apache NiFi 做整合呢？接下來一一做介紹。

7.1.1 建立 AWS Controller Service

在開始介紹之前，我們需要先建立 AWS 的 Controller Service，好讓將資料或訊息送到我們的 AWS Account 來做對應的處理。我們可在 Controller Service 尋找 AWSCredentialProviderControllerService 來做設定，如下圖：

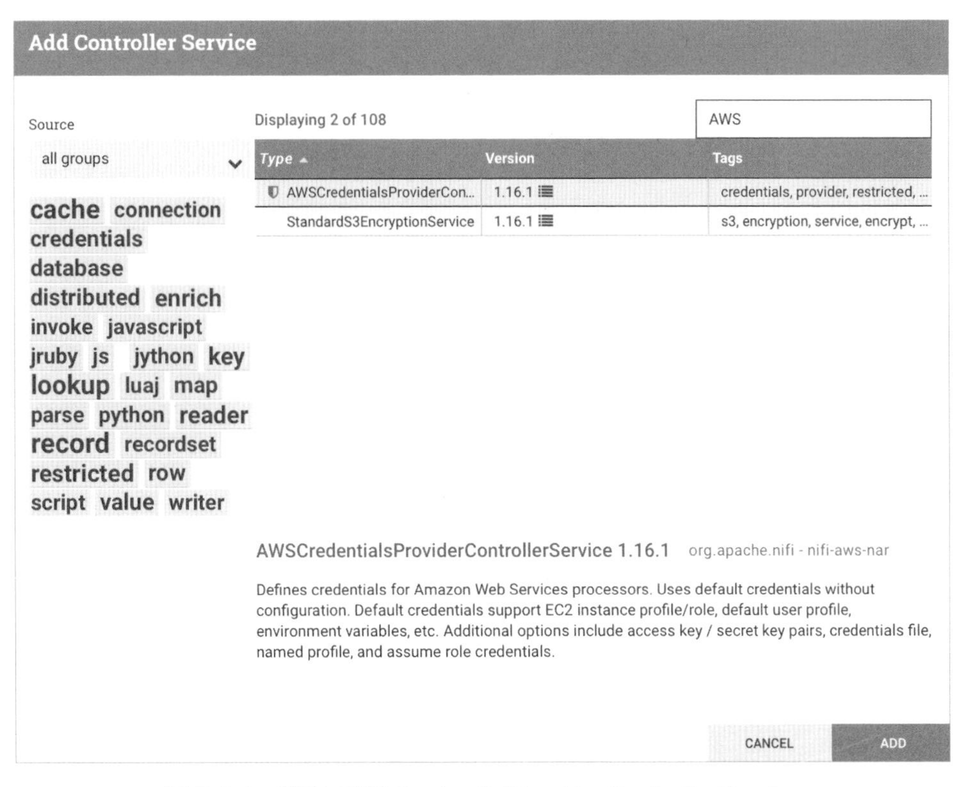

圖 7-1-1 建立 AWSCredentialProviderControllerService

建立完 AWSCredentialProviderControllerService 後，我們就可以針對內部來做 Credential 的設定，設定如下圖：

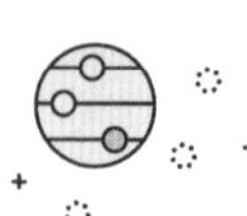

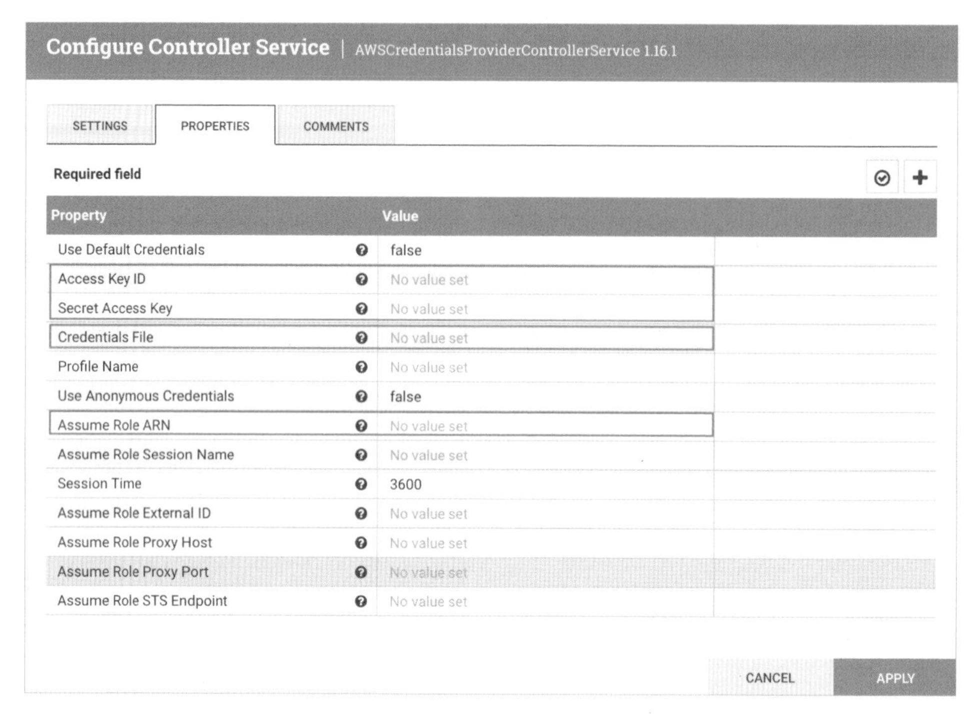

圖 7-1-2　AWSCredentialProviderControllerService 的設定

這邊我們可以選擇三種方式來做 AWS Credential 的對接：

1. **Access Key ID/ Secret Access Key**：可以手動加入自己在 AWS 上的 Access Key ID 和 Secret Access Key，來填入到對應的欄位。
2. **Credential File**：如果不想要手動設定的話，也可以從 AWS 下載 Credential File 到 NiFi 所屬的機器下路徑，這邊再用絕對路徑去做指定。
3. **Assume Role ARN**：如果你的 NiFi 是建立在 AWS EC2 上的話，通常我們會在 EC2 去指定 Assume Role 來做對應的 Permission 管理，可以在 Role 上指定與存取哪些服務的權限，在 NiFi 上只要指定對應 Role 就可以做存取了。

一旦設定完成之後，將該 Controller Service Enable 起來，後續相關 AWS 的 Processor 就可以透過這個設定來取得權限對服務做存取。

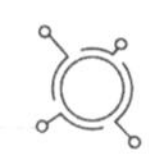

7.1.2 AWS S3 的串接

AWS S3 (Simple Storage Service) 是一個 AWS 服務中的 Data Lake 服務，可用來儲存結構化、半結構化和非結構化的檔案文件。結構化資料像是 CSV、Parquet 等資料格式，半結構化則包含 JSON、XML 等檔案格式，最後非結構化像是圖片、影片、音檔等檔案格式。所以 S3 可以儲存如此多樣的資料格式內容，也符合 Data Lake 的特性。

Apache NiFi 對於 S3 的 Processor 有 5 個，都是一些很簡單的操作，整理如下：

Processor Name	功能描述
ListS3	列出 S3 特定 Folder 下所有 Object 的名稱與相關資訊
FetchS3Object	讀取特定在 S3 的 Object 內容
TagS3Object	用來設定 S3 Bucket 的 Tag
PutS3Object	上傳 Object 到 S3
DeleteS3Object	刪除某一個在 S3 上的 Object

ListS3 Processor

ListS3 Processor 是用來列出 S3 上某個 Bucket 下的某個 Folder 下的所有檔案，假設我們想列出 `s3://bucket_name/sample/data` 下的所有檔案，需要在 ListS3 Processor 下作相關的設定，參考下圖：

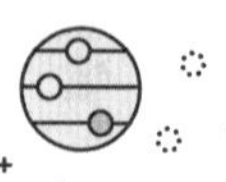

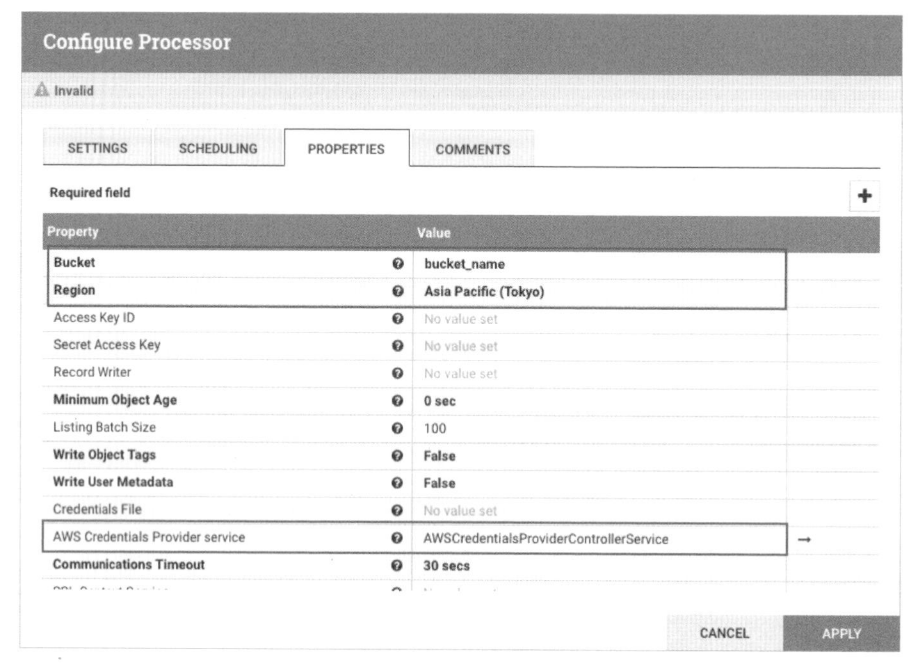

圖 7-1-3 ListS3 Processor 設定（一）

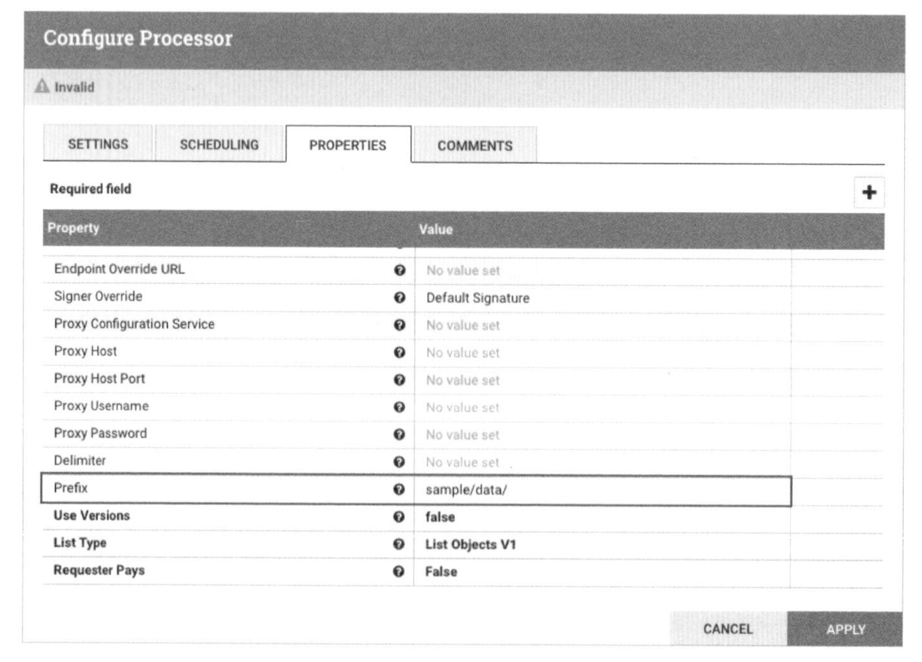

圖 7-1-4 ListS3 Processor 設定（二）

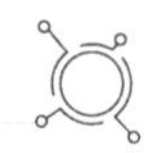

我們從圖上可以看到幾個重要的設定：

- **Bucket**：要存取的 S3 Bucket name
- **Region**：選定好 AWS Account 所屬的區域
- **AWS Credentials Provider service**：這邊直接套用前一節設定的 Controller Service - AWSCredentialProviderControllerService
- **Prefix**：這邊填入 Prefix Folder Name，記住不要連 Bucket 一起填入，以範例來說只要設定/sample/data 即可。

執行該 Processor 出來的 FlowFiles 就會帶有一些 Attribute，且產生 FlowFiles 的數量會等同於在該 S3 Folder 下的 Object 數量，因為一個 FlowFiles 會帶上各自的 Filename、LastModified 的資訊。至於要如何取得真實的資料內容呢？就需要透過下一個 Processor FetchS3Object 來做處理。

FetchS3Object Processor

FetchS3Object Processor 通常會被接在 ListS3 Processor 的下游，ListS3 只會負責列出有哪些檔案，但不會讀取檔案內容，因此需要藉由 FetchS3Object 來取得檔案內容做後續的處理。一樣我們可以參考下圖相關的設定：

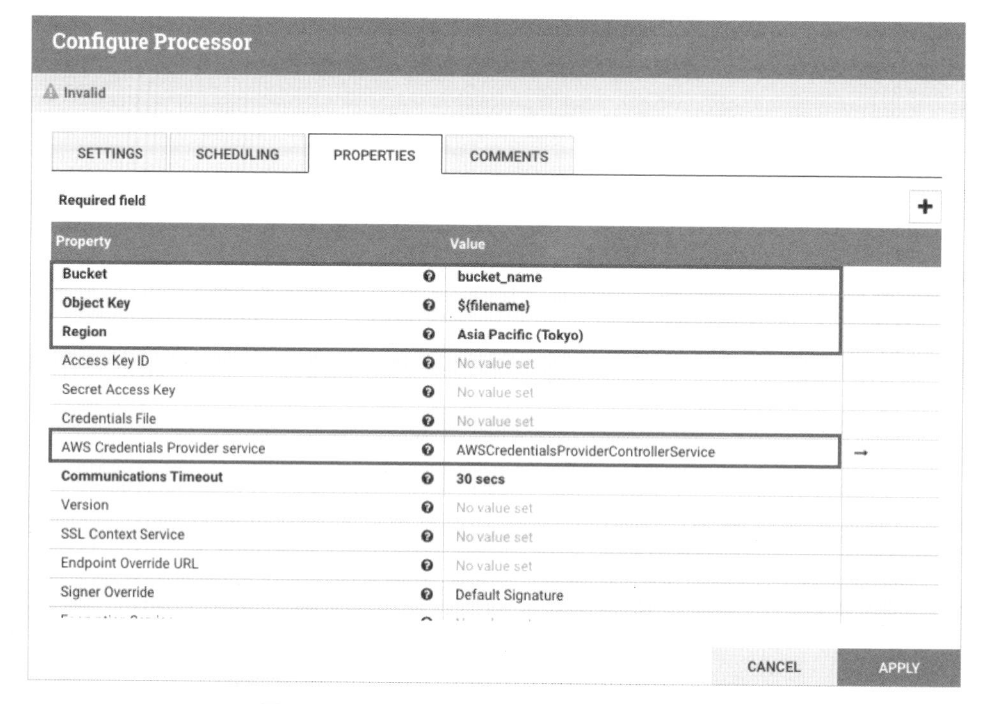

圖 7-1-5　FetchS3Object Processor 設定

這邊大多數的設定與 ListS3 Processor 一樣，要去設定 Bucket、Region、AWS Credential Provider Service。但有一個比較特別的是 Object Key，如果是接在 ListS3 Processor 下游，通常就會是 filename 來做設定。舉例來說，如果 `s3://bucket_name/sample/data` Folder 下有一個 abc.csv，這經過 ListS3 Processor 之後會有一個 FlowFiles，且它的 attribute 中的 filename 值會是/sample/data/abc.csv，所以連同 prefix 會合併進來，這樣 FetchS3Object Processor 就可以去讀取對應的檔案內容進來。

PutS3Object Processor

除了從 S3 讀取檔案之外，我們也可以將本地端的檔案上傳到 S3 上，如果要執行這樣的動作，就需要藉由 PutS3Object 這個 Processor 來做處理，一樣相關設定參考如下：

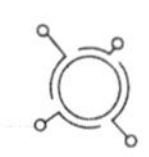

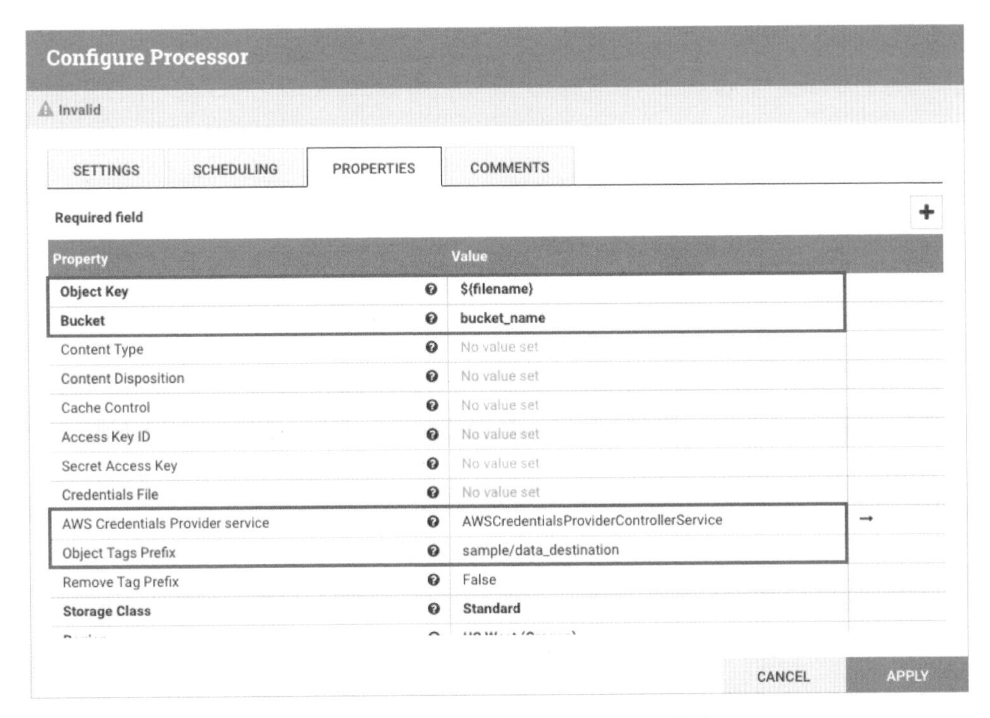

圖 7-1-6　PutS3Object Processor 設定

除了 region 和 AWS Credential Provider Service 跟前面 Processor 一樣之外，這裡有兩個 Property 很重要，千萬不要混淆：

- **Object Key**：這裡的 Object Key 指的是本地端的檔案，也就是說如果本地端有一個檔案為 test.csv 且在 /tmp 這個 Folder 下，通常這邊的 filename 為 /tmp/test.csv。
- **Object Tag Prefix**：為要存放檔案的目標 Prefix，這邊可看到 Prefix Folder 為 sample/data_desintaion，就代表要將這個檔案上傳到 `s3://bucket_name/sample/data_destination/`。

DeleteS3Object Processor

DeleteS3Object Processor 就是很單純地去刪除在 S3 上的檔案，所以只要將 Object Key 指定你要刪的檔案的 filename 即可，設定參考如下：

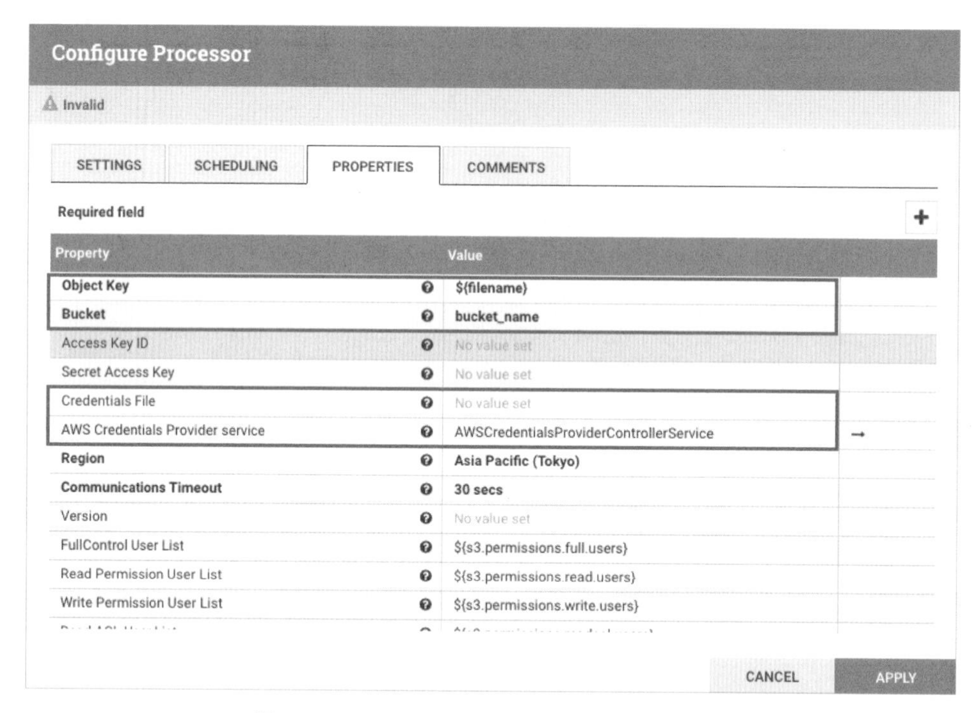

圖 7-1-7　DeleteS3Object Processor 設定

7.1.3　AWS Lambda 的串接

AWS Lambda 是一個 Serverless 的服務，通常會去監聽某一個事件 (Event) 或是訊息 (Message)，當事件或訊息發生時，就會觸發 Lambda 來做任務和運算處理。比較常見的是在 Lambda 會與 SNS、SQS 等訊息處理服務做監聽。

Apache NiFi 有內建的 Processor PutLambda，簡單來說就是將 NiFi 這邊的 FlowFiles 變成類似於事件 (Event)，當事件發生時就可以送到 Lambda，請 Lambda 去做對應的處理。我們來看看 PutLambda Processor 的設定：

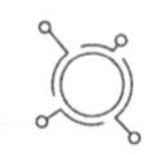

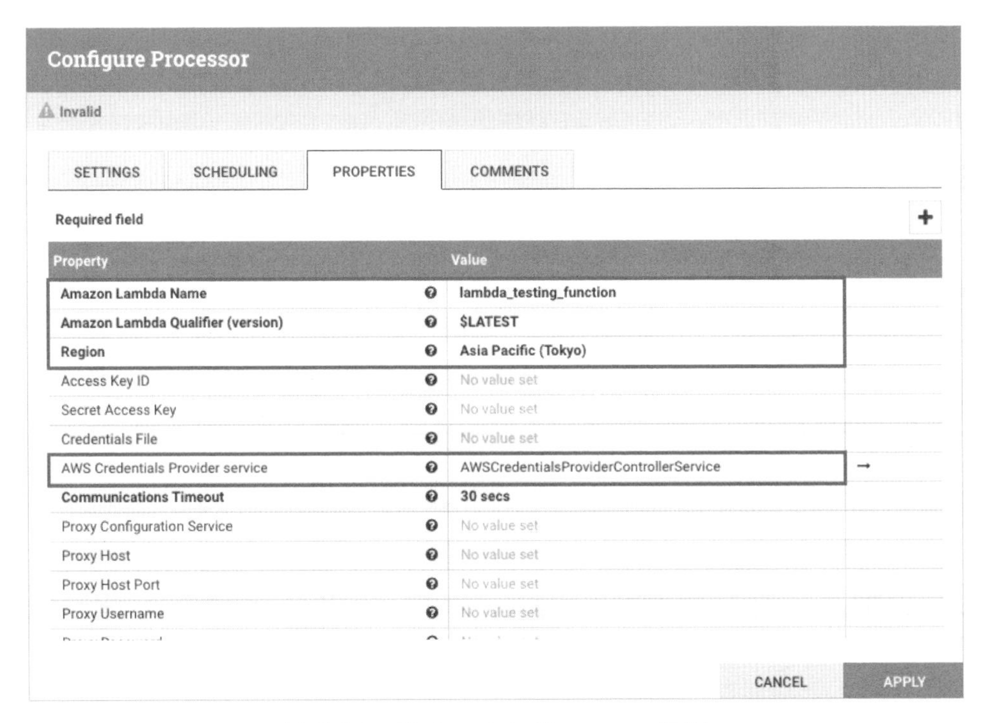

圖 7-1-8　PutLambda Processor 設定

大部分的設定與在 S3 的 Processor 設定差不多，只差別在於這裡要去指令 Amazon Lambda Name，也就是 Lambda 的 function name，好讓 Apache NiFi 知道該把訊息或 Event 送到對的 Lambda 做處理。

7.1.4　AWS SNS 和 SQS 的串接

這一節主要介紹 SNS 和 SQS 的串接，首先介紹這兩者個差異：

	AWS SNS	AWS SQS
Persistance	No	Yes，預設保留 14 天
Direction	Push-Based。 Consumer 必須持續監聽，若 Consumer 服務中斷則會導致資料 loss。	Pull-Based。 Consumer 若服務中斷且重新啟動時，仍可取得原本尚未處理的資料。

簡單來說，SNS 中間並不會保留資料與訊息，所以若接受的服務發生問題時，資料或訊息就會不見，僅僅是發送訊息做到 noticiation 的功能。反之，SQS 很明確就是一個 Queue，會保留資料 14 天，若 Consumer 服務壞掉時，後續啟動仍可以取得近期 14 天內的資料。

GetSQS Processor

GetSQS Processor 是負責從指定的 SQS Pull 訊息下來到 Apache NiFi 來做處理，所以從下圖的設定不難看到，當中的 Batch Size 就是用來決定一次拉 Pull 多少 Message，這邊 Default 為 10，代表一次拉取 10 的 Message 到 NiFi。至於其他的設定都與其他 AWS Processor 差不多，只要指定好 SQS Queue URL 即可操作。

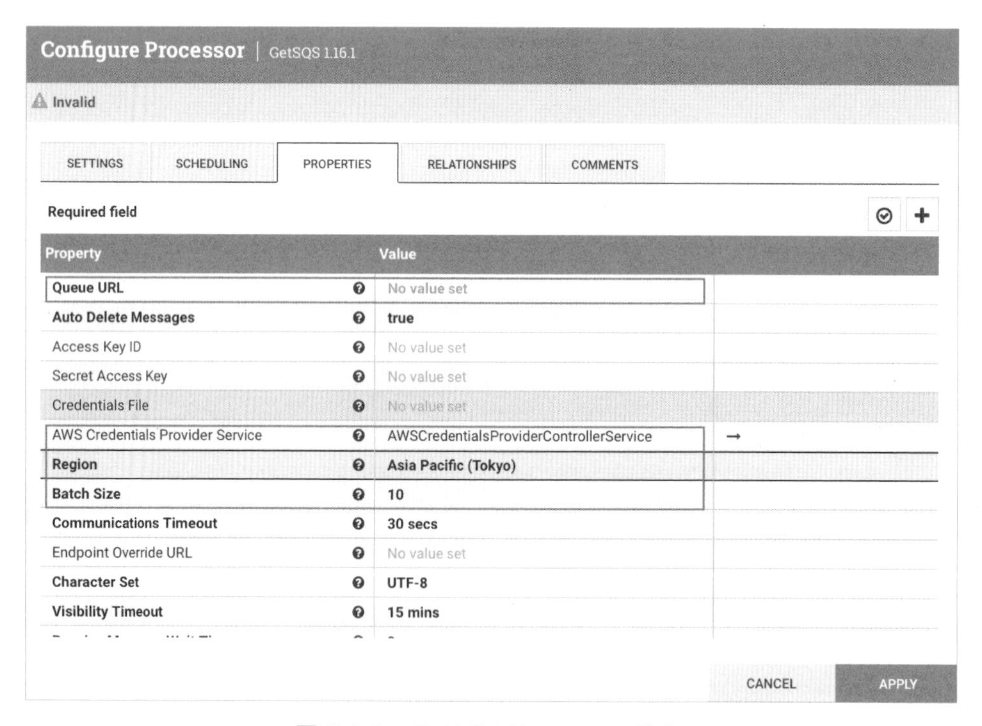

圖 7-1-9　GetSQS Processor 設定

PutSQS Processor

PutSQS Processor 則是負責將 NiFi 的 Flowfiles 送上去到 SQS 內，所以在 FlowFiles 中的 Content 就會被轉換成 SQS 中的 Mesage Body，來提供後續的 Consumer 做使用。至於設定方面可從圖 7-1-10 來看，一樣只要指定好 SQS Queue URL、Region 和 AWS Credential Provider Service 即可。

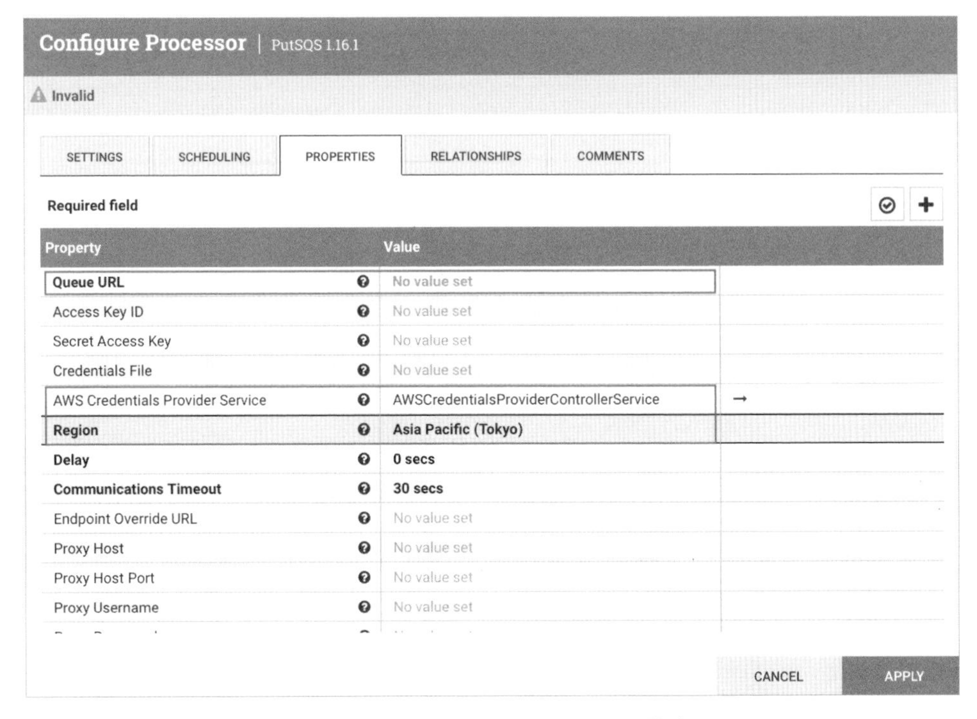

圖 7-1-10 PutSQS Processor 設定

DeleteSQS Processor

DeleteSQS Processor 很單純地刪除在 SQS 內的訊息，所以這裡的設定方式與前面相同，可以參考下方設定：

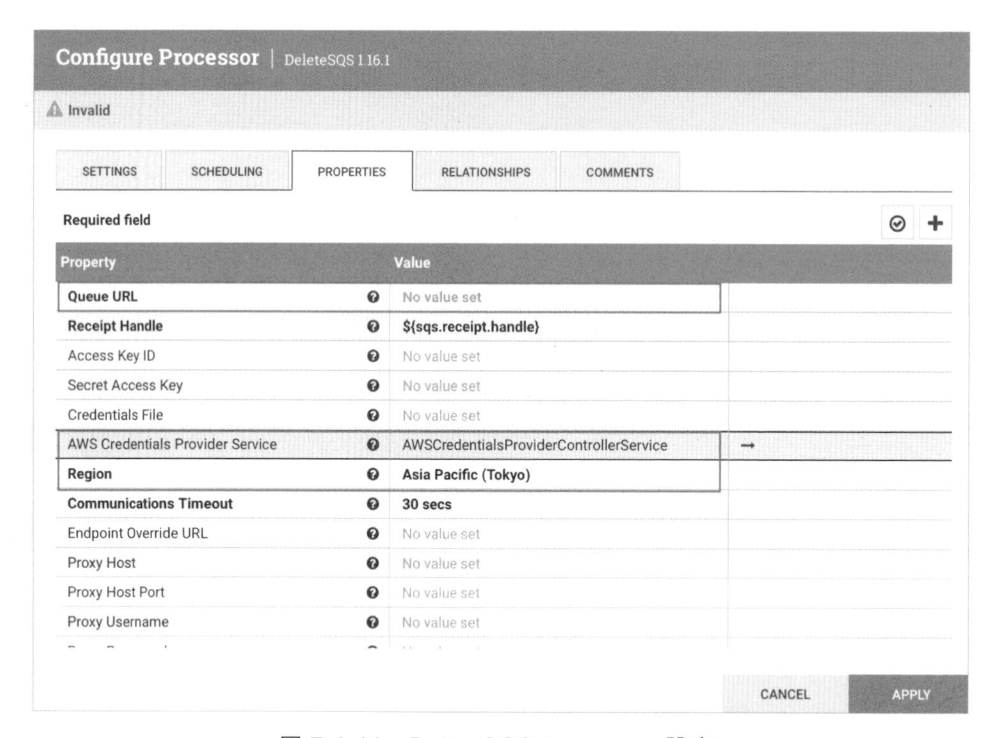

圖 7-1-11　DeleteSQS Processor 設定

PutSNS Processor

PutSNS Processor 就是將 FlowFiles 視為訊息或事件，發送到 SNS 去做 Notification 的處理。我們從圖 7-1-12 來看 PutSNS 的設定：

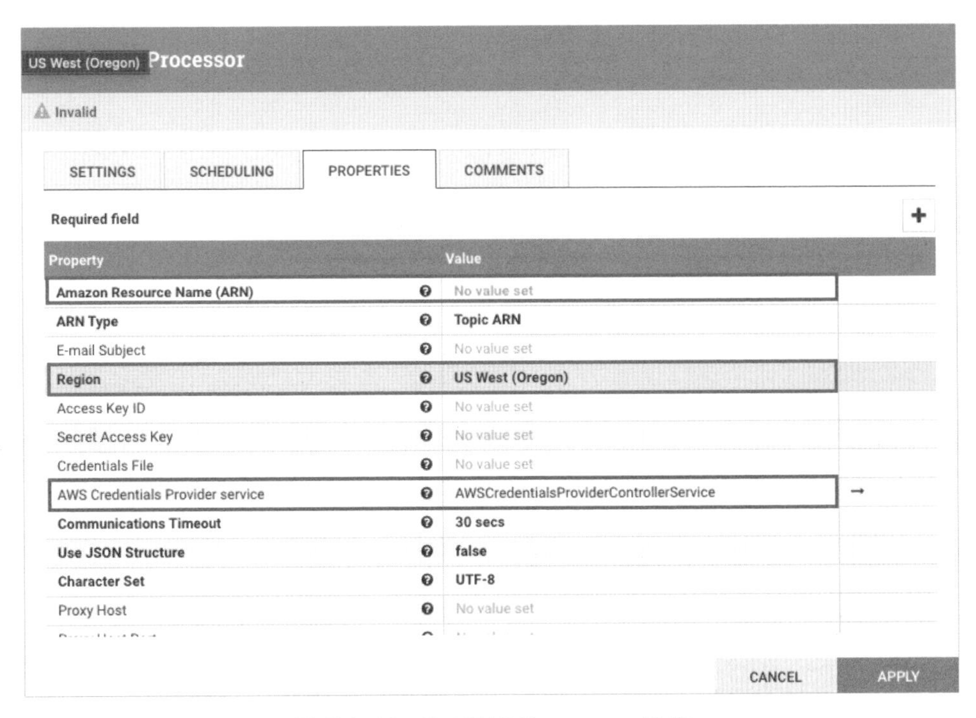

圖 7-1-12　PutSNS Processor 設定

設定的部分主要有幾個 Property 要留意：

◆ **Amazone Resource Name**

一樣可以到 AWS SNS 的 topic Console 取得 ARN，直接複製貼過來即可。

◆ **ARN Type**

預設為 Topic ARN，依據你在 SNS 建立的 Type 來做對應的選擇。

到這邊我們可以看到 NiFi 是如何將 FlowFiles 視為訊息或事件來與 SQS、SNS 做整合應用，但這如果建置在 Data Pipeline 的話，通常會是在某一個環節結果有問題時，我們可透過類似 Failed 之類的 Connection 來進到 SNS 或 SQS，再由後續的任務做到 Error Handling 的機制。

7.1.5 AWS Athena 的串接

AWS Athena 是一個 Presto 為底所建立的 SQL Query Engine，User 可藉由它去 Query AWS S3 的資料 (csv、parquet 等格式)，因此該服務本身不會儲存資料，因為真正資料儲存是在 S3。

此處如果要透過 Apache NiFi 在 Athena 服務上做資料的操作，勢必得利用 SQL 的方式做 CRUD，因此這邊 Apache NiFi 並不像 S3、SNS、SQS 這些服務直接給予對應的 Processor 做處理，而是如同我們在第五章操作 Relational Database 的方式做處理與設定：

1. 下載對應服務的 JDBC Driver。這邊來說就是下載 Athena JDBC Driver (https://docs.aws.amazon.com/athena/latest/ug/connect-with-jdbc.html)。
2. 確認對應的 Driver Class Name。以 Athena 為例就是 **com.simba.athena.jdvc.Driver**。
3. 確認 Driver Connection URL。以 Athena 為例就是 **jdbc：awsathena：//AwsRegion=[region];User=[AwsAccessKeyID];Password=[AwsSecretAccessKey];S3OutputLocation=[s3_folder]**。
4. 將這些資訊連同 Username 和 Password 一同設定到 DBCPConnectionPool 的 Controller Servicer，好讓 SQL 相關的 Processor 做使用。

這邊我們針對這些步驟操作。首先在 Controller Service 中 DBCPConnectionPool 來做設定，參考如下圖：

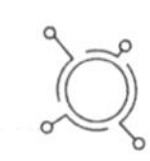

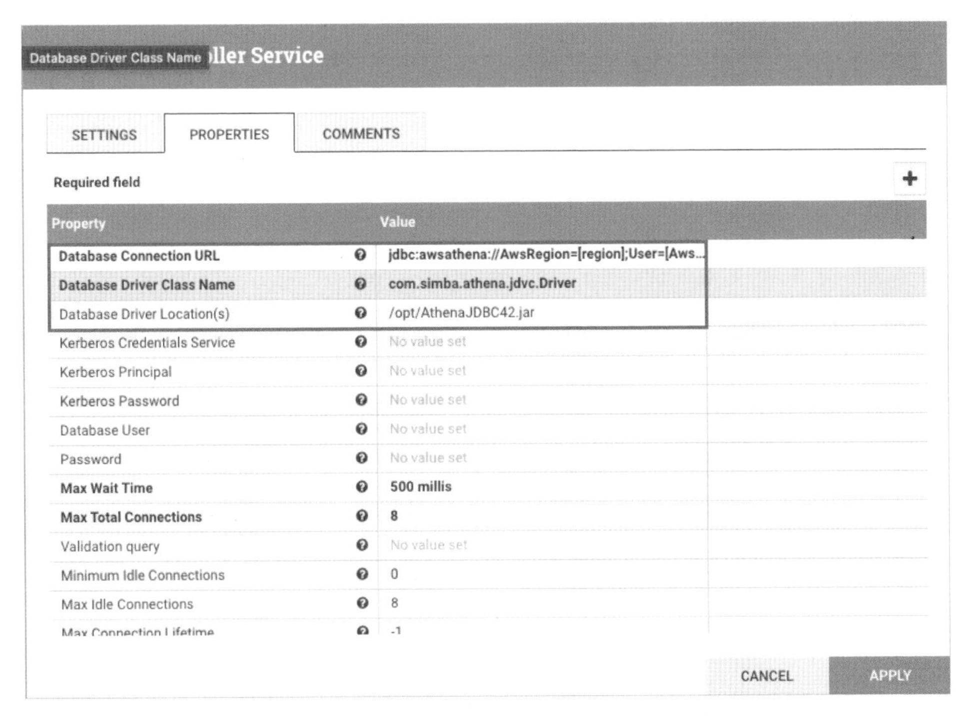

圖 7-1-13　Athena DBCPConnection 設定

從圖中可以看到我們將設定 Datbase Connection URL、Database Driver Class Name 和 Database Driver Location 指定進去。在步驟上我們是將 AWS Access Key ID 視為 Username，AWS Secret Access Key 視為 Password，且直接設定在 Connection URL 上。為了好維護，可以直接分別指定在 Databasd User 和 Password 這兩個 Property。

7.1.6　AWS Redshit 的串接

AWS Redshift 是 AWS 的 Datawarehouse 服務，底層為 PostgreSQL 來做建置，本身可以做資料儲存，另外也可透過 Redshift Spectrum 來建立 Extenal Table，藉此對 S3 做資料上的查訊與操作。

這邊要從 Apache NiFi 操作 Redshift 如同 AWS Athena 的操作，透過 JDBC 來做 SQL 的 CRUD，一樣來依照步驟做拆解：

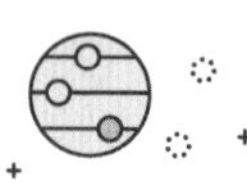

1. 下載對應服務的 JDBC Driver。這邊來說就是下載 Redshift JDBC Driver (https://docs.aws.amazon.com/redshift/latest/mgmt/jdbc20-download-driver.html)。
2. 確認對應的 Driver Class Name。以 AWS Redshift 為例就是 **com.amazon.redshift.jdbc42.Driver**。
3. 確認 Driver Connection URL。以 AWS Redshift 為例就是 **jdbc：redshift：//nifi-redshift-cluster-testing.creydll8nevp.ap-northeast-1.redshift.amazonaws.com：5439/dev;AccessKeyID=[access_key_id];SecretAccessKey=[secret_access_key];Region=[region]**。
4. 將這些資訊連同 Username 和 Password 一同設定到 DBCPConnectionPool 的 Controller Servicer，好讓 SQL 相關的 Processor 做使用。

同樣地，我們將這些設定套入到 DBCPConnectionPool 這個 Controller Service，參考下圖：

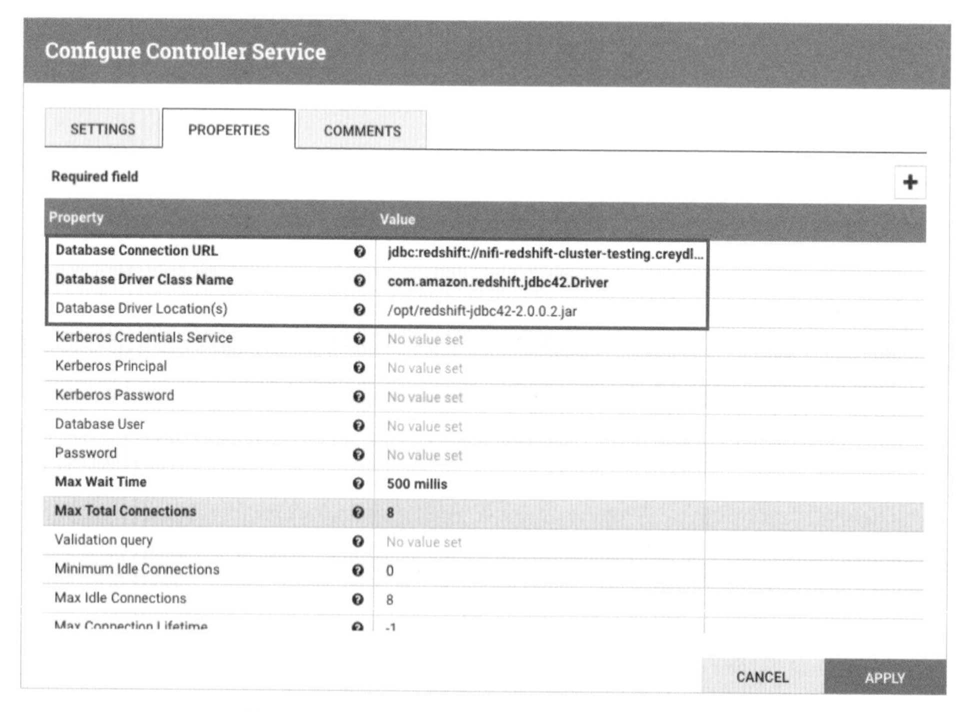

圖 7-1-14　Redshift DBCPConnection 設定

從圖中可以看到我們將設定 Datbase Connection URL、Database Driver Class Name 和 Database Driver Location 指定進去。如同在設定 AWS Athena 的操作一樣，在步驟上我們是將 AWS Access Key ID 視為 Username，AWS Secret Access Key 視為 Password，且直接設定在 Connection URL 上。為了好維護，可以直接分別指定在 Databasd User 和 Password 這兩個 Property。

7.1.7 AWS 延伸服務

從 AWS Athena 和 AWS Redshift 不難發現其實差別在於 DBCPConnectionPool 的設定，只要對接對應的 JDBC Driver 與相關的設定，我們就可以切換到對應的服務做資料 SQL 的 CRUD，這套方式其實也可以應用到 AWS RDS 這個服務上。AWS RDS 是 AWS Relational Database Service，我們建置時可以選擇 PostgreSQL、MySQL、MariaDB 等，所以一樣去下載對應的 JDBC Driver 來建立對應的 DBCPConnectionPool 就可以取得對應 DB 的資料。

另外如果是採用 AWS DocumentDB，因為底層為 MongoDB，所以可以透過 MongoDB 相關的 Processor 來對 AWS DocumentDB 做資料處理。另外如果 AWS Keyspaces Service 就可以使用 Cassandra 相關的 Processor 來做處理。因此不難發現其實在 AWS 有許多資料載體相關的服務底層都是從我們耳熟能詳的那些服務延伸改變過來的，所以只要核心不變，我們就可以通用到對應的處理，來找到合適的 DB Controller Service 以及 Processor 來做使用。

7.2 如何串接 GCP 服務？

前一節我們介紹了一些 Apache NiFi 有支援的 AWS Service Processors，接下來這一節要介紹另一個大眾的 Cloud 平台 — GCP (Googlde Cloud Platform)。目前有支援的是 GCS (Google Cloud Storage)、BigQuery 和 Pubsub。相對 AWS 的部分比較少一點，不過這幾個服務也是在設計 ETL 場景時會被考慮的服務之一，事不宜遲，我們來趕快了解一下如何與這些 GCP 服務做串接。

7.2.1 建立 GCP Controller Service

如同串接 AWS 的第一步，我們需要建立可以存取 GCP 的 Controller Service - GCPCredentialsControllerService，如下圖所示：

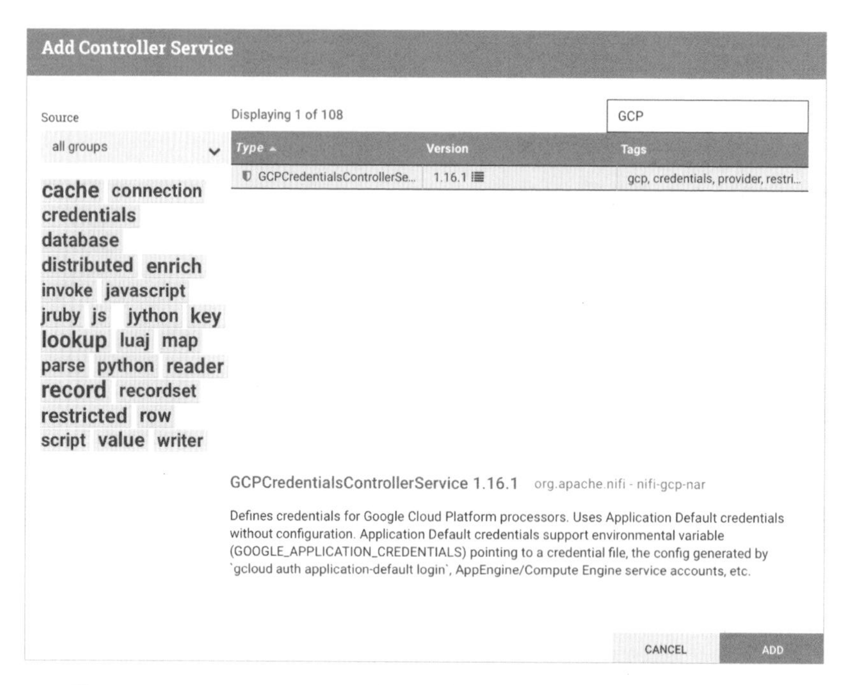

圖 7-2-1 GCPCredentialsControllerService Controller Service

建立完 GCPCredentialsControllerService，我們就可以針對內部來做 Credential 的設定，如下圖：

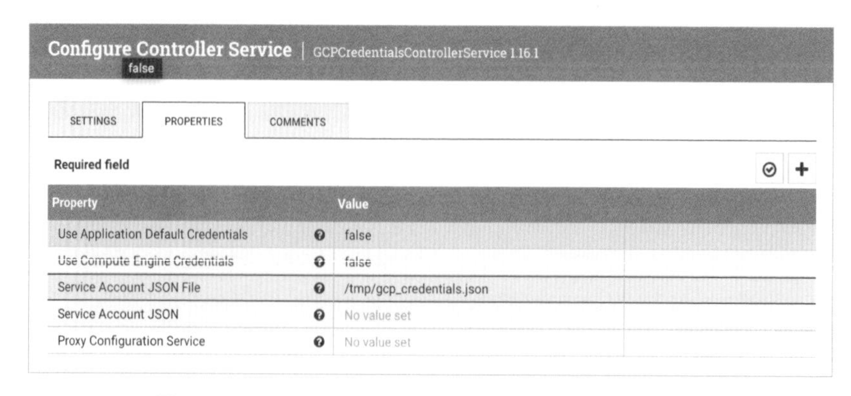

圖 7-2-2 GCPCredentialsControllerService 設定

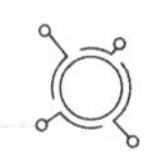

我們會從 GCP 去下載 Credentials Json File，接著存到我們指定的路徑，再從 GCPCredentialsControllerService 去指定 Service Account JSON File 的路徑即可。最後 Enable 起來就可以透過該 Controller Service 來對自己 account 的 GCP 服務做存取。

7.2.2 GCP Cloud Storage 的串接

GCP Cloud Storage (簡稱 GCS) 是一種 data lake 的服務，對照 AWS 也就是 S3。因此能存放結構化、半結構化和非結構化的資料格式。Apache NiFi 有支援 GCS 的 Processor 有 4 種，都類似於在 S3 相關 Processor 的操作，整理如下：

Processor Name	功能描述
ListGCSBucket	列出 GCS 特定 Folder 下所有 Object 的名稱與相關資訊
FetchGCSObject	讀取特定在 GCS 的 Object 內容
PutGCSObject	上傳 Object 到 GCS
DeleteGCSObject	刪除某一個在 GCS 上的 Object

從命名上不難發現幾乎與 AWS S3 Processor 的一模一樣，僅把 S3 改名為 GCS。此外，每個 Processor 內部的設定也都大同小異，我們來快速一探究竟。

ListGCSObject Processor

ListGCSObject Processor 是用來列出 GCP 上某個 Bucket 下某一個 Folder 下的所有檔案，類似於 AWS ListS3 Processor。假設我們想列出 `gs://my-bucket/data/example` 下的所有檔案，僅需要在 ListGCSObject 做如下設定：

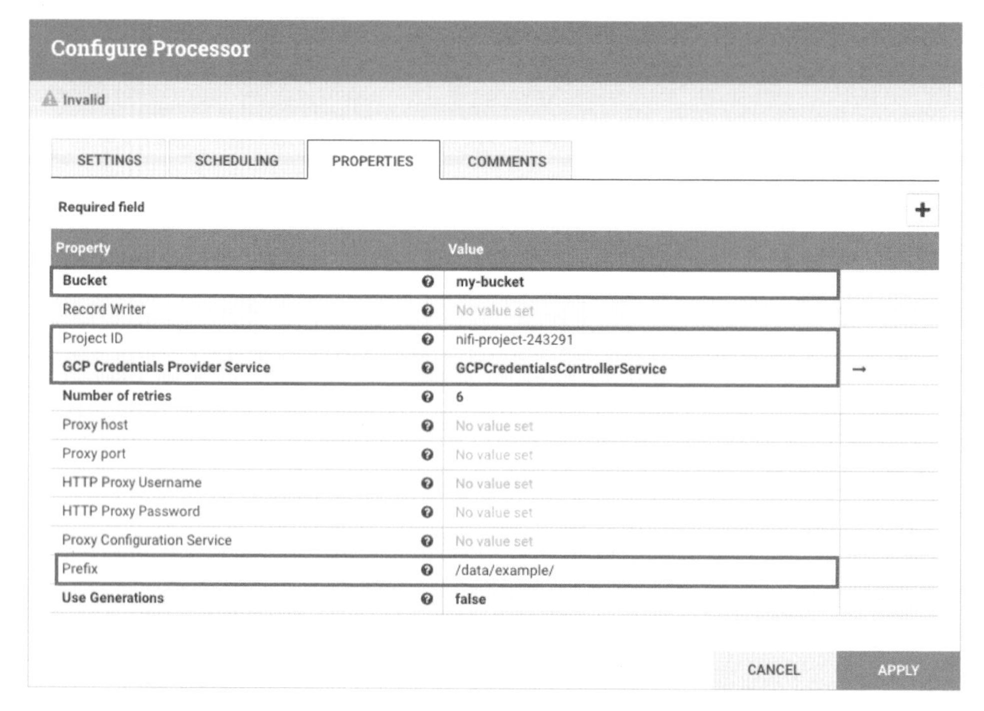

圖 7-2-3　ListGCSObject Processor 設定

從圖 7-2-3 可以看到幾個重要的設定：

- **Bucket**：要存取的 GCS Bucket name
- **Project ID**：在 GCP 的 Project ID
- **GCP Credentials Provider service**：這邊直接套用前一節設定的 Controller Service - GCPCredentialsControllerService
- **Prefix**：這邊填入 Prefix Folder Name，記住不要連 Bucket 一起填入，以範例來說只要設定 /data/example 即可。

執行該 Processor 出來的 FlowFiles 就會與 ListS3 Processor 結果一樣，會帶有一些 Attribute，且產生 FlowFiles 的數量會等同於在該 GCS Folder 下 Object 數量，因為一個 FlowFiles 會帶上各自的 Filename、LastModified 的資訊。接下來需要透過下一個 Processor FetchGCSObject 來做處理。

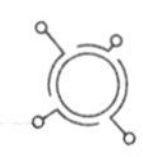

FetchGCSObject Processor

FetchGCSObject Processor 通常會被接在 ListGCSObject Processor 的下游，主要是 ListGCSObject 如同 ListS3 一樣只會負責列出有哪些檔案，但不會讀取檔案內容，就需要藉由 FetchGCSObject 來取得檔案內容做後續的處理，我們可以參考下圖相關的設定：

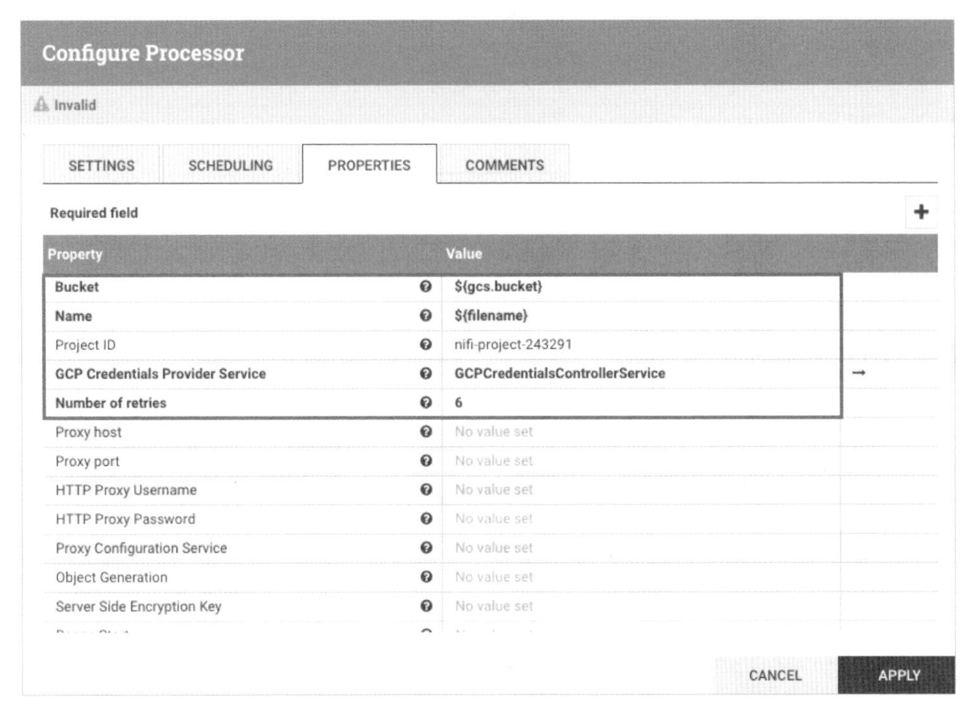

圖 7-2-4　FetchGCSObject Processor 設定

這邊大多數的設定與 ListGCSObject Processor 一樣，要去設定 Bucket、Project ID、GCP Credential Provider Service。另外有一個比較特別的是 Name，如果是接在 ListGCSObject Processor 下游，透過就會是 filename 來做一個設定。舉例來說，如果 `gs://bucket_name/data/example` Folder 下有一個 abc.csv，這經過 ListGCSObject Processor 之後，會有一個 FlowFiles 且它的 attribute 中的 filename 值會是 /data/example/abc.csv，所以連同 prefix 會合併進來，如此一來 FetchGCSObject Processor 就可以去讀取對應的檔案內容進來。

PutGCSObject Processor

如同 PutS3Object Processor 一樣，我們可以從本地端上傳檔案到 GCS 上，只要透過 PutGCSObject Processor 即可達成這樣的目的，相關參考如下：

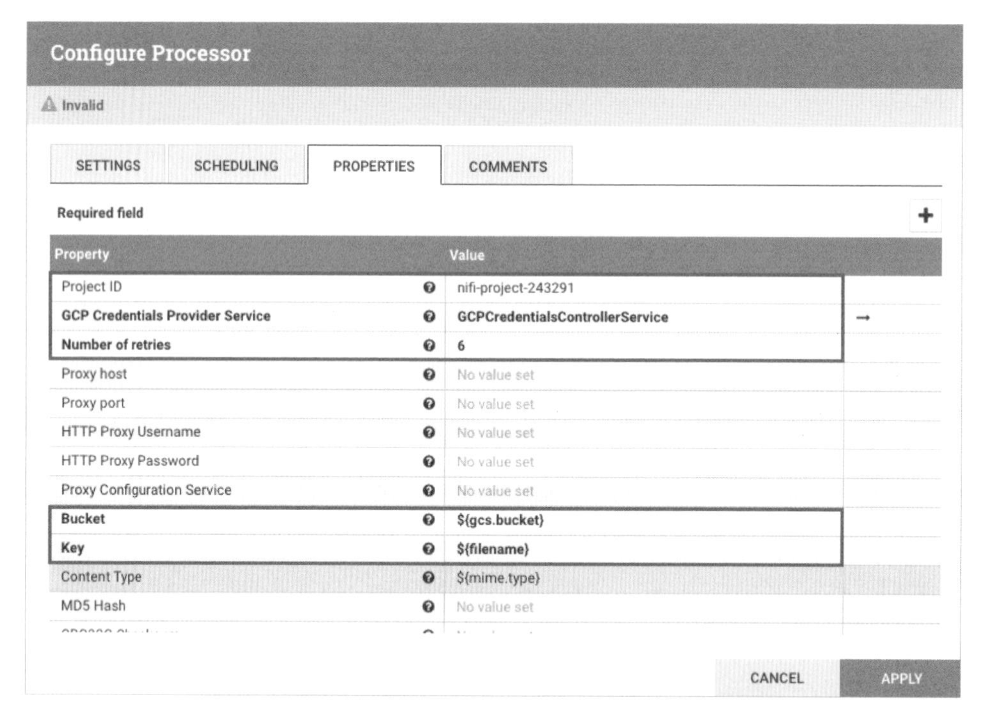

圖 7-2-5　PutGCSObject Processor 設定

除了 Bucket、Project ID 和 GCP Credential Provider Service 跟前面 Processor 一樣之外，這裡有個 Property 很重要，千萬不要混淆：

- **Key**：為要存放檔案的目標 Prefix，這邊可看到 Prefix Folder 為 sample/data_desintaion，就代表要將這個檔案上傳到 `gs://my-bucket/sample/data_destination/`。

這邊與 PutS3Object Processor 比較不一樣的地方在於，PutS3Object 可以指定原本已存在於本地端路徑的檔案，但 PutGCSObject 沒有這個 Property 可以做設定，所以必須在上游先將你要上傳的內容讀取成 FlowFiles 中的 Content，Apache NiFi 就會透過 PutGCSObject 將你 Content 的內容寫入到 GCS 上，所以這是與 AWS PutS3Object 不同之處。

DeleteGCSObject Processor

DeleteGCSObject Processor 就是很單純地去刪除在 GCS 上的檔案，所以只要將 Key 指定你要刪的檔案的 filename 即可，設定參考如下：

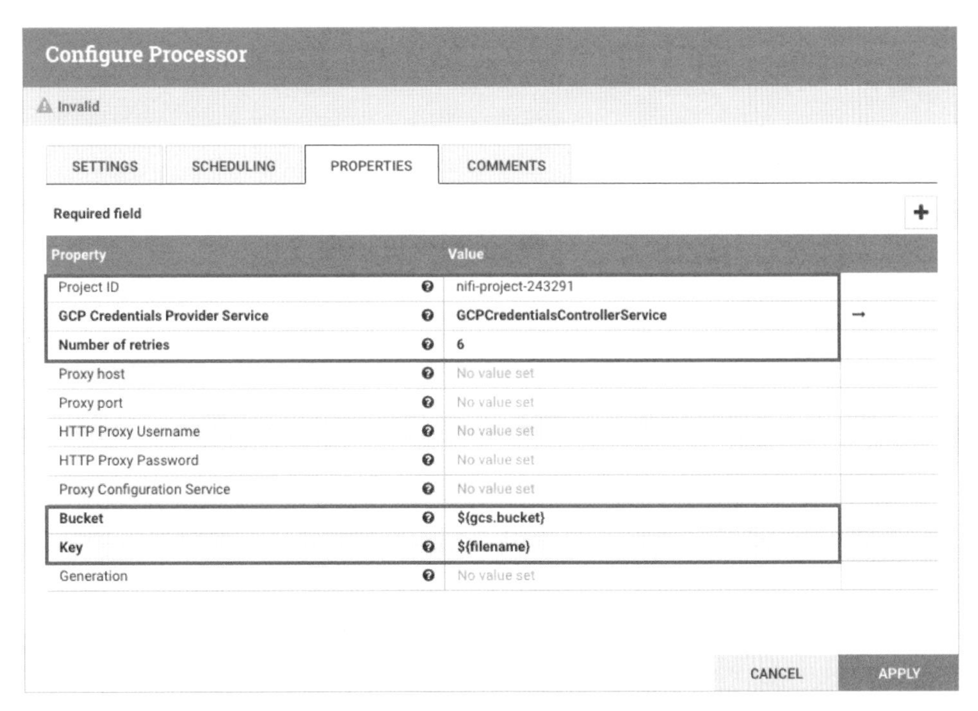

圖 7-2-6　DeleteGCSObject Processor 設定

假如要刪除一個 file 在 GCS 的路徑是 `gs://my-bucket/example/data/titanic.csv`。

- **Project ID**：對應的 GCP Project ID。
- **GCP Credentials Provider Service**：選擇剛剛設定好的 GCP Controller Service。
- **Bucket**：要使用的 Bucket Name，套用例子就是 my-bucket。
- **Key**：要刪除的 filename，這邊包含 GCS 的 Prefix 和 file 名稱，套用例子就是 example/data/titanic.csv。

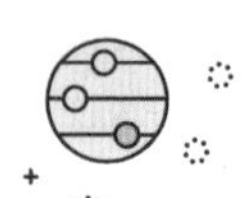

7.2.3 GCP BigQuery 的串接

GCP BigQuery 是一個可提供大量資料儲存與查詢分析的服務，基本上就是 GCP 平台上的 DataWarehouse，並以 Column-based 的底層架構作為儲存，在使用 SQL 來做資料撈取與分析時，可以很快速地得到想要的結果。官方文件中也稱這件事情是 Near Realtime。BigQuery 的架構如圖 7-2-7 所示：

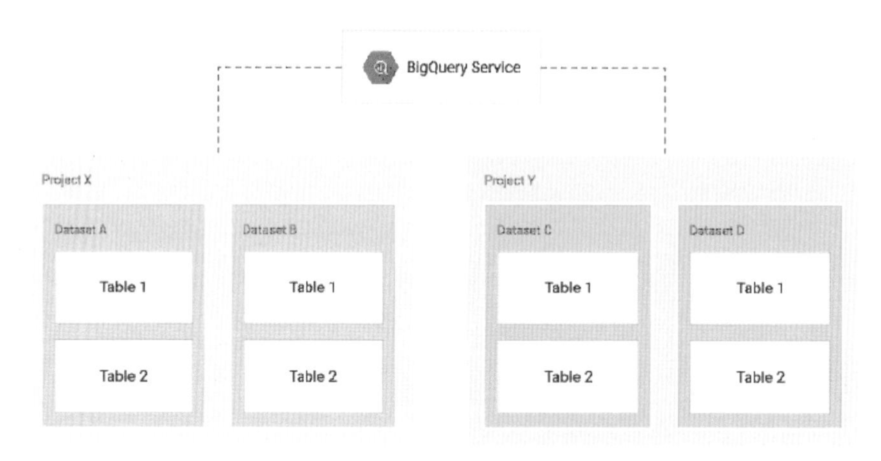

圖 7-2-7　GCP BigQuery 架構圖

在 GCP BigQuery 建立 Project 之後，底下可以產生多個 Datasets，其中每個 Datasets 底下可再建立多張 Tables。我們可以想像可以把同樣類型的 Tables 歸類到統一個 Datasets 當中。例如我們有商品的 Datasets，底下可能會有多種關於商品資料的 Tables 來做儲存，以藉此達到分類與歸納。

在整合到 Data Pipeline 的應用上，Apahce NiFi 的設計理念認為 GCP BigQuery 應是被作為 Target Data，因為通常都是處理好的資料再進入到 DataWarehouse，後續應用在做分析時會是一個比較好且有效率的流程，無論上游處理是 Batch 或是 Streaming 的架構。因此，Apache NiFi 這裡提供了兩個對應的 Processors 供我們使用，分別 PutBigQueryBatch 和 PutBigQuerySteaming。

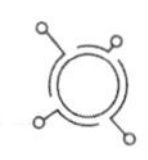

此時的你可能會感到有點困惑。有時候我們也有可能要從 GCP BigQuery 讀取資料出來再做一些轉換與處理，接著存到另外一個載體或是 Data Lake 上，這樣的情況該怎麼做？

非常簡單，原理與先前在介紹 AWS 的 Athena 和 Redshift 的操作方式一樣，我們可以依樣畫葫蘆地去下載 GCP 官方文件所提供的 BigQuery 的 JDBC Driver (https://cloud.google.com/bigquery/docs/reference/odbc-jdbc-drivers) 到我們 Apache NiFi 所屬的機器內，接著指定好 JDBC Driver 的所在絕對路徑、Class Name 以及對應的 Connection URL，就可以同樣透過 SQL 相關的 Processor 執行 SQL 指令來做資料讀取了，是不是十分簡單。

接下來我們僅針對 PutBigQueryBatch 和 PutBigQuerySteaming 這兩個 Processor 來做一些設定上的介紹。

PutBigQueryBatch Processor

PutBigQueryBatch Processor 是允許我們將當下 FlowFiles 中的 Content 寫入到 BigQuery。假設我們 Content 是 CSV 格式且有 100 筆資料，它就會一次寫入 100 比資料到 BigQuery 以達到 Batch 的流程效果，相關設定如下圖所示：

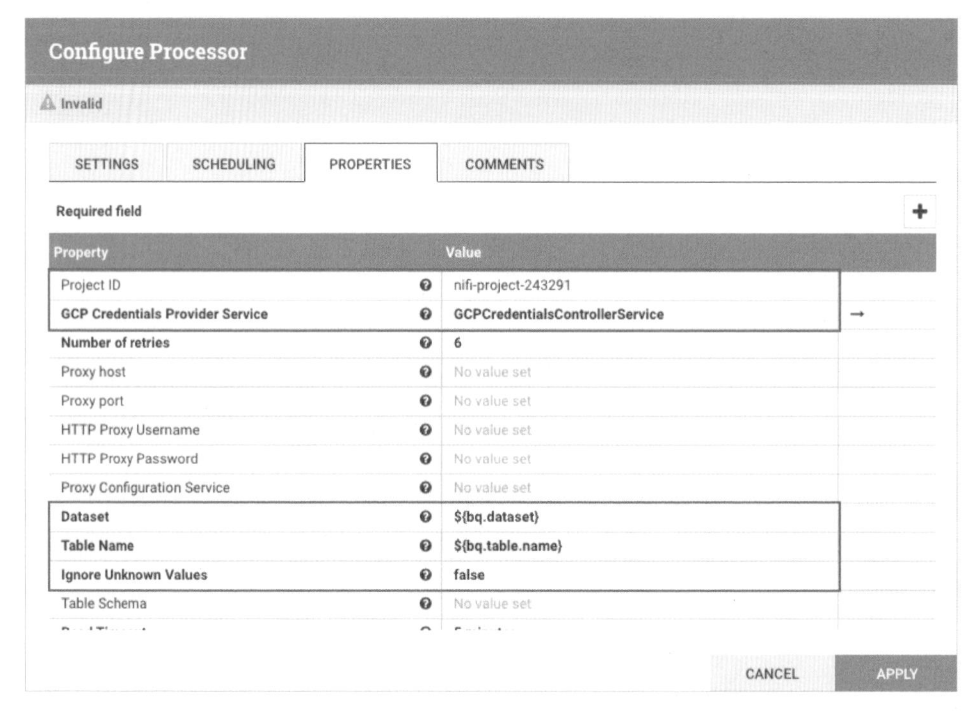

圖 7-2-8　GCP PutBigQueryBatch 設定（一）

由於 PutBigQueryBatch Processor 可以設定的 Property 非常多，我們拆分成兩張圖做介紹。首先看到圖 7-2-8 的設定：

- **Project ID**：對應的 GCP Project ID。
- **GCP Credentials Provider Service**：選擇一開始設定好的 GCP Controller Service，讓 NiFi 有權限可以寫入資料到 GCP BigQuery。
- **Dataset**：如同 BigQuery 的架構，我們要先指定預期的 Datasets。
- **Table Name**：指定外 Datasets 之後，我們就要指定要寫入的 Table。設定完之後請確認該 Table 真的有存在所屬的 Dataset 內。
- **Ignore Unknown Values**：如果有遇到 Unknown 的值時，可以決定是否直接忽略掉該筆資料。

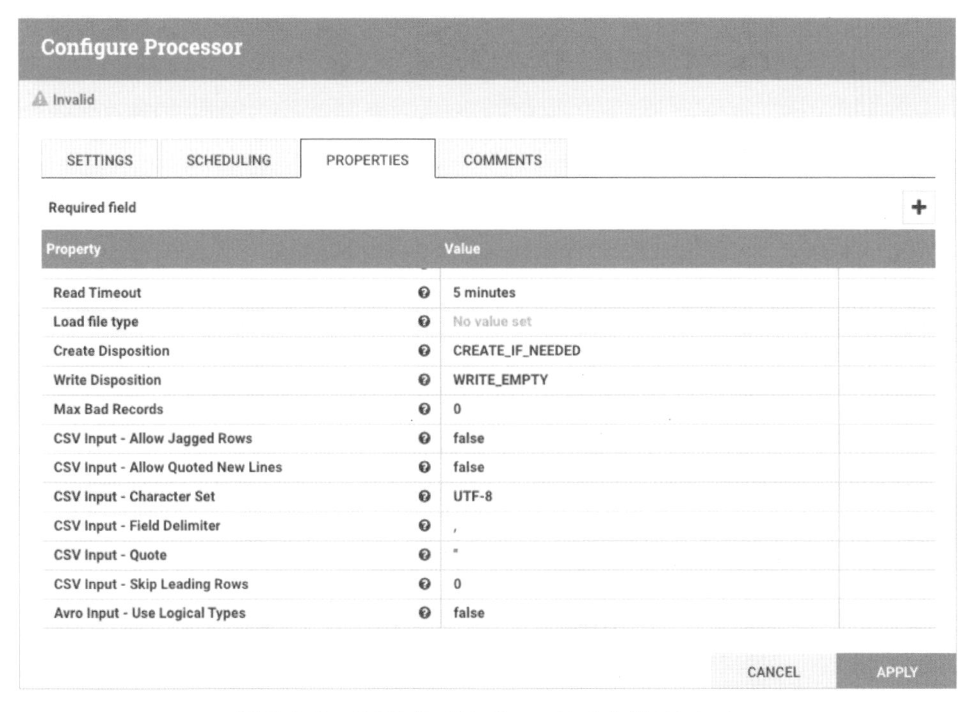

圖 7-2-9　GCP PutBigQueryBatch 設定（二）

- **Load File Type**：指的是你當下要寫入的 Content 是什麼樣的 Format，目前支援 CSV、AVRO、NEWLINE_DELIMITED_JSON。

- **Create Disposition**：是否要判斷 Table 已存在作為建立的依據，如果需要 NiFi 會看該 Table 是否存在，若不存在則自動建立。若不需要就可選擇 CREATE_NEVER。

- **Write Disposition**：支援 WRITE_EMPTY、WRITE_APPEND 和 WRITE_TRUNCATE 三種選項，對應的原理分別就是當 Table 存在時要選擇直接清空不寫入、或直接 Append 上去，或是把舊有資料清除再寫入。

- **Max Bad Records**：該設定是讓我們指定最多可允許的問題資料筆數，假設設定為 5，代表最多允許有 5 比的資料筆數，一旦超過就會產生 Error。

最後就會有一些 CSV 和 AVRO 相關設定，例如要不要雙引號、編碼是否為 UTF-8、分隔符號等等的設定，這些設定都是要搭配你在 Content 中資料格式做對應的設定，可以透過 CSVWriter 來做轉換，所以原則上你在執行該 Processor 之前的 Content 應是如下所呈現：

```
PassengerId,Pclass,Name,Sex,Age,SibSp,Parch,Ticket,Fare,Cabin,Embarked
892,3,"Kelly, Mr. James",male,34.5,0,0,330911,7.8292,,Q
893,3,"Wilkes, Mrs. James (Ellen Needs)",female,47,1,0,363272,7,,S
894,2,"Myles,
 Mr. Thomas Francis",male,62,0,0,240276,9.6875,,Q
895,3,"Wirz, Mr. Albert",male,27,0,0,315154,8.6625,,S
896,3,"Hirvonen, Mrs. Alexander (Helga E
Lindqvist)",female,22,1,1,3101298,12.2875,,S
897,3,"Svensson, Mr. Johan Cervin",male,14,0,0,7538,9.225,,S
898,3,"Connolly, Miss. Kate",female,30,0,0,330972,7.6292,,Q
899,2,"Caldwell, Mr. Albert Francis",male,26,1,1,248738,29,,S
900,3,"Abrahim, Mrs. Joseph (Sophie Halaut Easu)",female,18,0,0,2657,7.2292,,C
901,3,"Davies, Mr. John Samuel",male,21,2,0,A/4 48871,24.15,,S
902,3,"Ilieff, Mr. Ylio",male,,0,0,349220,7.8958,,S
903,1,"Jones, Mr. Charles Cresson",male,46,0,0,694,26,,S
```

其中每一次要 batch 的 Size 取決於你 FlowFiles 的 Content 有多少 record，所以你會發現在 Content 必須是 CSV 的格式下，PutBigQueryBatch 就會有許多關於 CSV 設定的參數需要注意。

PutBigQueryStreaming Processor

PutBigQueryStreaming Processor 的設定原則上與 PutBigQueryBatch 大同小異，差別在於用於一個 FlowFiles 只有一筆 Record Content，所以當中的設定相對較少，一樣如下圖所呈現：

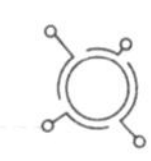

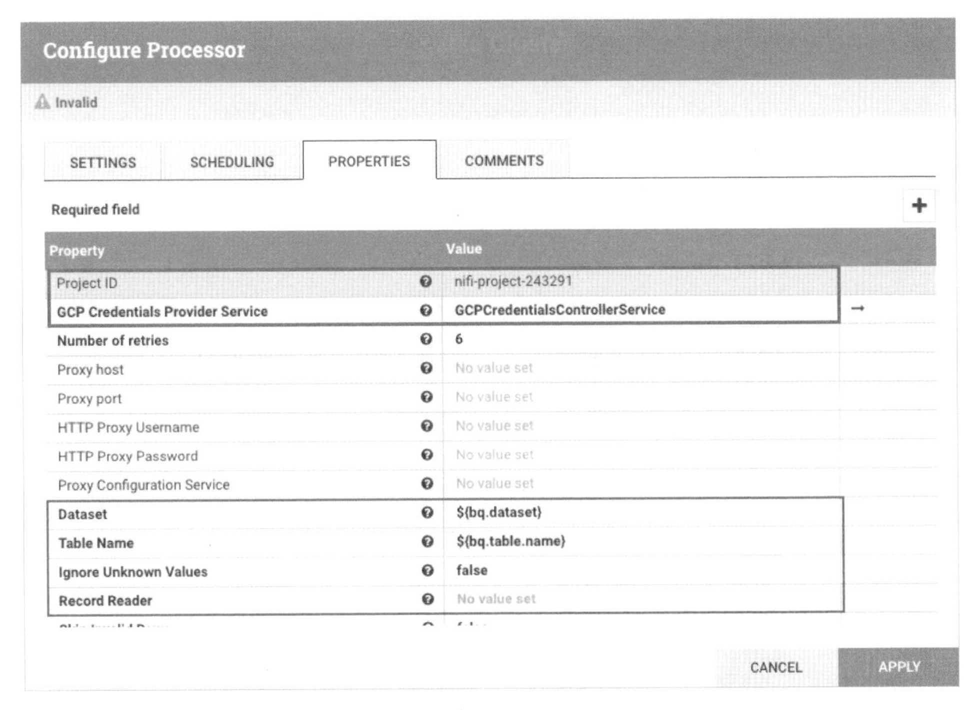

圖 7-2-10　GCP PutBigQueryStreaming 設定（一）

- **Project ID**：對應的 GCP Project ID。
- **GCP Credentials Provider Service**：選擇一開始設定好的 GCP Controller Service，讓 NiFi 有權限可以去寫入資料到 GCP BigQuery。
- **Dataset**：如同 BigQuery 的架構，我們要先指定預期的 Datasets。
- **Table Name**：指定外 Datasets 之後，我們就要指定要寫入的 Table。設定完之後請確認該 Table 真的有存在所屬的 Dataset 內。
- **Ignore invalied Values**：如果有遇到 Unknown 的值時，可以決定是否直接忽略掉該筆資料。
- **Record Reader**：這是唯一一個不一樣的參數，我們可以講多種類型的 Content 寫入到 BigQuery，透過指定好 JsonReader、CsvReader、ParquetReader 等，所以相較於 PutBigQueryBatch 則來得更有彈性。

7.2.4 GCP PubSub 的串接

接下來要介紹 GCP PubSub 的服務對接與設定。在很多 Streaming 場景，我們都需要透過 Message Queue 作為 Buffer 或是暫時儲存的地方，藉此透過非同步的訊息傳遞。此外，我們也可根據不同用途來訂定 message topic，以利於後續的服務能夠穩定地取得資料並操作。經過第六章的 Message Queue 介紹之後，想必讀者們對於 Message Queue 的系統都不陌生，其中的架構會分成 Publisher、Subscriber、topic 這幾個，最常見的服務有 Apache Kafka、Apache Pulsar、或是 AWS Kinesis 等，在 GCP 這個雲端平台上所代表的就是 PubSub 這個服務。

我們來快速看一下官方文件介紹的 GCP PubSub 的架構與流程：

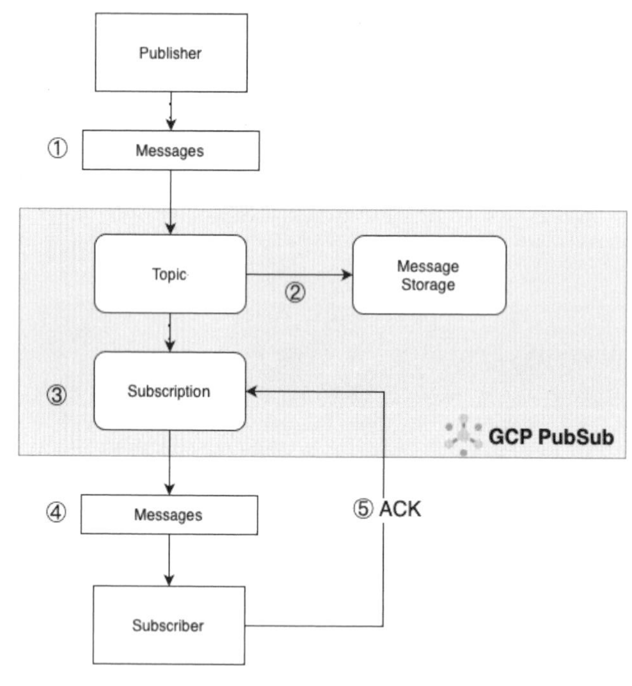

圖 7-2-11　GCP PubSub 架構圖

1. Publisher 會先在 PubSub 建立 topic，並將對應的 message 傳遞進去。
2. 當 topic 內的 message 沒有被接受時，會先被儲存於 storage 內 (預設保留 7 天)。

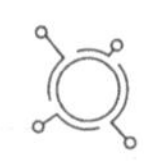

3. 而 Subscriber 會去註冊 Subscription，而其會接收對應 topic 內的 message 就會被送到對應的 Subscriber 做處理。

4. Subscriber 接受到訊息時，會向 PubSub 來發送 ACK。

5. PubSub 接收到 ACK 時，則會把對應的 message 從 storage 做刪除。

所以在這樣的架構下，我們可想像 Apache NiFi 在整合 PubSub 的時候，依據各個場景他有可能是 Publisher 或是 Subscriber 這兩個身份，因此 NiFi 就有提供兩個對應的 Processor — PublishGCPubSub 和 ConsumeGCPubSub。

PublishGCPubSub Processor

PublishGCPubSub Processor 是一個負責擔任 Publisher 角色的 Prcoessor，主要就是將 Message 或 Data 傳送到 GCP PubSub 上面，設定十分簡單，如圖所示：

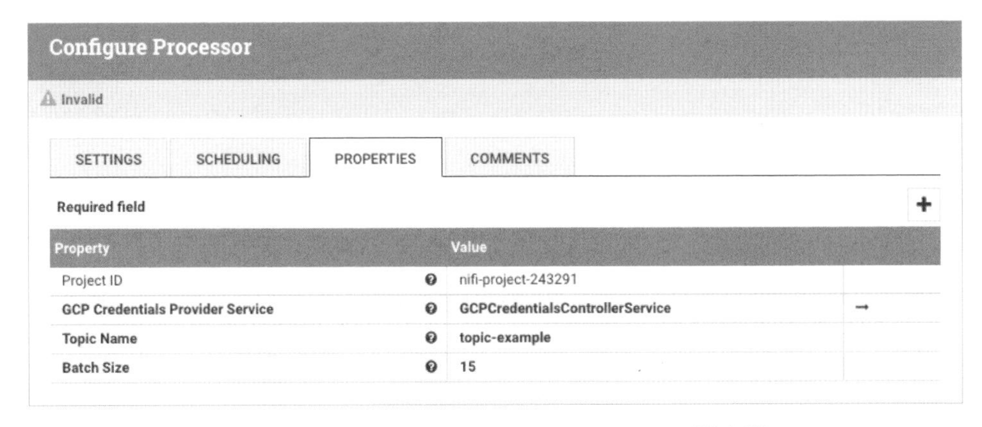

圖 7-2-12　PublishGCPubSub Processor 設定圖

◆ **Project ID**：GCP 的 Project ID。

◆ **GCP Credentials Provider Service**：選擇原先一開始建立好的 GCP Controller Service，讓 NiFi 有權限去對 PubSub 做操作。

◆ **Topic Name**：指定要 publish message 的 topic name。

- **Batch Size**：一次 publish message 的筆數，預設為 15 筆。其中 Batch Size 越大，throughput 也會越大但 Latency 也會隨之拉長，所以可依照情境適時地設定調整。

ConsumerGCPubSub Processor

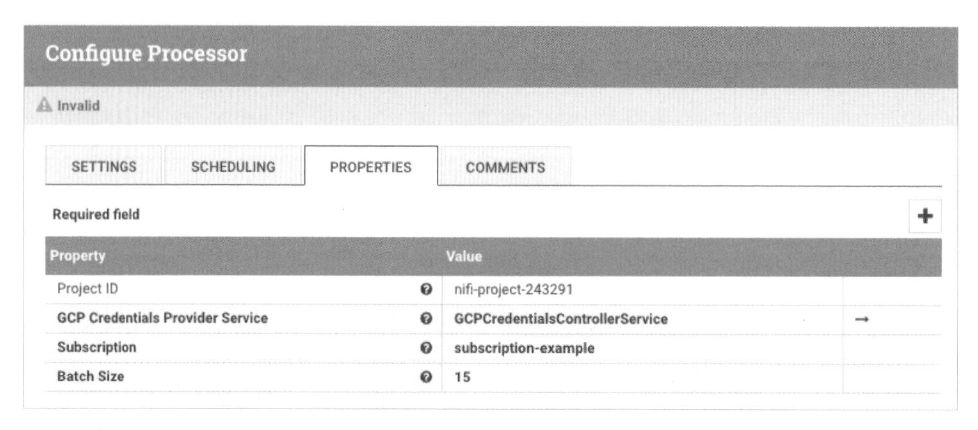

圖 7-2-13　ConsumeGCPubSub Processor 設定圖

- **Project ID**：GCP 的 Project ID。
- **GCP Credentials Provider Service**：選擇原先一開始建立好的 GCP Controller Service，讓 NiFi 有權限去對 PubSub 做操作。
- **Subscription**：指定 subscribe (consume) message 的 subscription name。
- **Batch Size**：一次 pull message 的筆數，預設為 15 筆。與 PublishGCPubSub 一樣，其中 Batch Size 越大，throughput 也會越大但 Latency 也會隨之拉長，所以可依照情境適時地設定調整。

相比先前的 GCP 相關的 Processor 的設定，有沒有發現 PubSub 的 Processor 來得更容易呢？只要指定好 topic 和 subscription name，就可以輕鬆地將 FlowFiles 傳送到 PubSub，或是從 PubSub 取得 message 轉而成 FlowFiles。

7.3 小結

本章介紹了關於 Cloud 平台上資料服務的整合與相關的設定，其中我們著重在於 AWS 和 GCP 兩大平台，也是目前市場上的大宗。但 Apache NiFi 也有支援 Azure 相關的 Processor 可以做操作與應用，若你的工作場景是以 Azure 作為基底的話，官方也有文件可以參考。

我們介紹了 AWS 平台上的 S3、Athena、Redshift、SQS 和 SNS 的整合與設定，以及 GCP 平台上的 GCS、BigQuery、PubSub 的服務整合與設定，這些平台中的這些服務都是在做資料儲存、資料分析查詢等應用時都會時常會操作到的，我們只透過 Apahce NiFi 來作為中間 Pipeline 的串接與傳遞。例如我們可以讀取 S3 資料然後進到 Redshift 來做資料分析，又或者是可以將 GCP BigQuery 資料傳遞到 AWS Redshift 做處理等跨平台操作，這些應用都算是在 Data Pipeline 的一環， Apache NiFi 在 Cloud 整合的成熟程度可見一斑。

下一章會介紹當資料在處理過程時我們可以如何做到監控以及追蹤，這件事情在 Data pipeline 設計上是個非常重要的課題，很多時候會因為網路、記憶體、硬碟等各種狀況進而造成資料處理時可能會錯誤等等，所以我們要適時地去做服務上的監控，以利於後續在解決時有一個很好的依據來做處理。

08

chapter

Apache NiFi 監控與追蹤邏輯

本章會介紹在 Apache NiFi 這個服務中通常我們會需要訂定哪些指標來做監控，包含像是記憶體用量、硬碟用量等，又或者是在 Apache NiFi 的 Data pipeline 在執行中如果有問題時，要如何警示開發者以作後續的追蹤和修復，這些都是在一般軟體工程中很常見的做法流程。最後也會介紹為了能夠有效地集中統一化地管理與監控 Apache NiFi 的狀況，有些額外的監控服務可以做整合與視覺化，以便我們做後續的處理。

8.1 訂定適當的監控指標

Apache NiFi 底層是以 Java 作為開發語言，所以在很多的工作處理上會是建立於 JVM 內部，另外 Apache NiFi 也會將 FlowFiles、Content 等資訊經過壓縮記錄到所處的機器硬碟中。因此在 Apache NiFi 中最重要的有兩個指標必須要去做監控，也就是記憶體和硬碟。

其中要特別介紹的是記憶體，在 Apache NiFi 本身的監控會主要監控 JVM，而 JVM 在記憶體上的劃分我們可以區分 Heap 區和非 Heap 區。其中 Heap 區會是主要的監控要點，因為在 Java 中建立 instance 時會將資料存放於 Heap，所以整個 Apache NiFi 服務在運行時都會建立許多 instance 在 Heap，最後等待 GC (Garbage Collection) 把沒有被 Reference 的 instance 自動回收。但在 Heap 區中又可再細分為 3 大塊，分別是 Eden Space、Survivor Space 和 Old Gen。下面擷取至 Stack Overflow 的解說圖片：

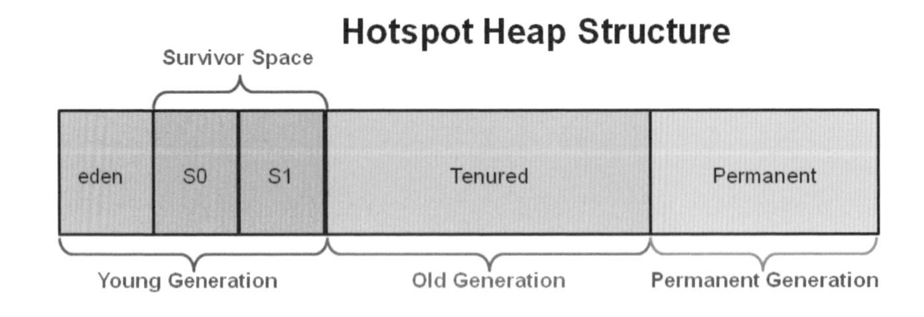

圖 8-1-1　JVM Heap 架構圖

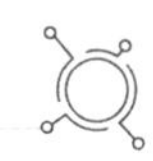

- **Eden Space**：當物件被建立時會先被放置到該區域，直到進行 Garbage Collection 的時候，把不能回收的放入到 Survivor Space 中。
- **Survivor Space**：用來存放原本在 Eden Space 經過 Garbage Collection 仍無法回收的物件。到這邊為止，Eden Space 和 Survivor Spaec 都算是 Young Generation，每次在該區域經過 GC 之後留下的物件，會給於一個 Age 的屬性，每經過一次仍沒有回收成功時則會將它的 Age 加一。
- **Old Generation**：Old Generation 則存放將原本存在於 Eden 或 Young Generation 且經過多次 GC 之後仍存留的物件。當 Old Generation 達到存放一定程度時，JVM 會進行 Major GC，也就是對整個 Heap 做完整的掃描與回收。
- **Permanent Generation**：PermanentGeneration 則是記憶體中用來存放永久的物件區域，通常存放 Class 或 Meta Data 的資訊。

快速介紹完 JVM 中 Heap 的分佈之後，我們來看一下如何在 Apache NiFi 來做對應的設定以監控這些數據，分為以下步驟來教學：

Step 01 進入到 Controller Setting 並切換到 Reporting Tasks 的頁面。

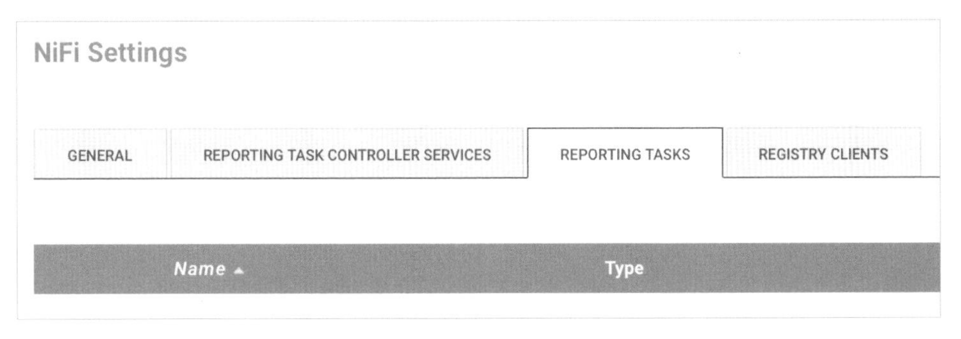

圖 8-1-2　NiFi Reporting Tasks 頁面

Step 02 新增 MonitorDiskUsage 和 MonitorMemory 兩個 Report Tasks。

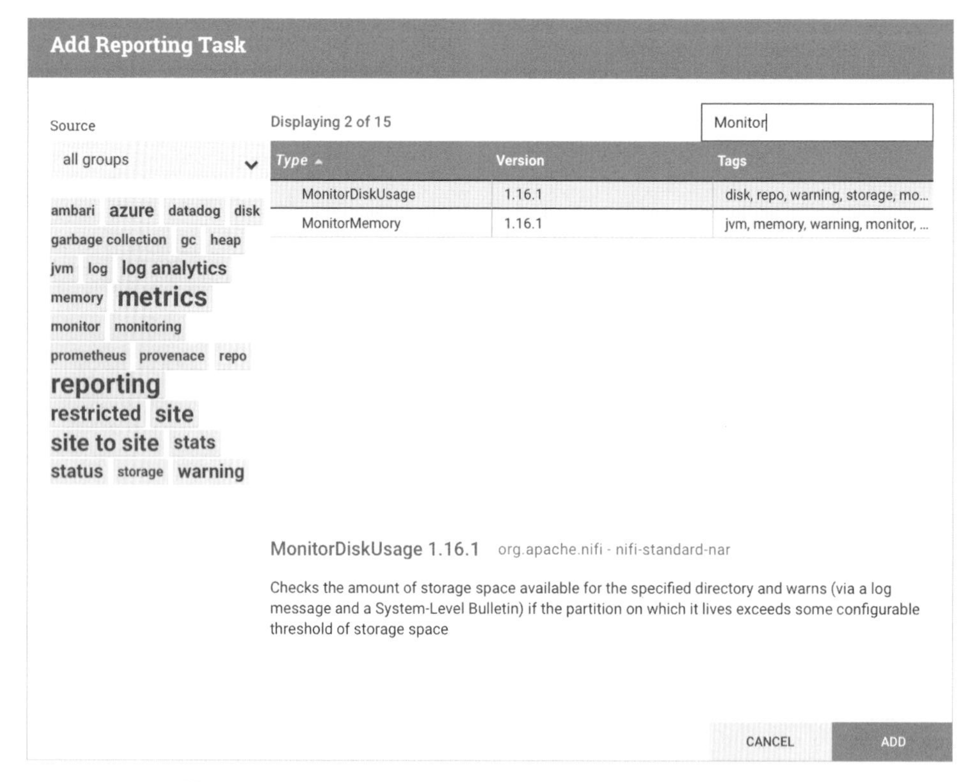

圖 8-1-3　NiFi 的 MonitorDiskUsage 和 MonitorMemory

Step 03 先針對 MonitorMemory 做設定，可指定 Threshold，當用量大於 Usage Threshold 時會發出警告訊息。

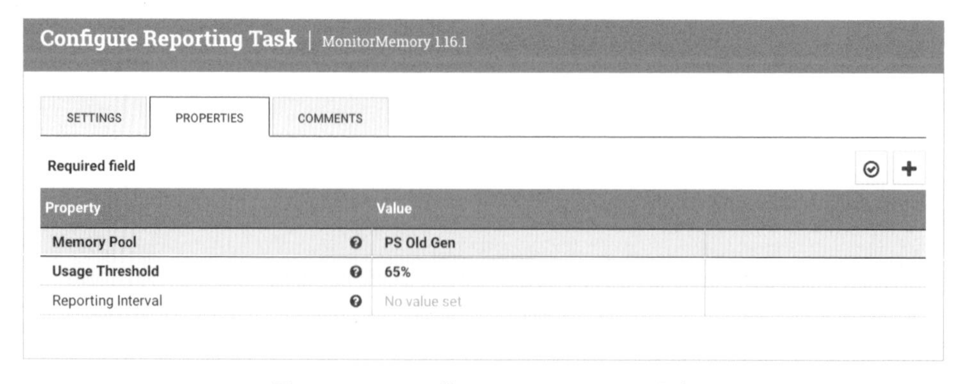

圖 8-1-4　NiFi 的 MonitorMemory 設定

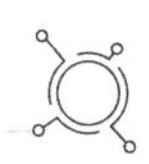

Step 04 必要時可以指定要監控的 JVM Heap 的特定區塊，但通常我們會監控 Old Gen 為主。

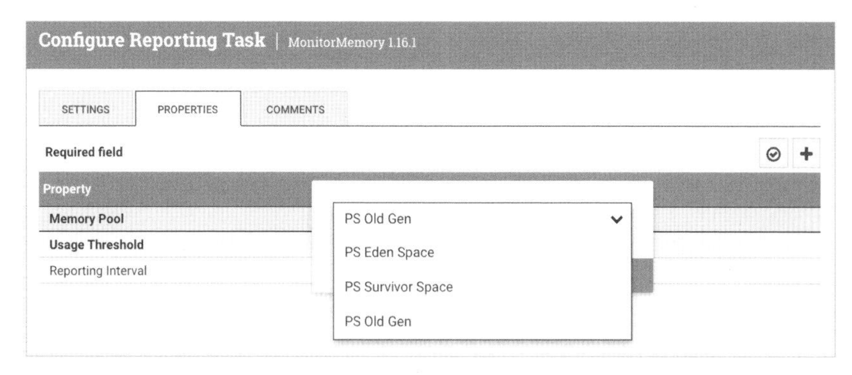

圖 8-1-5 NiFi 的 MonitorMemory Memory Pool 選擇

Step 05 設定 MonitorDiskUsage，一樣可設定的 Threshold，另外需要設定要監控的目錄（採絕對路徑），這邊原則要選擇 Content、FlowFile 等 repository 作監控標的。

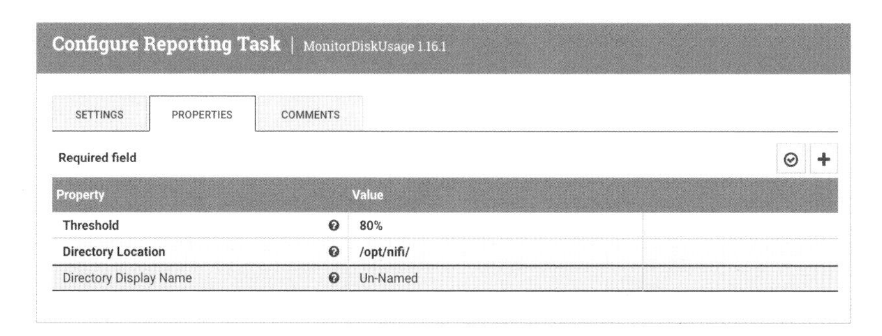

圖 8-1-6 NiFi 的 MonitorDiskUsage 設定

Step 06 一旦設定完之後，我們就可以啟動這些 ReportingTask。

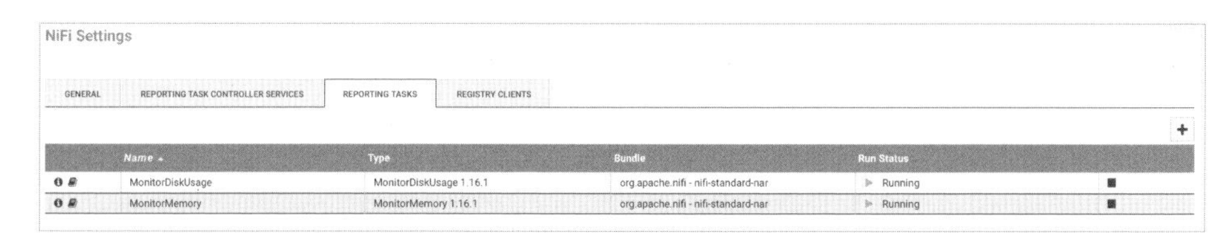

圖 8-1-7 NiFi 的 MonitorDiskUsage 和 MonitorMemory 啟動

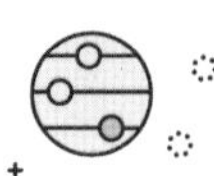

Step 07 當達到 Threshold 時，我們可以從 Bulletin Board 中看到相關的警示訊息，Bulletin Board 會是集中管理警示或錯誤訊息的地方，當 NiFi 有 Pipeline 出現錯誤時，這裡也會有相關資訊。

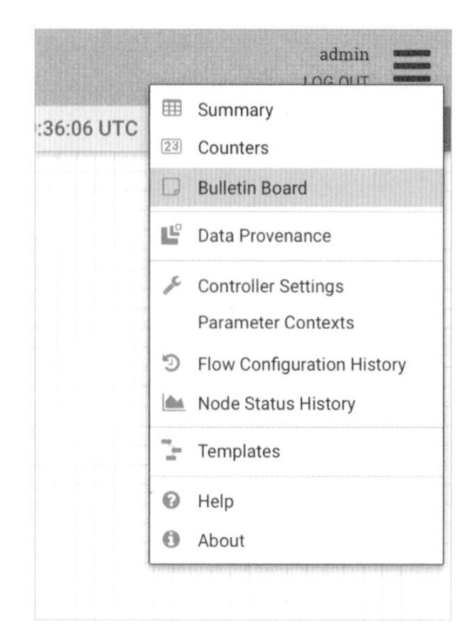

圖 8-1-8　NiFi 的 Bulletin Board 資訊

Step 08 下圖是有達到監控標準時會呈現出來的訊息，當看到時我們就可以去確認與調整。

圖 8-1-9　NiFi 達到監控標準跳出的訊息範例

經由前面的步驟介紹，我們可以知道如何在 Apache NiFi 幫我們監控硬碟和記憶體用量，並將相關警告訊息集中到 Bulletin Board 做顯示，直到我們去解決處理之後才會消失。除了可以在 Apache NiFi 中的 Bulletin Board 做管理之外，我們也可以對接該服務本身支援的其他監控服務來做到一站式監控，下一節來介紹有哪些監控服務可以達成該目的。

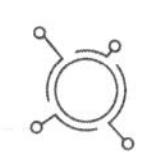

8.2 Apache NiFi 的 Reporting Task 和整合應用

在上一節，我們知道了一些監控指標如何設定，會發現這些相關設定都是在 Reporing Tasks 這個頁面中，Apache NiFi 的 Reporting Task 除了能夠設定監控指標之外，也能設定將本身 Apache NiFi 的服務內建的 Metrics 送往到一個平台做集中管理，常見的有 Promethues、DataDog、Ambari 等，因此我們從新增 Reporting Task 頁面中選擇 reporting，可以看到目前 Apache NiFi 有支援的監控服務有哪些，如下圖：

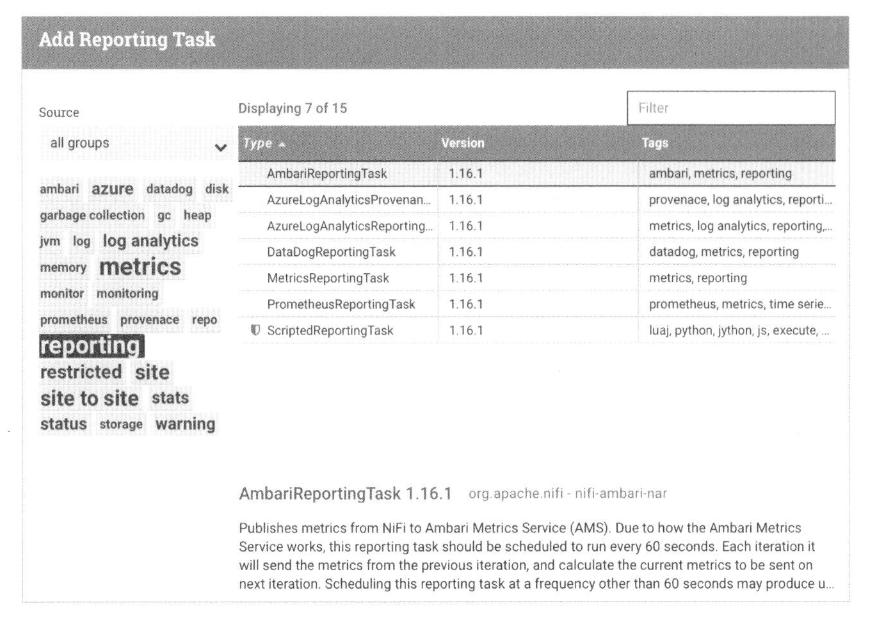

圖 8-2-1　NiFi 有支援的監控服務

另外，目前 Apache NiFi 有支援的 Metrics 有哪些呢？我們從 Global Menu 中選擇 Node history 可以看到目前 Apache NiFi 有自帶哪些 Metrics。

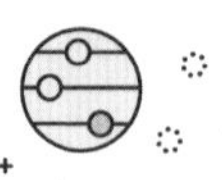

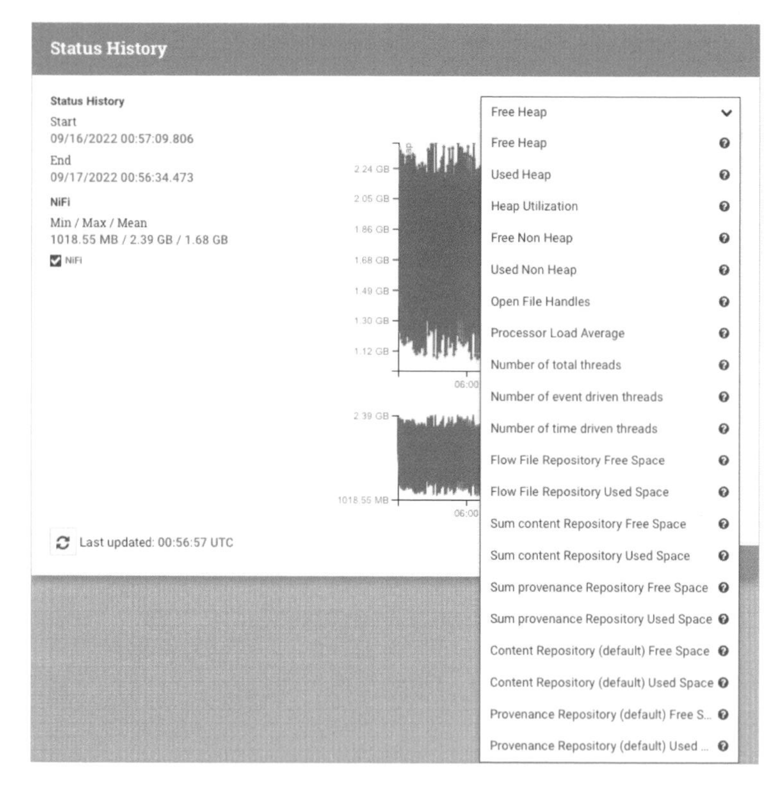

圖 8-2-2 NiFi 有提供的服務 Metrics

這邊介紹比較常見且大眾的做法，就是將 Apache NiFi 相關的 Metrics 整合到 Promethues，且藉由 Grafana 做視覺化監控。接下來簡單分為以下步驟說明：

Step 01 先啟動 Prometheus 和 Grafana 服務 (以 docker 為例)，*docker-compose.yaml* 參考如下：

```
version: '3'
services:
  nifi:
     image: apache/nifi:1.16.1
     container_name: nifi-service
     restart: always
     ports:
        - 8443:8443/tcp
```

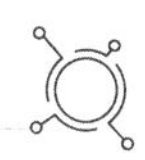

```
            - 8080:8080/tcp
            - 9092:9092/tcp
        volumes:
            - ./data:/tmp/data
        environment:
            - SINGLE_USER_CREDENTIALS_USERNAME=admin
            - SINGLE_USER_CREDENTIALS_PASSWORD=ctsBtRBKHRAx69EqUghvvgEvjnaLjFEB
        networks:
            - nifi-network

    promethus:
        image: prom/prometheus:latest
        container_name: nifi-prometheus
        volumes:
            - "./conf/prometheus.yaml:/etc/prometheus/prometheus.yaml"
        ports:
            - 9090:9090/tcp
        networks:
            - nifi-network

    grafana:
        image: grafana/grafana
        container_name: nifi-grafana
        ports:
            - 3000:3000/tcp
        networks:
            - nifi-network

networks:
    nifi-network:
```

這邊需要把 Apache NiFi 的 9092 Port 先開啟，因為之後 Prometheus 會透過這個 Port 來取得 Apache NiFi 相關的 Metrics。此外也要額外撰寫 prometheus.yaml config 來確保 Prometheus 可以取得 Apache NiFi 的 Metrics，*prometheus.yaml* 參考如下：

```
global:
 scrape_interval: 15s
 external_labels:
   monitor: 'local-monitor'
```

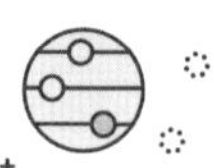


```
scrape_configs:
  - job_name: 'nifi_reporting_job'
    scrape_interval: 5s
    honor_labels: true
    static_configs:
      - targets: ['172.17.0.1:9092']
```

172.17.0.1 是因為有指定這些 Container 有在同一個 docker network 下的 IP，讀者們可以透過 ip addr show docker0 的指令來做確認，如下圖：

```
ubuntu@ip-10-0-49-97:~/nifi$ ip addr show docker0
3: docker0: <BROADCAST,MULTICAST,UP,LOWER_UP> mtu 1500 qdisc noqueue state UP group default
    link/ether 02:42:b6:1e:f0:e0 brd ff:ff:ff:ff:ff:ff
    inet 172.17.0.1/16 brd 172.17.255.255 scope global docker0
       valid_lft forever preferred_lft forever
    inet6 fe80::42:b6ff:fe1e:f0e0/64 scope link
       valid_lft forever preferred_lft forever
```

圖 8-2-3　確認 docker ip 指令結果

Step 02　建立 PrometheusReportingTask，從設定上可以發現預設 Port 就是 9092，表示當這個 Reporting Task 啟動之後，Apache NiFi 會建立起 http 的 9092 Port 來讓額外的監控服務做讀取。

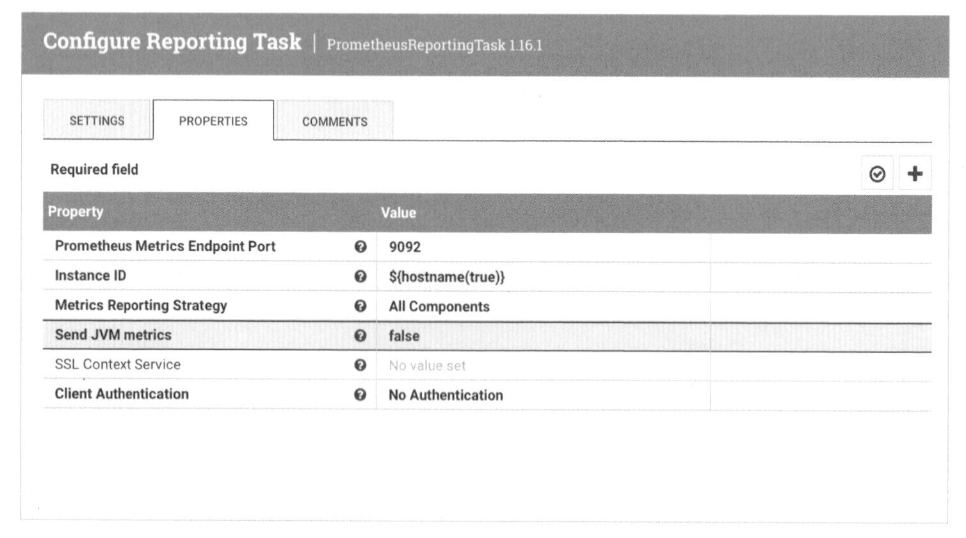

圖 8-2-4　建立 PrometheusReportingTask

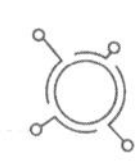

Step 03 將 PrometheusReportingTask 啟動之後，我們可以到 Prometheus 的頁面點選 Targets 確認是否 NiFi metrics Endpoint。

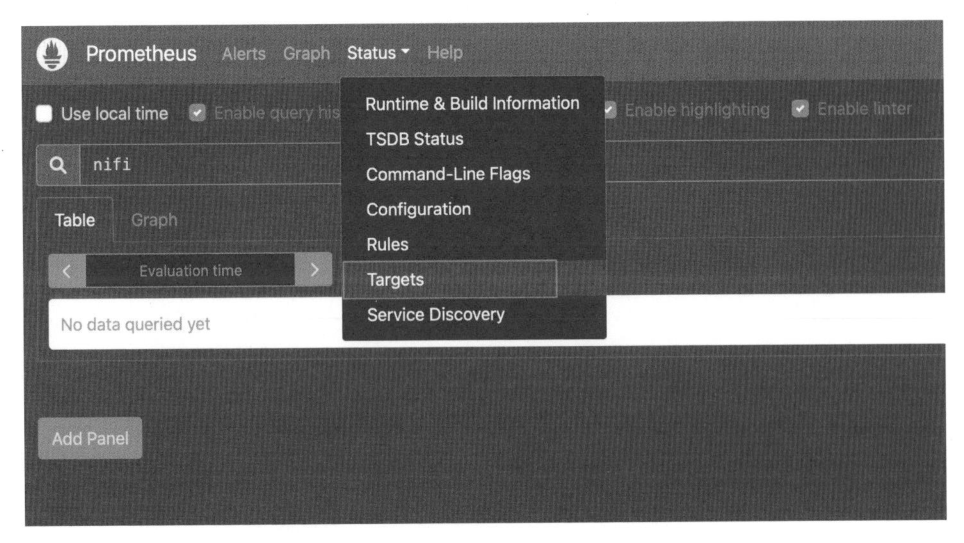

圖 8-2-5　Prometheus Target 頁面

Step 04 若看到 Apache NiFi metrics endpoint 資訊且 State 為 UP，就代表現在 Prometheus 可以從 Apache NiFi 取得服務 metrics。

圖 8-2-6　Prometheus Target NiFi metrics 頁面

Step 05 接下來我們就可以在 Prometheus 的 Metrics Explorer 看到 NiFi 相關的 Metrics 了。

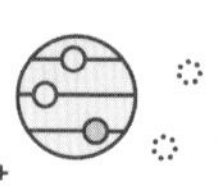

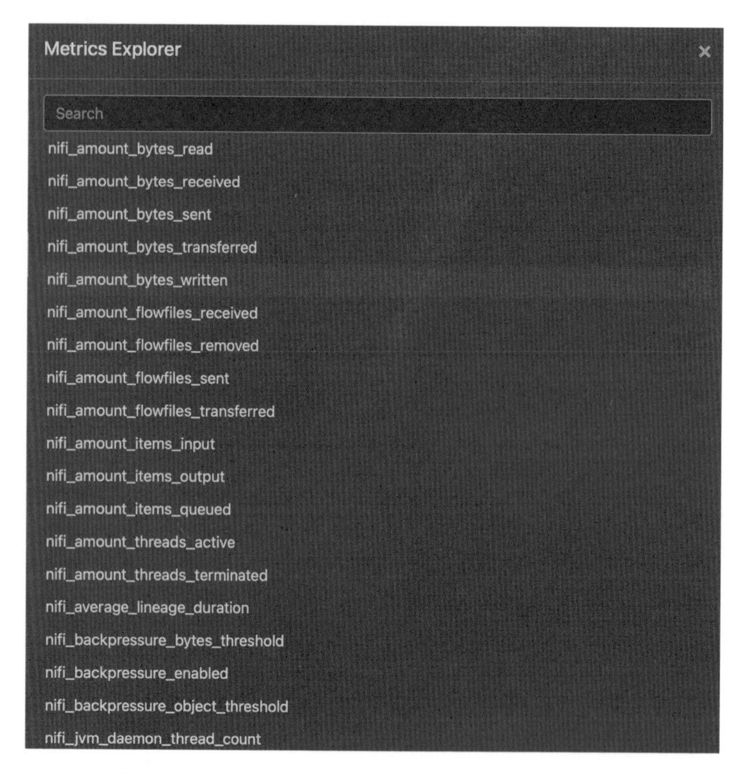

圖 8-2-7　Prometheus Metrics Explorer 示意圖

Step 06　在 Grafana 中找尋 Prometheus 的 Data Source，並且設定對應的 Endpoint。

圖 8-2-8　Grafana 中的 Prometheus

Step 07 設定好 Prometheus 的 Endpoint，因為 Grafana 也是 Container 之一，所以這裡一樣以 172.17.0.1 作為 IP，而 Prometheus Port 為 9090 (參考 docker-compose.yaml)。

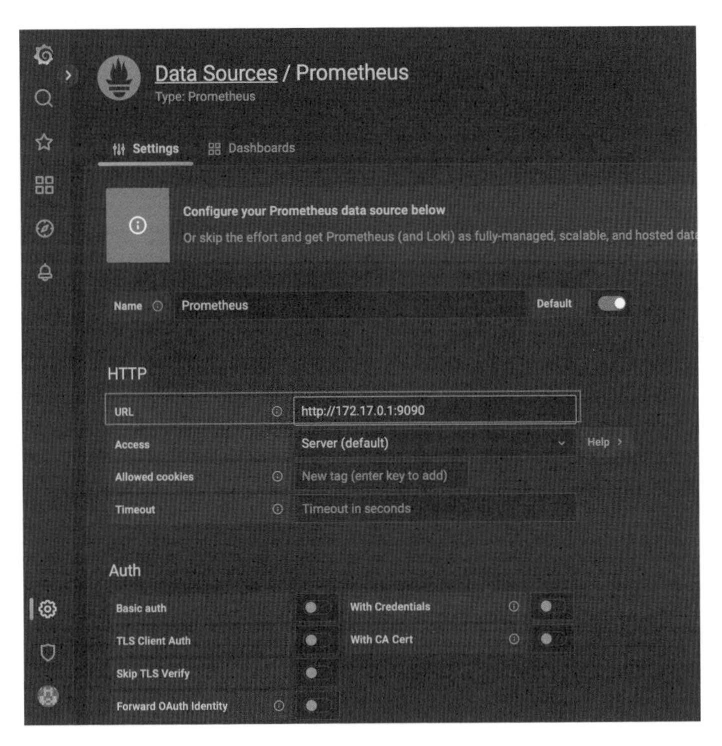

圖 8-2-9　在 Grafana 設定 Prometheus URL

Step 08 設定好之後，就可以從這個 datasource 去建立各個 Metrics 的圖表來做 Dashboard 監控。

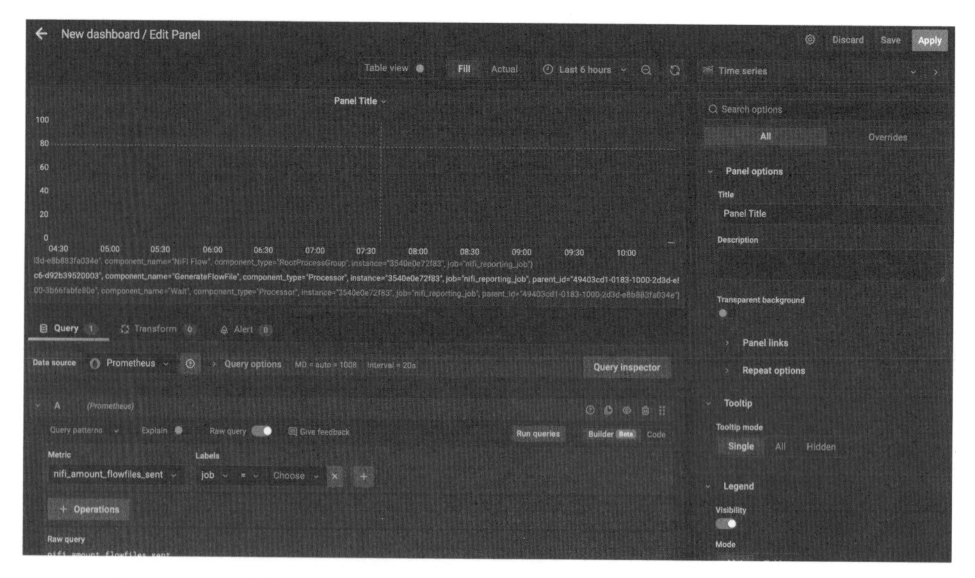

圖 8-2-10　在 Grafana 建立 Metric 示意圖

Step 09　可將要監控的 Metrics 整理成如下圖，做統一管理監控，相比使用 Apache NiFi 本身的 Node History 會來得更直覺。

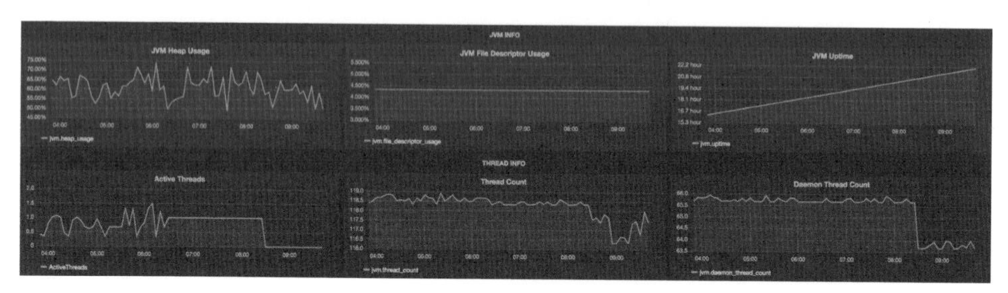

圖 8-2-11　在 Grafana 中的 NiFi Monitoring Dashboard 示意圖

經過上述的幾個步驟，我們就可以輕鬆建立出 Apache NiFi Monitoring Dashbaord，以便從中建立 SLO、SLA 或是異常偵測等機制，藉此來確保我們在 Apache NiFi 的服務與硬體狀況。當然還有一些進階的設定這裡並沒有特別提到，但相對應的資訊官方網站都有資源可以做查詢與調校。

8.3 Apache NiFi 的基本偵錯 Alert 機制

這節會介紹一個簡單偵錯的機制流程。我們的設計 Data pipeline 有時可能會有一些問題，例如資料格式不對、網路問題等，如果不能立即地發出 Alert 到用戶與開發者端，就會造成時間上或資料的遺失。在 Apache NiFi 中這些有問題的資訊都會以 Log 的形式寫入到本地端的檔案，也就是在 logs folder 下的目錄 *nifi-app.log*，我們可以透過一些既有的 Processor 來做偵測處理，接下來會帶各位介紹如何建立這樣的流程。

Step 01 拉取 TailFile Processor，這個 Processor 會一直讀取我們指定的 log 所產生的資訊，所以只要設定好要讀取的 log 檔案路徑即可。

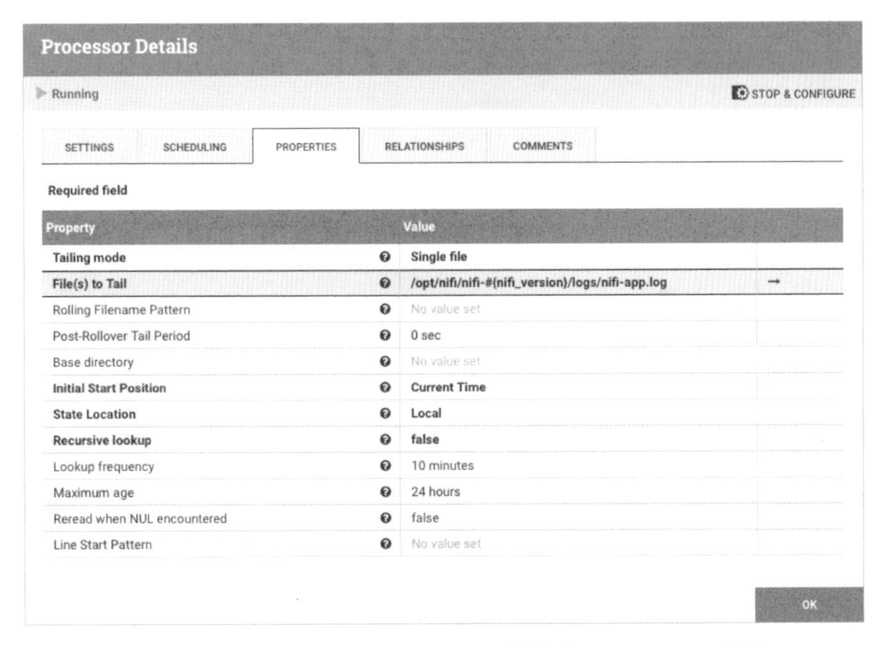

圖 8-3-1　設定 TailFile Processor 並指定 nifi-app.log 位置

Step 02 接著建立 SplitText Processor，這部分主要是把讀取進來的 Log 以一行為單位作為切割，以利於後續將對應的資訊送到目的地。

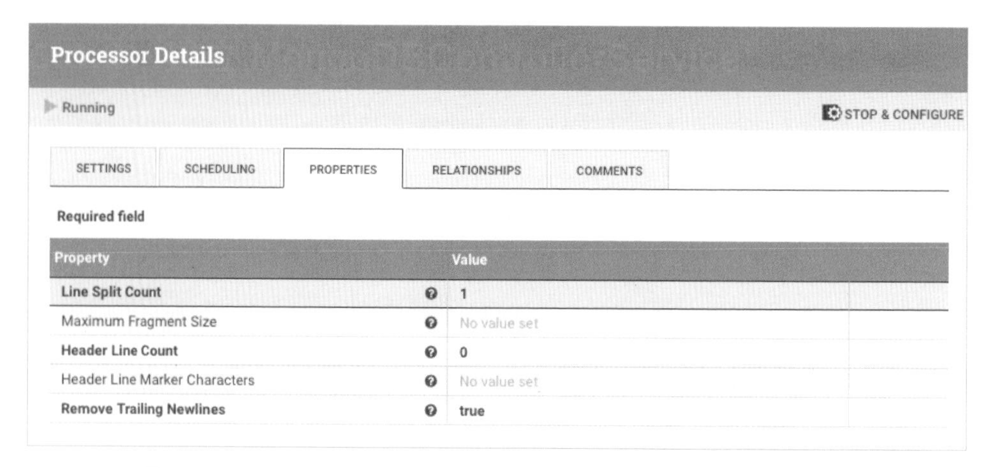

圖 8-3-2　設定 SpliText Processor 並指定 Line Split Count 爲 1

Step 03 接著設定 RouteOnContent，這部分會依據 Log 的資訊做過濾，這邊是採用 content must contain match，代表 Log 內容必須要包含我們指定的值，如果要偵錯有問題的 Log，這邊需要以 ERROR 作為關鍵字過濾，如此一來只要有關於 ERROR 相關的 log 就可以萃取出來。

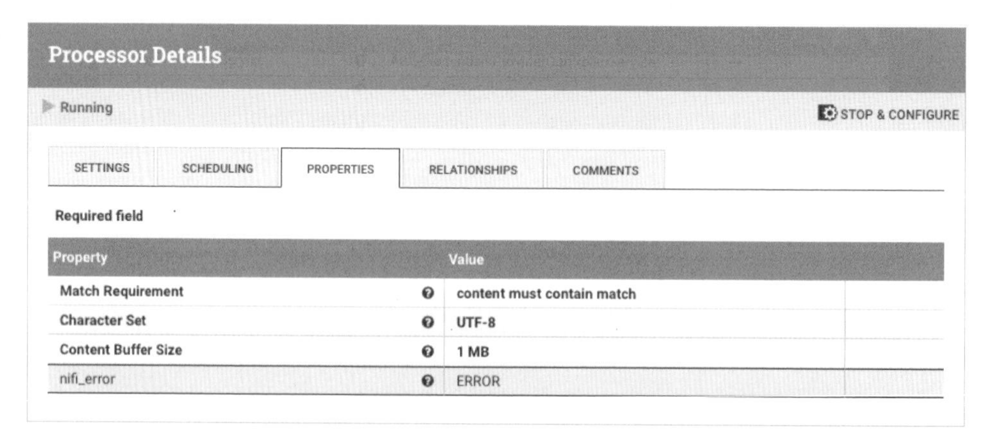

圖 8-3-3　設定 RouteOnContent Processor 並過濾 ERROR 相關 log

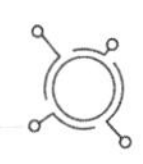

Step 04 接著設定 ExtractText Processor，目的是將整個資訊萃取成對應的 Attributes。這邊以 message.body 做為例子，.*的符號表示將整個 Log 文字資訊抓取出來，但由於我們前面已經過濾 ERROR 相關資訊了，所以這裡的意思就只是把完整的 Error Message 讀取出來。

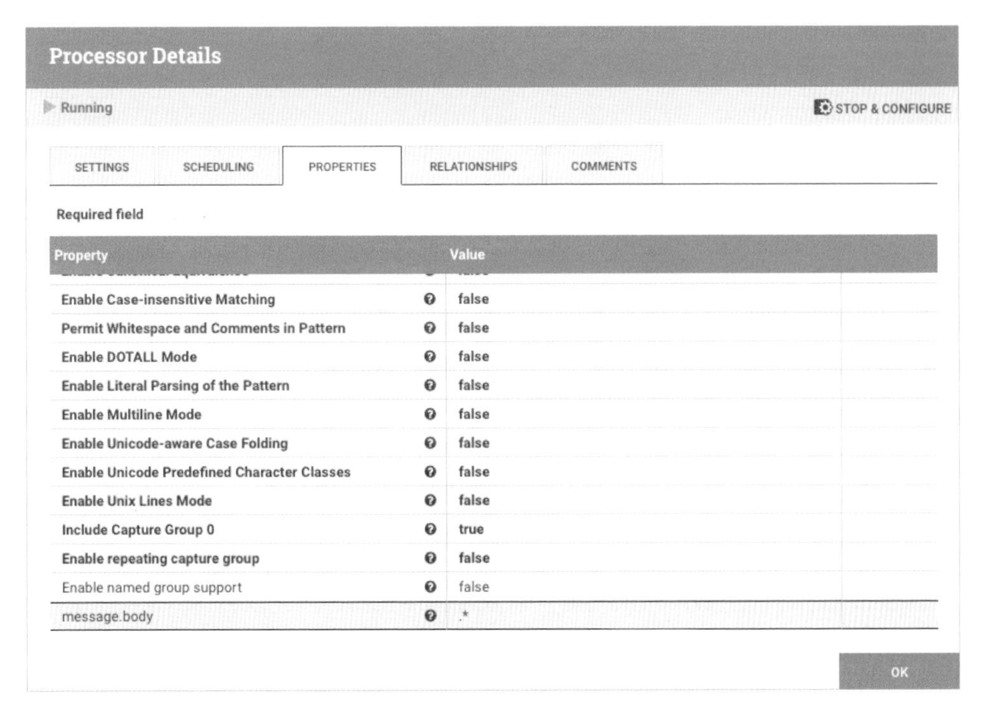

圖 8-3-4　設定 ExtractText Processor 並取得完整的 Message

Step 05 我們已通知 Slack 作為範例，所以採用 PutSlack Processor，所以就可以參考圖 8-3-5 將 Webhook Text 的 Property 設定前一個 Processor 讀取的 message.body，藉此通知到對應的 Slack Channel。

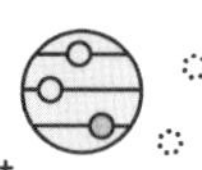

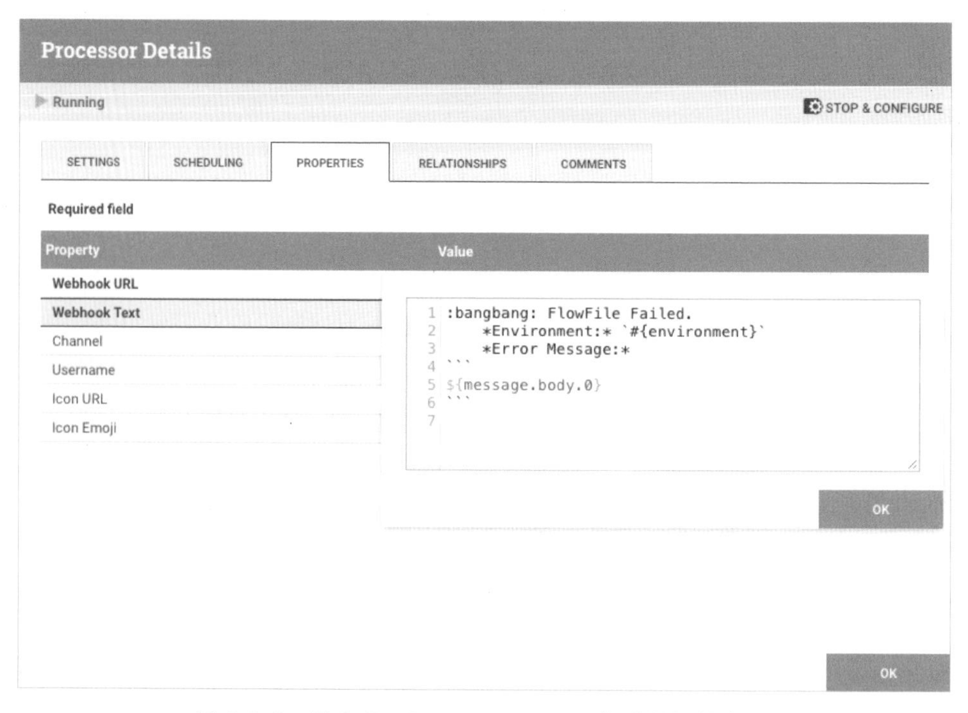

圖 8-3-5　設定 PutSlack Processor 作爲通知的處理

所以經過以上 5 個步驟，我們就能建立出基本的 Apache NiFi 的偵錯警示流程，對應的 Pipeline 應該呈現如圖 8-3-6 所示：

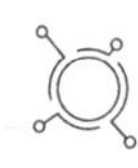

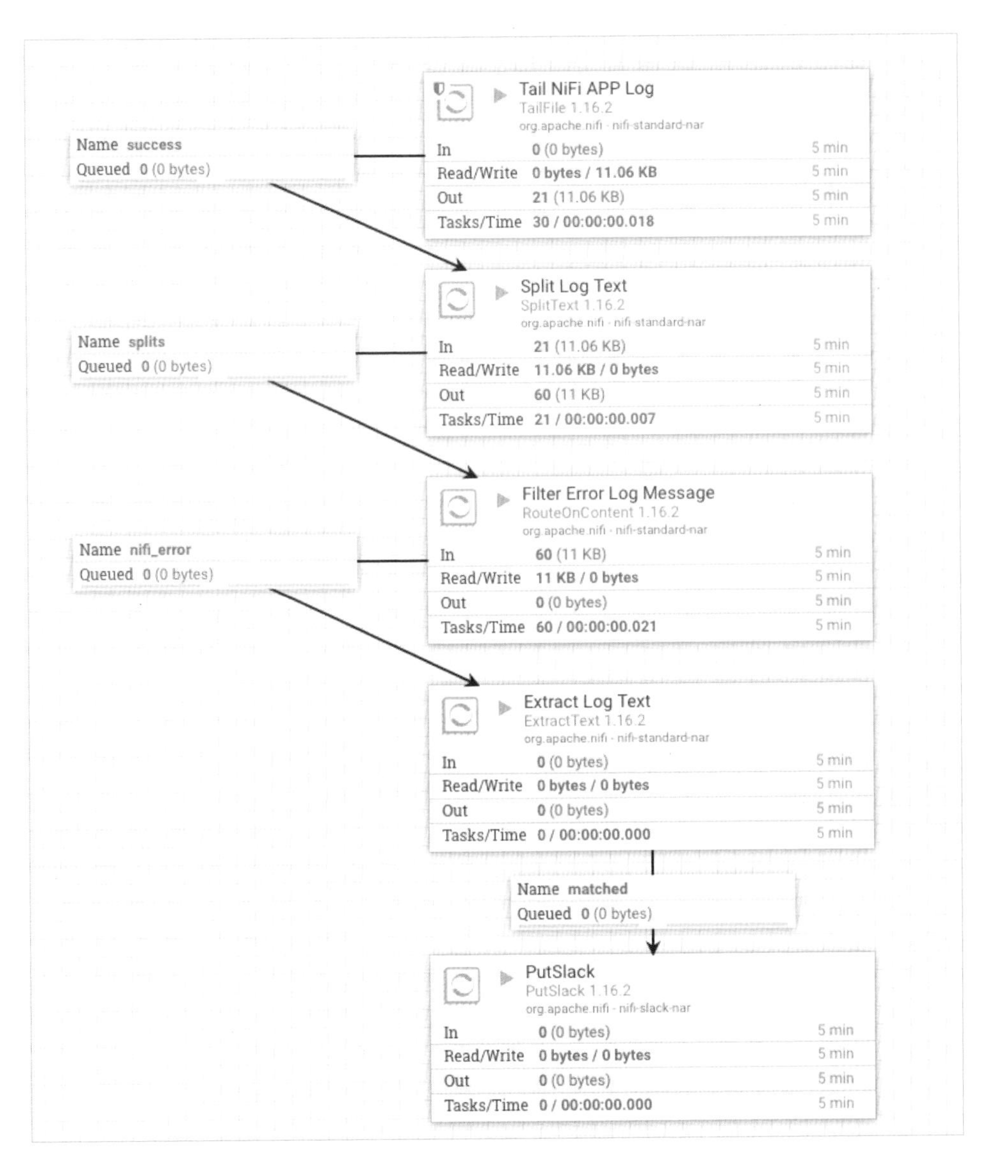

圖 8-3-6　完整偵測警示流程圖

其他在 Apache NiFi 中的 Data pipeline 一旦有出現問題時，就會被寫入到 Log，而這個流程會一直偵測，一旦有 Error log 出現時它就會送到 Slack Channel，下圖是在 Slack Channel 接收到錯誤資訊的示意圖：

圖 8-3-7　Slack 接送到警示的示意圖

在 Apache NiFi 的 Log 資訊通常會帶有 FlowFile ID 以及出現問題的 Processor ID，我們可以透過這兩個 ID 來做查找問題之處，並透過 Data Provenance 以確認當時詳細的問題狀況，如此一來就能做到基本的錯誤偵測流程。

8.4　小結

這節我們介紹了在 Apache NiFi 這個服務中需要被監控的兩個指標 — 記憶體和硬碟用量，另外 Apache NiFi 本身也有提供許多服務本身的 Metrics，所以也介紹了如何將這些 Metrics 導入到統一的監控服務做視覺化處理與 Prometheus 和 Grafana 的整合，以手把手地帶各位建立設定流程。最後為了能夠有效地偵測到正在執行中的 Data Pipeline 的錯誤，介紹了如何透過 Apache NiFi 自身的 Processor 來一一兜建出自動化偵測流程，以過濾 Error Message 來做到最後的 Alert 通知，範例中是以 Slack 作為最後輸出，讀者們可以依據自己的需求做替換，例如 Email 或是 API 等。

截至目前為止，我們已經把大致上 Apache NiFi 的輪廓以及基本要注意的地方都描述過一次，但還有許多細節上和更進階的設定沒有介紹，因為這個服務的設定非常的廣和深，很難在一本書中概括描述，因此筆者先以常用且比較容易碰到的場景作為一個主軸來介紹。

接下來的最後一章，會簡單說明一下資料工程這塊領域的價值以及未來的發展性，對於該領域有興趣的讀者們，希望你們可透過本書最後一章所提到的一些方向去精進自己的目標。

09

chapter

資料工程的重要性與未來

本書到目前為止已經將基本的 Apache NiFi 的操作和概念盡可能地介紹到，其中也比較偏向於入門的受眾，但 Apache NiFi 實際上還有許多更深層和底層的設計原理與架構值得被探討與討論，未來有機會再和讀者額外討論與進行更深入的說明。但我們在最後這一章節回到 Apache NiFi 的問題本質與核心價值，也就是資料工程。在當今的技術演進，其實有許多關於資料工程的服務和工具持續地被發展出來，要解決的目的和場景應用都十分不同，因此我們不難看出資料工程背後其實有很龐大的知識值得去學習與探討。但我們為什麼需要資料工程這項領域呢？它能帶給我們什麼樣的好處？未來又會朝哪個方向發展？這些都是本章節要探討的內容。

9.1 資料工程是什麼？為何重要？

資料工程 (Data Engineering) 簡單來說就是要解決企業內部資料流的處理與架構，很多時候我們會透過服務搜集資料，或是從第三方資料平台取得資料，這些資料我們都稱為原始資料 (Raw Data)，因為一定存在一些需要被轉換或是例外處理的資料，因此就要再經過一連串的轉換與處理之後好讓企業內部成員能做價值分析與應用，或是機器學習的處理。好的資料工程架構，可以確保資料的穩定性、一致性和正確性，以及遇到問題資料時能夠有效地去做應變措施處理，以確保商業在做決策與分析評斷時是建立在正確的資料基準上，如此一來企業才能有機會產生最大價值的發展方向。

然而為了達到這項目的，我們在設計一個好的資料工程，應該要從幾個面向去做全面性思考，這樣才能建置出一個良好的資料工程架構，且確保我們的資料是合乎我們的預期產出。主要可分為以下幾個面向：

- 定義場景問題與目的
- 定義資料範圍與流向
- 資料欄位與型別的確認與變更
- 定義問題資料的處理與後續機制
- 定義資料驗證與監控

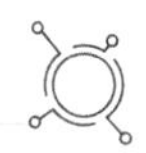

◆ 具備 Scalibility、Avaliability 特性

◆ 視覺化資料分析和探索

9.1.1 定義場景問題與目的

定義問題和目的無論在軟體工程、資料工程或是在機器學習的應用上，這個步驟是非常重要的。因為一旦問題與目的沒有事前被確認和決議的話，會導致後續多出不必要的開發、時間和人力成本。

其中在資料工程該步驟主要應該要定義哪些呢？站在資料的角度來說，對於設計資料流的我們絕對是全企業中最貼近且了解資料的人，因此我們在建置和設計目前要設計的資料工程或 Data Pipeline 的時候，需要確認要解決什麼核心問題且最終使用者有誰，以確保我們後續是否能達成這樣的目的或該採用什麼技術等。例如要提供行銷部門分析廣告營收或點擊狀況、或是提供產品部門產品和服務的使用狀況等等。

此外，確認資料更新的頻率需要多久？一天更新一次、還是每小時更新一次、或是有新資料流入時就馬上做即時更新等。然後哪些資料的分析應用是必要且對於企業的展望與事後評估是重要的，例如點擊率、用戶留存率、訂閱率等，這對於企業與商業來說都是重要的分析，所以也要確認當有這樣的需求場景發生時，是否有對應的資料能做到該目的和應用。

9.1.2 定義資料範圍、量級與流向

一旦確定好目標之後，接下來要確認我們需要處理哪些資料，以及這些資料平常是被存放在哪個位置上。例如可能存放在關聯式資料庫 MySQL、PostgreSQL、NoSQL 的 MongoDB，或是 Data Lake 中的 AWS S3、GCP GCS 或 HDFS 等，一定要確認好資料的位置和載體類型，而每個類型的處理方式與欄位型別都不盡相同，這件事情是需要被好好地確認出來的。

接著我們還要確認資料量級與筆數，這件事情與先前定義頻率更新有所關聯。若需要一天更新一次，我們就要計算一天中的資料筆數以及整體資料 Size 有多大；若每小時更新，我們也要做同樣的調查與確認。了解這個主要能幫助我們後續在決定技術和工具時可以挑選出合適的選擇，或是在選

定機器時可以評估硬碟、記憶體或網路 IO 的用量等，這些數據都有助於我們設計資料工程上的評估。

最後要決定這些處理過後的資料要在存放到哪裡？通常大多數應用上會將處理過的資料存放到資料倉儲 (DataWarehouse)，原因在於大多數的 DataWarehouse 是以 Column-based 為儲存結構，對於在做視覺化分析的查詢會相對來得十分有效率。此外 DataWarehouse 也有具備資料探索的語法與查詢架構，較容易讓終端使用者容易觀察出資料的關聯度與相依性。

9.1.3 資料欄位與型別的確認與變更

除了確認來源端的資料存放位置、和未來要存放處理完資料的目標端載體之外，我們還要額外確認資料欄位的狀況 (Data Schema)，要確認資料每個欄位型態、長度、是否允許空值等等限制，無論是來源端或是資料處理完後的目標端都要一定做這一層的定義，這樣我們在做中間處理時才能採用對應的手法做轉換或計算。

此外，還有個很重要的一點 — 資料的欄位變動性頻率。產品或服務往往會隨著時間或技術的演進而增加新功能、或是進行改版，有時候資料上的儲存格式也會隨之變化，因此我們必須考量，在欄位有增減時，什麼樣的架構可以協助我們有彈性地做到這件事。例如運用 Schema registry 來做到 Backward compatibility 或 Forward compatibility，藉此將 Schema 做到版本控制，以至於後續當有新版本資料上來時，能夠在不停機 (Downtime) 的狀況下依舊穩定地輸出資料給終端使用者。

9.1.4 定義問題資料的處理與後續機制

在原始資料 (Raw Data) 中會存在著許多不合理、或是會造成無法應用的資料，我們在做轉換處理資料時就要有對應的機制，例如空值處理、預設值處理等。比如說很多時候整數型態的欄位為空，但為了辨識該筆資料有問題時，我們很常會用 -9999 等特殊數值來替代，以利於後續在做分析時不要特別型態轉換就能輕鬆過濾。

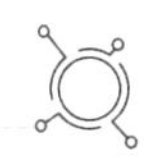

但有時我們為了做分析仍有可能會將資料型態做轉換，例如原始資料中可能會存放在 JSON 格式的資料，有可能因為載體不支援所以前面資料流入時就先統一轉成字串型態，當我們需要裡面資料拉取分析處理時，就需要過一層字串轉 JSON 的流程，再將需要的資料轉成獨立的欄位，對於終端使用者在使用者會容易分析，也相對直覺。

9.1.5 定義資料驗證與監控

在資料工程當中，資料的驗證往往是一個很重要的議題，當我們在資料處理完之後要存到目的端的載體時，我們都需要過一層資料驗證，常見的驗證有像是欄位型態驗證、筆數監控驗證、欄位存在驗證等，一旦資料驗證沒有通過就不將資料寫入，避免後續應用時使用到錯誤的資料。

目前常見的資料驗證框架包含像是 AWS 的 Deequ framwork、或是 OpenSource 的 greate_exprectation framwork 等等，這些本身都有提供一些驗證的邏輯與 function 可以快速協助我們做確認，一旦資料有問題時，這些框架可以立即知道，也可以額外設計通知等功能來讓工程師了解目前資料的狀況，以確保資料仍保持在一定的正確性與品質。

9.1.6 具備彈性特性

來源端資料有可能隨著企業產品或服務發展而增加許多資料源，因此在設計資料流架構時需要保持彈性，也就是說我們的架構當中需要可以有效且快速地新增資料源，也能夠汰換掉既有的資料源，來確保架構能夠有效地資料伸縮，最後經過後續的處理進入到我們目的端載體，以提供分析使用者來做使用。

9.1.7 視覺化資料分析和探索

當我們將資料處理完並存到 DataWarehouse 之後，我們都會建立一套視覺化工具來讓使用者做分析，市面上有許多套工具都能做到視覺化的效果，像是傳統常用的 Tableau、PowerBI、Apache SuperSet、Redash，或是近期的 Looker 等，這些工具都被歸納為視覺化服務，只是在於操作和設定上的不同，我們可依據使用場景與分析來決定哪一套工具是最佳的方案。

處理完後的資料也有利於 AI 和機器學習的應用，因為資料工程會預先處理絕大多處有問題的資料，資料科學家或機器學習工程師只要讀取處理好的資料做處應用上需要的轉換即可，由於資料工程這邊會先確保好資料品質和驗證，能有效減少下游的應用任務負擔。

9.2 未來資料工程的變化與趨勢

本節帶領讀者快速探討資料工程領域未來的發展。隨著科技和技術的日新月異，資料相關的產業與技術也快速發展起來，再加上近幾年機器學習、深度學習、區塊鏈、硬體運算以及雲端服務的成長速度十分快速，筆者認為接下來在資料的更新與應用會走向即時性這個方向，也就是架構會朝 Streaming 架構前進。你可能會想說 Streaming 這個概念與名詞其實已經出現幾年了，為什麼仍堅信覺得未來一定會朝該方向前進呢？主要幾個原因：

1. **資料立即性地分析與更新，能帶來更大的商業價值**。資料如果能快速地進到企業的資料流與分析系統，例如從天到小時，甚至到分鐘和秒，這對於內部分析與決策人員能夠快速感知到市場與用戶狀況，藉此採取對應的決策做回應與解決，AI 也能夠接受到新的資料以獲取和預測出對應的結果。這些對於企業發展或是市場擴展時都能夠有效做到實驗與數據呈現。

   舉例來說，若今天有一個詐騙相關的簡訊資料出現，若採取以日為單位的處理架構來說，該資料會被延遲到隔天才會被感知到，接著才能做對應處理。但若我們可以在發生的當下（例如分鐘級或秒級）就將該資料處理且做對應變化，就能夠快速反應且盡可能地減少更多的受害者，這對於企業的價值與社會的影響力絕對是正向的幫助。

2. **Streaming 架構十分複雜，需要考量許多問題與機制，但現在有開始逐漸地發展出一站式平台與流程**。我們都知道在 Streaming 架構中有許多問題要考量，例如資料遺失回補、數據監控與驗證等。過去我們可能需要各自獨立開發或使用不同的工具服務才有機會完成這一套流程架構，但隨著資料的重要性起來之後，有許多公司逐漸釋出新的一體式服務。例如 Databricks 從 MLFlow 到 Delta Lake，甚至到近期的 Data

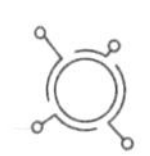

Live Table，我們不難發現在 AI 這塊領域當中最重要的核心在於資料，同時為了能夠一站式地從資料到後續分析及預測的處理，有延伸出許多資料框架來做對應的措施，像是提供資料版本控制、資料回溯等技術，讓後續做應用時可以更有效地隨著資料變動來做對應的更新。

3. **硬體技術的迭代能提供更大且快速計算的資料量級**。隨著雲端技術的發展，像是 AWS、GCP 也逐漸釋出許多性價比佳的計算資源，讓我們能夠在一定的預算成本內有效地處理一定程度的資料量級，這對於處在服務成長或市場擴展的企業來說，是一大益處，因為可以有效地處理即時資料與量級。

4. **未來 5G 網路的普及化，將提升網路的資料傳輸速度**。未來 5G 網路會逐漸地普及化，當 5G 普及時也意味著資料的傳輸速度也會更加迅速，而資料就會跟著更加敏感且快速變化。若仍採取傳統的批次處理架構，會無法有效處理資料地快速變化，採用 Streaming 架構便可以快速地將新變化或新分佈的資料搜集起來做處理，這對於後續服務或應用的價值再造無疑是一大助力。

Apache NiFi｜讓你輕鬆建立 Data Pipeline

作　　者：蘇揮原
企劃編輯：蔡彤孟
文字編輯：王雅雯
設計裝幀：張寶莉
發 行 人：廖文良

發 行 所：碁峰資訊股份有限公司
地　　址：台北市南港區三重路 66 號 7 樓之 6
電　　話：(02)2788-2408
傳　　真：(02)8192-4433
網　　站：www.gotop.com.tw
書　　號：ACD022900
版　　次：2023 年 03 月初版
建議售價：NT$580

國家圖書館出版品預行編目資料

Apache NiFi：讓你輕鬆建立 Data Pipeline / 蘇揮原著. -- 初版. -- 臺北市：碁峰資訊, 2023.03
面；　公分
ISBN 978-626-324-416-0(平裝)
1.CST：電腦軟體　2.CST：電子資料處理
312.49　　112000652

讀者服務

- 感謝您購買碁峰圖書，如果您對本書的內容或表達上有不清楚的地方或其他建議，請至碁峰網站:「聯絡我們」\「圖書問題」留下您所購買之書籍及問題。(請註明購買書籍之書號及書名，以及問題頁數，以便能儘快為您處理）
http://www.gotop.com.tw

- 售後服務僅限書籍本身內容，若是軟、硬體問題，請您直接與軟體廠商聯絡。

- 若於購買書籍後發現有破損、缺頁、裝訂錯誤之問題，請直接將書寄回更換，並註明您的姓名、連絡電話及地址，將有專人與您連絡補寄商品。